對於 Code That Fits in Your Head 的讚頁

「在軟體領域中，我們藉由站在前人的肩膀上取得進步。Mark 的廣泛經驗不只涵蓋了哲學上和組織方式的考量，也深入到編寫程式碼的精確細節。在這本書中，你得到了以這些經驗為基礎，向上發展的機會，請好好運用它吧。」

—*Adam Ralph*，*Particular Software* 的講者、導師以及軟體簡化大師

「我拜讀 Mark 的部落格已經很多年了，他總是能在提供深刻技術見解的同時，又帶來娛樂效果。這本 *Code That Fits in Your Head* 也是如此，為希望將自己的技能提升到新水平的軟體開發人員提供了豐富的資訊。」

—*Adam Tornhill*，*CodeScene* 創始人，
Software Design X-Rays 和 *Your Code as a Crime Scene* 的作者

「我最喜歡這本書的地方在於，它使用一個源碼庫（code base）作為實際例子的方式。你不用下載單獨的程式碼範例，而是得到單一的一個 Git 儲存庫（repository）和整個應用程式。它的發展歷史是精心製作的，以呈現程式碼的演變過程以及書中所解釋的概念。當你讀到某一特定原理或技巧時，你會發現有直接的參考指向實際展示它的 commit。當然，你也可以自由地在閒暇時瀏覽其歷史，在任何階段停下來檢視、除錯或甚至以其程式碼進行實驗。我以前從未在一本書中看到過這種程度互動性，它為我帶來了特別的喜悅，因為這以一種具有建設性的新方式運用了 Git 獨特的設計。」

—*Enrico Campidoglio*，獨立顧問、講者以及 *Pluralsight* 的作者

「Mark Seemann 不僅在架構和建置大型軟體系統方面有數十年的經驗，而且也是這些系統與建構它們的團隊之間複雜關係的拓展和管理方面最重要的思想家之一。」

—*Mike Hadlow,* **自由軟體顧問和部落客**

「Mark Seemann 以能夠清晰、透徹地解釋複雜的概念而聞名。在這本書中，他將自己廣泛的軟體開發經驗濃縮為一套實用、務實的技術，用於編寫可持續發展並且容易親近的程式碼。這本書將是所有程式設計師的必讀之作。」

—*Scott Wlaschin*，*Domain Modeling Made Functional* **的作者**

「Mark 寫道：『成功的軟體歷久不衰』，而這本書將幫助你寫出那樣的軟體。」

—*Bryan Hogan*，**軟體架構師、部落客和** *podcaster*

「Mark 有一種非凡的能力，可以幫助他人深入思考軟體開發產業和這種專業。每一次 *.NET Rocks!* 的訪談後，我都發現必須回頭去聽我自己的節目才能真正吸收我們所討論的一切。」

—*Richard Campbell*，*.NET Rocks!* **的共同主持人**

Code
That Fits in Your Head
軟體工程的啟發式方法

致我的父母：

我的母親 *Ulla Seemann*，從她我學習到了對於細節的專注。

我的父親 *Leif Seemann*，從他我繼承到了喜歡逆向思考的個性。

"The future is already here — it's just not very evenly distributed"

「未來已然到臨，只是分佈得不是很均勻」

—*William Gibson*

目錄

第 I 部 加速

Chapter 1 藝術或科學？

Chapter 2 檢查表（Checklists）

Chapter 5 封裝（Encapsulation）

Chapter 6 三角測量法（Triangulation）

Chapter 7 分解

Chapter 8 API 設計

Chapter 9 團隊合作

第 II 部 永續發展性

Chapter 10 擴增程式碼（Augmenting Code）

Chapter 11 編輯單元測試

Chapter 14 節律（Rhythm）

Chapter 15 常備之物

參考書目

索引

叢書編輯前言

我的孫子正在學習寫程式。

是的，你沒看錯。我 18 歲的孫子正在學習電腦程式設計。誰在教他呢？他的姑姑，也就是我最小的女兒，她出生於 1986 年，而她在 16 個月前決定將職業生涯從化學工程轉向程式設計。他們倆為誰工作呢？我的大兒子，他和我的小兒子一起，正在創辦他的第二家軟體顧問公司。

是的，電腦軟體在這個家族的血脈中流動。而且，你想的沒錯，我從事程式設計工作已經很久很久了。

總之，我的女兒請我花一個小時和我的孫子一起，教授他電腦程式設計的基礎知識以及如何入門。於是我們開始了一個 Tuple 課程，我向他講授什麼是電腦、它們是如何出現的，以及早期的電腦是什麼樣子的，還有……嗯，你知道的，就是那些。

課程快要結束時，我使用 PDP-8 的組合語言編寫了將兩個二進位整數相乘的演算法。為那些不知道的人補充一下，PDP-8 並沒有乘法指令，你必須寫出一個演算法來將數字相乘。

事實上，PDP-8 甚至沒有減法指令；你必須使用 2 的補數（two's complement）並加上一個偽負數（讓讀者理解）。

在我即將完成這個程式範例時，我突然發現我把我孫子嚇壞了。我的意思是，我 18 歲的時候，這種技術細節會讓我激動不已，但對於他姑姑正試圖教他如何編寫簡單 Clojure 程式的一個 18 歲孩子來說，也許就沒有那麼大型的吸引力了。

總之，這讓我想到了程式設計實際上有多難。而它很難，真的很難。它可能是人類曾經嘗試過的最困難事情。

哦，我的意思不是說寫程式碼來計算一些質數（prime numbers），或 Fibonacci 數列，或簡單的氣泡排序（bubble sort）很困難，那並不是太難。但是一個空中交通管制系統（Air Traffic Control system）呢？一個行李管理系統（luggage management system）呢？一個材料清單系統（bill of materials system）？ *Angry Birds* 呢？現在這就很難了，真的、真的很難。

我認識 Mark Seemann 也有好幾年了，我不記得曾經真正見過他，可能是我們從未真正在同一個地方見過面，但我和他在專業新聞群組和社交網路上有相當多的互動。他是我最喜歡的持不同意見的人之一。

他和我在各種事情上都有不同的看法。我們在靜態與動態定型（static versus dynamic typing）上有所分歧。我們對於作業系統和語言有不同意見。我們在很多具有智力挑戰的事情上有意見分歧。但是，與 Mark 持不同意見是一件必須非常小心的事情，因為他的論證邏輯是無懈可擊的。

因此，當我看到這本書，我想到的是，讀過這本書並提出不同的想法，會帶來多大的樂趣。而那正是後來發生的事情。我讀完了它。我不同意其中的一些看法。而我在試圖找出一種方式，使我的邏輯超越他邏輯的過程中，得到很多樂趣。我想我甚至可能有在一兩個案例中成功做到這件事，至少在我的腦子裡是這樣，也許啦。

但這不是重點。重點在於，軟體是很困難的，而過去七十年的大部分時間都花在試圖找出使它變得更容易一點的方法。Mark 在這本書中所做的就是收集這七十年來所有最好的想法，並將它們彙編到同一個地方。

不僅如此，他還將它們組織成一套經驗法則和技巧，並按照你會執行它們的順序來安排。這些經驗法則和技巧相互依存，幫助你在開發一個軟體專案的過程中，從一個階段走向另一個階段。

事實上，Mark 在本書的整個篇幅中開發了一個軟體專案，同時解釋了每個階段以及有利於該階段的經驗法則和技巧。

Mark 使用 C#（我不同意的事情之一 ;-)），但那不重要。程式碼很簡單，而且那些經驗法則和技巧適用於你可能使用的任何其他語言。

他涵蓋了諸如檢查表（Checklists）、TDD、Command Query Separation（命令查詢分離）、Git、Cyclomatic Complexity（循環複雜度）、Referential Transparency（參考透明性）、Vertical Slicing（垂直切片）、Legacy Strangulation（絞殺舊有程式碼）、Outside-In Development（從外而內型開發）等內容，僅舉幾例。

此外，在這些書頁中，到處都散落著一些精華。我的意思是，你正讀過去的時候，他會突然說出像這樣的一句話：「把你的測試函式旋轉 90 度，看看你能不能在 Arrange/Act/Assert 三要素的 Act 上取得平衡」或者「目標不是快速寫出程式碼，目標是可持續發展的軟體」或者「把資料庫綱目 commit 到 git」。

這些精華中，有些是深刻的，有些只是閒談，其他則是猜測，但所有的這些都是 Mark 多年來所獲得的深刻洞察力的例子。

所以請讀這本書。仔細閱讀它。思考過一遍 Mark 無懈可擊的邏輯。內化這些經驗法則和技巧。停下來思考那些突然出現在你面前的洞見寶石。那麼也許，當你為的孫子輩講課時，你就不會把他們嚇壞了。

—Robert C. Martin

序言

在 2000 年代的後半部，我開始擔任一家出版社的技術審閱者。在審閱了一些書之後，編輯就一本關於 Dependency Injection（依存性注入）的書聯繫了我。

這個序曲有點奇怪。通常，當他們為了一本書而與我聯繫時，都已經有了作者和目錄。然而，這一次，那些都沒有。編輯只是要求通個電話，討論這本書的主題是否可行。

我想了幾天，發現這個主體很有啟發性。同時，我看不出有必要寫一整本書。畢竟，這些知識就在那裡：部落格文章、圖書館文獻、雜誌文章，甚至有一些書籍都涉及到相關的主題。

經過反思，我意識到，雖然這些資訊都在那裡，但它們是分散在各處的，使用的術語也不一致，有時甚至是相互衝突的。收集這些知識並以一致的模式語言將之呈現出來，會是有價值的事情。

兩年後，我自豪地成為一本出版書籍的作者。

幾年過去了，我開始考慮再寫一本書。不是這本書，而是關於其他主題的書。然後我又有了第三個想法、第四個想法，但也不是這一本。

十年過去了，我開始意識到，當我向團隊提供諮詢，幫助他們寫出更好的程式碼時，我會建議一些從比我更睿智的人那裡學到的做法。而且，我再次意識到，這些知識大部分都已經存在了，但它們是分散的，很少有人明確地將這些點連接起來，形成一個關於如何開發軟體的連貫敘述。

根據我在第一本書中的經驗，我知道收集不同的資訊並以一致的方式呈現是有價值的。這本書是我在建立這樣的一種容器的嘗試。

誰應該讀這本書

本書針對的是至少有幾年專業經驗的程式設計師。我希望讀者有遭受過一些糟糕的軟體開發專案之折磨；有處理無法維護的程式碼的經驗。我還期望讀者能夠不停尋求改進。

核心的讀者群是「企業開發人員（enterprise developers）」：特別是後端開發者（back-end developers）。我職業生涯的大部分時間都在這個領域，所以這單純反映出我自己的專長。但如果你是前端開發者、遊戲程式設計師，開發工具工程師，或者其他完全不同的人，我希望你仍然會從閱讀本書中獲益良多。

你應該要能夠輕鬆地閱讀 C 族系中編譯式物件導向語言的程式碼。雖然我在職業生涯的大部分時間裡都是一名 C# 程式設計師，但我從帶有 C++ 或 Java[1] 範例程式碼的書中學到了很多。這本書扭轉了這種局面：它的範例程式碼以 C# 語言撰寫，但我希望 Java、TypeScript 或 C++ 開發者也能發現它的用處。

1　如果你對我指的是哪些書感到好奇，請看一下參考書目。

預備知識

這並不是一本初學者的書。雖然它涉及到如何組織和架構原始碼，但它並不包括最基本的細節。我希望你已經明白為什麼縮排（indentation）是有幫助的、為什麼冗長的方法（methods）容易出問題、全域變數是不好的，等等。我不指望你讀過 *Code Complete* [65]，但我假定你知道其中所涵蓋的一些基本概念。

給軟體架構師的注意事項

「架構師（architect）」這個詞對不同的人意味著不同的東西，即使是限定在軟體開發的情境脈絡之下。有些架構師專注於大局，他們幫助整個組織的成功完成大業。其他架構師則深入到程式碼中，主要關注特定源碼庫的可持續發展性。

就軟體架構師身分而言，我屬於後者。我的專長在於組織原始碼，使其利於處理長期的商業目標。我寫的是我所知道的東西，所以如果這本書對架構師有用處，這將會是那種類型的架構師。

你不會發現關於 Architecture Tradeoff Analysis Method（ATAM，架構取捨分析法）、Failure Mode and Effects Analysis（FMEA，失效模式和影響分析）、服務探索（service discovery）等內容。那些架構不在本書的範圍之內。

本書組織方式

雖然這是一本關於方法論的書，但我還是以圍繞一個貫穿全書的程式碼範例的方式來組織它。我決定這樣做是為了使閱讀體驗比典型的「模式目錄（pattern catalogue）」更有說服力。這個決定的一個後果是，當實務做法和經驗法則適合這裡敘述的故事（narrative）時，我就引入它們。這也是我一般在指導團隊時介紹這些技巧的順序。

這個故事是圍繞著實作餐廳預訂系統的一個範例源碼庫而展開的。該範例源碼庫的原始碼可在 informit.com/title/9780137464401 取用。

如果你想把這本書作為手冊使用，我在附錄中列出了所有實務做法的清單，以及你可以在書中哪裡讀到更多資訊。

關於程式碼風格（Code Style）

範例程式碼是用 C# 編寫的，這是近年來迅速發展的一個語言。它從函式型程式設計（functional programming）中吸取了越來越多的語法思想；作為一個例子，在我撰寫這本書的時候，**不可變的記錄型別**（*immutable record types*）已經推出。我決定忽略其中一些新的語言功能。

很久以前，Java 程式碼看起來很像 C# 程式碼。而另一方面，現代的 C# 程式碼則看起來不太像 Java。

我希望這些程式碼能被盡可能多的讀者所理解。就像我從有 Java 範例的書中學到很多東西一樣，我希望讀者能夠在不了解最新的 C# 語法的情況下使用這本書。因此，我試著僅使用一個保守的 C# 子集，其他程式設計師應該也讀得懂它。

這並沒有改變書中提出的概念。是的，在某些情況下，有可能出現針對 C# 的更簡潔的替代方案，但這只是意味著額外的改進是可行的。

是否要用 var

`var` 關鍵字在 2007 年被引入到 C# 中。它能讓你宣告一個變數而不明確指定其型別。取而代之，編譯器會從情境脈絡中推斷出其型別。確切地說，用 `var` 宣告的變數和以明確型別宣告的變數都一樣是靜態定型（statically typed）的。

在很長一段時間裡，這個關鍵字的使用是有爭議的，但現在大多數人都在使用它；我也是如此，但我偶爾會遇到一些抗拒。

雖然我在工作環境中使用 `var`，但為一本書寫程式碼是一種稍微不同的背景。在正常情況下，IDE 都不遙遠。現代開發環境可以迅速告訴你一個隱含型別的變數之型別，但一本書卻不能。

由於這個原因，我偶爾會選擇明確地為變數指定型別。大多數範例程式碼仍然使用 `var` 關鍵字，因為它使程式碼更簡短，而在印刷書中行寬是有限的。但在少數情況下，我刻意選擇明確宣告變數的型別，希望在書中讀到程式碼時更容易理解。

程式碼列表

列出的大部分程式碼都來自同一個範例源碼庫，它是一個 Git 儲存庫（repository），而程式碼範例取自不同的開發階段。每個這樣的程式碼列表都包括相關檔案的相對路徑。該檔案路徑的一部分是 Git 的 commit ID（提交 ID）。

舉例來說，列表 2.1 包括這個相對路徑：*Restaurant/f729ed9/Restaurant.RestApi/Program.cs*。這意味著這個例子取自 `f729ed9` 這個 commit ID，而其檔案是 `Restaurant.RestApi/Program.cs`。換句話說，要查看這個特定版本的檔案，你得 check out 那個 commit：

```
$ git checkout f729ed9
```

當你完成這些後，你就能在其完整的可執行情境中探索 `Restaurant.RestApi/Program.cs` 檔案。

關於參考書目的說明

參考書目包含各種資源，包括書籍、部落格文章和影片記錄。我的許多資源都在線上，所以我當然提供了 URL。我已經努力將我有理由相信會在 Internet 上穩定存在的大部分資源包括在內了。

儘管如此，事情還是會改變。如果你在未來讀到這本書，而某個 URL 已經失效了，可以試試網際網路的封存服務（internet archive service）。在我撰寫這篇文章時，https://archive.org 是最好的選擇，但該網站也可能在未來消失。

引述我自己

除了其他資源，參考書目中還列出了我自己的作品。我知道，就敘述說明而言，參考自己的話本身並不構成一種有效的論證。

我將自己的作品納入，並非作為一種行銷手段。取而代之，我包括這些資源，是為了可能對更多細節感興趣的那些讀者。當我引用自己時，原因是你可能會在我所指出的資源中找到一個擴展過的論點，或更詳細的程式碼範例。

致謝

我要感謝我的妻子 Cecilie 在我們在一起的這些年裡所給予的愛和支持，感謝我乖巧的孩子 Linea 和 Jarl 一直遠離麻煩。

除了家人之外，我首先要感謝我珍貴的老友 Karsten Strøbæk，他不僅容忍了我 25 年的存在，而且也是本書的第一位審稿人。他還在各種 LaTeX 技巧和訣竅方面幫助我，並在索引中添加了比我更多的條目。

我還要感謝 Adam Tornhill 對於有關他作品的章節的回饋意見。

我很感謝 Dan North 在我的潛意識中植入了 *Code That Fits in Your Head* 這段話，這可能早在 2011 年就發生了 [72]。

在 InformIT 網站上註冊你的 *Code That Fits in Your Head*，以便在有更新或修正的時候方便地獲取。要開始註冊程序，請前往 informit.com/register 並登入或創建一個帳號。輸入產品的 ISBN（9780137464401）並點擊 Submit。在 Registered Products 分頁上尋找該產品旁邊的 Access Bonus Content 連結，並依循該連結存取任何可用的額外內容。如果你想得到新版本和更新的獨家優惠通知，請勾選接收我們電子郵件的方格。

關於作者

Mark Seemann 是一位糟糕的經濟學家，所幸他找到了作為程式設計師的事業第二春。他從 90 年代末開始從事 Web 和企業的軟體開發工作。Mark 年輕時想成為一名搖滾明星（rock star），但不幸的是，他既沒有那種天賦，也沒有長相。不過，後來他成為了一名 Certified Rockstar Developer（經過認證的搖滾明星開發者）。他還寫了一本關於 Dependency Injection 的書籍，獲得了 Jolt Award 獎項，發表了超過 100 次國際會議演講，並為 Pluralsight 和 Clean Coders 製作了影片課程。自 2006 年以來，他定期發表部落格文章。他與妻子和兩個孩子居住在哥本哈根（Copenhagen）。

第 I 部
加速

本書第一部分的架構大致圍繞著程式設計的敘事進行。程式碼範例都取自一個範例源碼庫，從建立第一個檔案，到完成第一個功能都是。

在開始的時候，你會看到對程式碼變更的詳細解釋。隨著章節的深入，我將跳過一些細節。程式碼範例的目的是為你提供一個介紹各種實務做法和技巧的背景。

如果我跳過了一個你想了解的細節，你可以查閱本書所附的 Git 儲存庫。每一段程式碼列表都標有識別來源的 commit ID。

屬於這部分的提交歷史（history of the commits）是相當精煉的。如果你讀過這部分的 Git 歷史，你會覺得我幾乎沒有犯任何錯誤。事實並非如此。

犯錯是人之常情，我和你一樣會犯很多錯誤。然而，Git 的一個奇妙功能是你可以改寫歷史。我已經多次對儲存庫的這一部分進行了改寫，以使它變得如我想要的那般洗鍊。

我那樣做並不是為了掩蓋我的錯誤。我這樣做的原因是，我覺得對於想從這個儲存庫中學習的那些讀者來說，如果我去掉錯誤的雜訊，它就會變得更有教育意義。

範例程式碼構成了一個敘事，藉以介紹我所描述的那些實務做法。在本書的這一部分，你將看到程式碼從零**加速**（*accelerate*）到部署了一個功能。但是，即使你不是在進行綠地開發（greenfield development），你也應該能夠使用這些技術來提高你的效率。

1
藝術或科學？

你是科學家還是藝術家？是工程師還是工匠？是園丁還是主廚？詩人還是建築師？

你是程式設計師或軟體開發人員嗎？ 如果是，那麼你是什麼？

我對這些問題的回答是：**是的，以上皆非**。

雖然我自認為是一名程式設計師，但我對上述的所有事情都有一點了解。然而，這些都不是我。

像這樣的問題是很重要的。軟體開發行業大約有 70 年的歷史，而我們仍在摸索中。一個長期存在的問題是如何**思考**這件事。因此有了這些問題。軟體開發就像蓋房子嗎？它像創作一首詩嗎？

幾十年來，我們嘗試過各式各樣的隱喻，但都不盡如人意。開發軟體就像蓋房子，但也不完全是。開發軟體就像栽培一個花園，但也不全然如此。歸根究柢，這些隱喻都不適合。

但我相信，我們對軟體開發的思考方式決定了我們如何工作。

如果你認為開發軟體就像蓋房子一樣，你會犯下錯誤。

1.1 建造房子

幾十年來，人們一直把開發軟體比作建造房子。正如 Kent Beck 所說的：

> 「不幸的是，軟體的設計一直被源於物理設計活動的隱喻所束縛。」[5]

這是軟體開發中最普遍、最誘人，也是最礙事的隱喻之一。

1.1.1 專案的問題

如果你認為開發軟體類似於建造房子，你會犯的第一個錯誤就是把它當成一個工程專案（*project*）。一個專案有開始和結束，一旦你到達終點，工作就完成了。

只有不成功的軟體才會完結。成功的軟體是持久續存的。如果你有幸開發出成功的軟體，當完成一個發行版本後，你會繼續開發下一個版本，這可以持續好幾年。一些成功的軟體會持續存在幾十年[1]。

一旦你建好了房子，人們就可以搬進去。你需要維護它，但其成本只是建造它的一小部分。誠然，像這樣的軟體是存在的，特別是在企業領域。只要你建好了[2]一個內部業務線（line-of-business）的應用程式，它就完成了，而使用者也就被束縛其中了；當專案完成，這樣的軟體就進入了維護模式。

但大多數軟體並不是這樣的。與其他軟體競爭的軟體是永遠都不會完成

1 我使用 LaTeX 來撰寫這本書，這個程式是在 1984 年發行的！

2 我熱切希望永遠都不使用關於軟體開發的這一個動詞，但在這個特定的背景之下，它是合理的。

的。如果你陷入建造房子的隱喻中，可能會把它想成是一系列的專案；你可能計畫在九個月內發行產品的下一個版本，但卻驚恐地發現你的競爭對手每三個月就發佈一次改良版。

所以你努力地使該「專案」的時程縮短；當你終於能夠每三個月交付一次時，你的競爭對手卻達到了每月一次的發行週期。你可以看到這個的結局，對吧？

它的結局是 Continuous Delivery（持續交付）[49]。就是這樣，或者你最終倒閉了。根據研究，*Accelerate* 一書 [29] 令人信服地論證道，區分高績效和低績效團隊的關鍵是不加思索，毫不猶豫就發佈的能力。

若能做到這點，軟體開發**專案**的概念就不再有意義了。

1.1.2 階段的問題

另一個因為建造房子的隱喻而產生的誤解是，軟體開發應該分為不同**階段**（*phases*）進行。在建造房屋時，建築師（architect）首先得繪製計畫，然後你準備後勤工作，把材料搬到現場，然後才能開始建造。

當這個隱喻套用在軟體開發之上，你會任命一個**軟體架構師**（*software architect*），他的責任是製作一個計畫；只有在計畫完成後，才可以開始進行開發。這種關於軟體開發的觀點認為，規劃階段（planning phase）是發生智識活動的階段。根據這個隱喻，程式設計階段（programming phase）就像房子的實際建造階段。開發人員被看作是可互換的工人[3]，基本上只不過是光榮的打字員而已。

3　我對建築工人完全沒有貶義；我親愛的父親就是一名砌磚工人。

沒有什麼比這更不符合事實的了。正如 Jack Reeves 在 1992 年指出的那樣 [87]，軟體開發的**建造**（*construction*）階段就是你編譯原始碼（compile source code）的時候。

那幾乎就像免費的，與房屋的建造相當不同。所有的工作都發生在**設計**（*design*）階段，或者就像 Kevlin Henney 生動表達的那樣：

> 「**以毫不含糊的細節描述一個程式和程式設計的行為本身是相同的一個整體**」

在軟體開發中，沒有施工階段可言。這並不代表規劃工作沒有用，但它確實表明，建造房屋的隱喻頂多只能算是無益的。

1.1.3 依存關係

當你建造房屋時，物理現實施加了限制。你必須首先打好地基，然後立起牆壁，只有這樣你才能蓋上屋頂。換句話說，屋頂依存於（depends on）牆壁，而牆壁又依存於地基。

這個隱喻讓人們誤以為他們需要管理依存關係（dependencies）。我有過這樣的專案經理，他們製作了精緻的甘特圖（Gantt charts）來規劃一個專案。

我和許多團隊合作過，他們中的大多數人在開始任何新的開發專案時都會設計一個關聯式資料庫綱目（relational database schema）。資料庫是大多數線上服務的基礎，而那些團隊似乎無法擺脫這樣的觀念：你可以在擁有資料庫之前，先開發一個使用者介面。

有些團隊從來沒有設法生產出一個可以運作的軟體。在他們設計了資料庫之後，他們發現需要一個**框架**（*framework*）來配合它。所以他們開始重新發明一種物件對關聯式映射器（object-relational mapper），也就是那個「電腦科學的越南」[70]。

建造房子的隱喻是有害的，因為它誤導了你，讓你以一種特定的方式思考軟體開發。你會錯過那些沒有看到的機會，因為你的觀點與現實不一致。實際的軟體開發，以隱喻的方式來講，就是**可以**從屋頂開始。你會在本書的後面看到這個的一個例子。

1.2 栽培一個花園

建造房子的隱喻是錯誤的，但或許其他隱喻更有效。園藝的隱喻（gardening metaphor）在 2010 年代得到了越來越多的關注。Nat Pryce 和 Steve Freeman 將他們的優秀著作取名為 *Growing Object-Oriented Software, Guided by Tests* [36] 並非偶然。

關於軟體開發的這種觀點認為，軟體是一種活的有機體，必須被照顧、耐心栽植和修剪。這是另一個令人信服的隱喻。你有沒有感覺到一個源碼庫有自己的生命呢？

從這個角度來看待軟體開發可能是有啟發性的。至少它迫使你改變觀點，並可能因此動搖你「軟體開發就像蓋房子」的信念。

透過將軟體視為一種活的有機體，園藝的隱喻強調了修剪（pruning）。如果任其生長，花園就會雜草叢生，毫無章法。為了從花園獲得價值，園丁必須在照護和支援必要的植物的同時，透過殺死雜草來進行維護。將之轉譯到軟體開發中，這有助於我們把焦點放在**防止**程式碼腐敗的活動，如重構（refactoring）和刪除死碼（dead code）。

我覺得這個隱喻不像造房子隱喻那般有問題，但我仍然不認為它描繪了整體畫面。

1.2.1 什麼讓花園成長？

我喜歡園藝隱喻對於能夠對抗混亂的活動之強調。就像必須對花園進行修剪和除草一樣，你必須對源碼庫進行重構並償還技術債（technical debt）。

然而，關於程式碼的來源，園藝隱喻就說得很少。在一個花園裡，植物會自動生長。它們所需要的只是養分、水和陽光。另一方面，軟體並不會自行生長。你不能只是把電腦、薯片和軟性飲料扔進一個黑暗的房間，並期望軟體能從中長出。你會缺少一個重要的成分：程式設計師（programmers）。

程式碼是由某個人寫的。這是一個主動的過程，對此園藝的隱喻並沒有什麼可說的。你如何決定寫什麼，以及不寫什麼？ 你怎麼決定**如何**架構一段程式碼？

如果我們希望改善軟體開發行業，我們也必須解決這些問題。

1.3 邁向工程

還有其他關於軟體開發的隱喻。例如，我已經提到了**技術債**（*technical debt*）這個詞，它意味著會計師的觀點。我還談到了**撰寫**（*writing*）程式碼的過程，這表明它與其他類型的寫作（authoring）有相似之處。很少有隱喻是完全錯誤的，但也沒有完全正確的。

我特別針對建房的隱喻是有理由的。一個原因是它是如此普遍。另一個原因是它看起來錯得離譜，以致於無法挽救。

1.3.1 軟體作為一種工藝

很多年前我就得出結論，建造房屋的隱喻是有害的。一旦你捨棄了一個觀點，你通常會去尋找一個新的觀點。我在**軟體工藝**（*software craftsmanship*）中找到了它。

把軟體開發看作是一門工藝（craft），當成本質上的**技術工作**（*skilled work*），這似乎很有說服力。雖然你**可以**接受電腦科學的教育，但你沒有必要這樣做。我就沒有[4]。

身為一名專業的軟體開發人員，你所需要的技能往往是情境式的。學習這個特定的源碼庫之結構為何。學習如何使用那個特定的框架。忍受在生產環境中花費三天的時間來排除一個錯誤的折磨。類似這樣的事情。

做得越多，你就越熟練。如果待在同一家公司，在同一個源碼庫中工作多年，你可能會成為一個專業的權威，但如果你決定去別的地方工作，這對你有幫助嗎？

透過從一個源碼庫移到下一個源碼庫，可以學習得更快。嘗試一些後端開發（back-end development），做一些前端開發（front-end development）；也許嘗試一些遊戲程式設計（game programming），或一些機器學習（machine learning）。這將使你接觸到廣泛的問題，而這些問題將作為經驗積累起來。

這與歐洲古老的 *journeyman years*（**學徒期滿的職工年**）傳統驚人地相似。像木匠或屋頂工人這樣的工匠會在歐洲各地旅行，在一個地方工作一段時間後再去下一個地方。這種方式使他們接觸到解決問題的替代做

4　如果你想知道，我確實有一個大學學位。那是經濟學學位，但除了在丹麥經濟事務部（Danish Ministry of Economic Affairs）工作過之外，我從未使用過它。

法，使他們的手藝變得更好。

把軟體開發人員想成這樣是很有說服力的。*The Pragmatic Programmer* 一書的副標題正是 *From Journeyman to Master* [50]。

如果這是真的，那麼我們就應該相應地架構我們的行業。我們應該有學徒（apprentices），與師傅（masters）一起工作。我們甚至可以組織公會（guilds）。

如果這是真的，那就會是這樣。

軟體工藝是另一個隱喻。我覺得它很有啟發性，但當你用亮光照耀一個主題時，也會產生陰影。光線越亮，陰影越暗，如圖 1.1 所示。

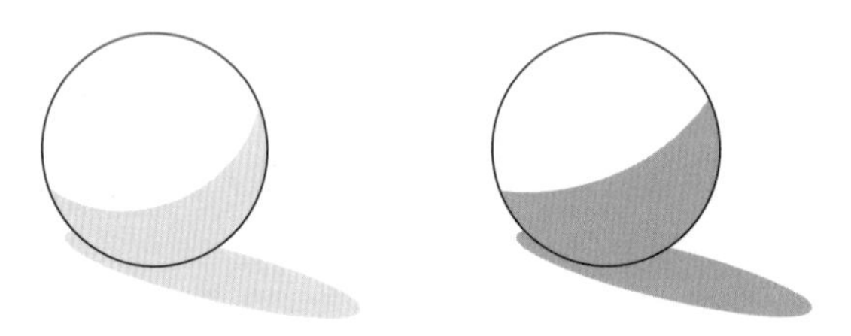

圖 1.1 你照在一個物體上的光越亮，陰影就越暗。

這畫面上還缺少了一些東西。

1.3.2 啟發式方法（Heuristics）

從某種意義上說，我的「軟體工藝」那幾年是一個徹底的幻滅期。當時我認為技能只不過是積累的經驗而已。在我看來，軟體開發是沒有方法論（methodology）的，一切都取決於環境。做事情的方法沒有對或錯。

也就是說，程式設計基本上是一種藝術（art）。

這很適合我。我一直都很喜歡藝術。當我年輕時，曾想成為一名藝術家[5]。

這種觀點的問題是，它似乎並不具有規模擴充性。為了「創造」新的程式設計師，你必須把他們當作學徒，直到他們學到足夠的知識，成為了學徒期滿的職工（journeymen）。從那時起，掌握技能還需要幾年的時間。

將程式設計視為一種藝術或工藝的另一個問題是，它也不符合現實。2010 年左右，我開始意識到 [106]，我在程式設計時遵循的是啟發式方法（heuristics），即經驗法則（rules of thumb）和一些指導方針（guidelines），這些都是可以教授的。

起初，我並沒有太注意到這點。然而，多年來，我經常發現自己處在指導其他開發者的位置上。當我那樣做的時候，我經常會制定以特殊方式編寫程式碼的理由。

我開始意識到，我的虛無主義可能是錯誤的。也許，指導方針可能是將程式設計變成一門工程學科的關鍵。

1.3.3 早期的軟體工程概念

軟體工程（software engineering）的概念可以追溯到 60 年代末[6]。它與當代的**軟體危機**（*software crisis*）有關，即人們逐漸意識到程式設計是很**困難**的。

---

5 我最古老的願望是成為一名歐洲傳統的漫畫家。後來，在我十幾歲的時候，我拿起吉他，夢想著成為一名搖滾明星。事實證明，雖然我喜歡繪畫和演奏，但我並不是特別有天賦。

6 這個詞可能出現得更早。我並不完全清楚，而且我當時並不在世，所以無法回想。不過，1968 年和 1969 年舉行的兩次北約（NATO）會議普及了軟體工程一詞，這一點似乎沒有爭議 [4]。

那時的程式設計師實際上對他們所做的事情有很好的把握。我們行業中的許多傑出人物都活躍在那些日子裡：Edsger Dijkstra、Tony Hoare、Donald Knuth、Alan Kay。如果你問當時的人們是否認為程式設計會在 2020 年代成為一門工程學科，他們可能會說是。

你可能已經注意到，我把軟體工程的概念當作一個理想的目標來討論，而不是日常軟體開發的一個事實。世界上有可能存在一些實際的軟體工程[7]，但根據我的經驗，大多數軟體開發是以不同的風格進行的。

並不是只有我覺得軟體工程仍然是一個未來的目標。Adam Barr 說得很好：

> **「如果你和我一樣，夢想有一天，軟體工程能以一種深思熟慮、有條不紊的方式進行研究，而提供給程式設計師的指導也能建立在實驗結果的基礎之上，而非根據搖擺不定的個人經驗。」**[4]

他解釋了軟體工程當初是如何走上正軌的，但後來發生的事情使其脫軌。Barr 說，當時所發生的意外就是個人電腦（personal computers）。它們創造了一代的程式設計師，他們在家裡自學程式設計。由於他們是在孤獨中擺弄電腦的，他們在很大程度上對已經存在的知識體系一無所知。

這種狀態似乎一直持續到今天。Alan Kay 就把這稱作一種**流行文化**（*Pop Culture*）：

> **「但流行文化對歷史抱有輕視的態度。流行文化主要關於身份認同和你在參與的感覺。它與合作、過去或未來無關：它是生活在當下。我認為大多數為錢寫程式碼的人也是如此。他們不知道 [他們的文化源自何處]」**[52]

7 NASA 似乎是軟體工程很有可能存在之地。

我們或許因為在軟體工程方面進展甚微，而浪費了五十年的時間，但我們可能在其他方面取得了進展。

1.3.4 隨著軟體工程往前邁進

工程師是做什麼的？工程師負責設計和監督事物的建造，從橋樑、隧道、摩天大樓和發電廠等大型結構，到微處理器等微小物體[8]。他們幫忙生產實體物品。

亞歷山德拉王后橋（Dronning Alexandrine's bridge），俗稱 *Mønbroen*。它於 1943 年建成，連接了丹麥的西蘭島（Sealand）和較小的默恩島（Møn）。

程式設計師不會那樣做。軟體是無形的。正如 Jack Reeves 所指出的 [87]，由於沒有實物需要生產，所以建造過程幾乎是免費的。軟體開發主要是一種設計活動。當我們在編輯器中輸入程式碼時，就相當於工程師在畫圖紙，而非對應到工人在建構東西。

8 我有一個朋友，他受的教育是化學工程師。大學畢業後，他成為 Carlsberg 公司的一名釀酒師。工程師也釀製啤酒呢。

「真正」的工程師遵循通常會導致成功結果的方法論。這也是我們程式設計師想要做的，但我們必須小心翼翼地只複製那些在我們的環境下有意義的活動。當你設計一個實體物品，真正的建造是很昂貴的。我們不能建造一座橋，測試一段時間後才決定它不好，然後把它拆掉重新開始。因為現實世界的建造過程是昂貴的，工程師們從事計算和模擬。計算一座橋的強度比建造它需要更少的時間和材料。

有一個完整的工程學科與物流（logistics）有關。人們從事細緻的規劃，因為那是建造實物最安全且最不昂貴的方式。

那是工程中我們**不需要**複製的部分。

但還有很多其他的工程方法論可以啟發我們。工程師也做創造性、人性化的工作，但那往往是在一個框架內結構化進行的。特定的活動之後應該有其他的活動。他們對彼此的工作進行審查和簽字。他們遵循檢查表（checklists）[40]。

你也可以那樣做。

那就是這本書的內容。它是我發現有用的啟發式方法之導覽。恐怕這更接近於 Adam Barr 所說的**搖擺不定的個人經驗**（*the shifting sands of individual experience*），而不是一套有科學根據的定律。

我相信，這反映了我們行業的現狀。認為我們對任何事情都有堅定的科學證據的人都應該讀一讀 *The Leprechauns of Software Engineering*[13]。

1.4 結論

如果你考慮一下軟體開發的歷史，你可能會想到數量級規模的進步。然而，這些進步中有許多是硬體的進步，而非軟體的進步。儘管如此，在過去的五十年裡，我們還是見證了軟體開發的巨大進展。

今日，我們擁有比五十年前先進得多的程式語言，可以存取 Internet（包括以 Stack Overflow 形式出現的業界標準線上說明）、物件導向和函式型程式設計（functional programming），自動化的測試框架、Git、整合式開發環境，等等。

另一方面，我們仍在**軟體危機**中掙扎，儘管已經持續了半個世紀的東西是否可以被稱為危機是值得商榷的。

儘管做出了認真的努力，軟體開發行業仍然不像是一門工程學科。工程和程式設計之間存在著一些根本性的差異。除非我們理解這一點，否則我們無法取得進展。

好消息是，你可以做到許多工程師做的事情。有一種思維方式，以及一系列你可以遵循的流程。

正如科幻作家 William Gibson 所說：

> **「未來已然到臨，只是分佈得不是很均勻」**[9]

正如 *Accelerate* 一書所描繪的那樣，一些組織今天就使用了先進的技術，而其他組織則落在後面 [29]。未來確實是不均勻分佈的。好消息是，那些先進的理念可以自由取得。是否要開始使用它們，由你決定。

在第 2 章中，你將首次領略到你可以進行的具體活動。

9　這是那些來源不明的引言之一。這個想法和整體措辭是 Gibson 的，這似乎沒有爭議，但他究竟是在什麼時候第一次這樣說，就不清楚了 [76]。

2
檢查表

你如何從程式設計師（programmer）轉變為軟體工程師（software engineer）？我不想聲稱這本書對這個問題有確切的答案，但我希望它能讓你走上這條路。

我相信，在軟體開發的歷史上，現在還算非常早期，有很多事情我們還不了解。另一方面，我們不能等到我們把所有的東西都弄明白了才去做。我們要透過實驗來學習。本書中介紹的活動和方法論受到了許多在我之前的偉大人物之啟發[1]。這些實務做法對我和我教過的許多人都很有效。我希望它們也能為你所用，或者說，希望它們能激勵你找出更好的工作方法。

2.1 記憶的輔助工具

軟體開發的一個基本問題是，有很多事情要做。我們的大腦並不擅長同時追蹤許多事情。

1 人太多了無法列於此處，但請參閱書目。我已經盡力將每個人的貢獻歸功於他們，但我肯定忘了一些，對此我表示歉意。

我們還傾向於跳過那些現在看來並不重要的事情，不去做它們。

問題不在於你不知道如何去做一件事，而在於你忘記去做，儘管你知道你應該去做。

這個問題並不專屬於程式設計。飛行員們也深受其害，他們發明了一個簡單的解決方案：**檢查表**（*checklists*）。

我意識到這聽起來令人難以置信的沉悶和拘束，但考慮一下檢查表的起源。根據 Atul Gawande[40] 的說法，它始於 1935 年的 B-17 轟炸機。與之前的飛機相比，B-17 要複雜得多。事實上，它是如此複雜，以致於它在為潛在的軍隊買家演示飛行的過程中墜毀，造成包括飛行員在內的兩名機組成員死亡。

對這次墜機的調查得出結論，這是由於「飛行員失誤」所造成的。鑒於該名飛行員是陸軍空中部隊最有經驗的試飛員之一，這很難被寫成是缺乏訓練。正如一家報紙所述，這架飛機單純就是「太過複雜而無法一人駕駛的飛機」[40]。

一組試飛員想出了一個解決方案：在起飛時要執行的**簡單**動作之檢查表，以及在降落時要遵循的另一個檢查表。

簡單的檢查表賦予了熟練的專業人員（如飛機駕駛員）更多的能力。當一項任務很複雜時，你幾乎不可避免地會忘記考慮一兩件事。檢查表可以幫助你把注意力從瑣碎的事情上移開，從而專注於任務的困難部分。你不必努力記住所有要做的瑣碎事情，你只需記得在不同的**暫停點**（*pause points*）核對檢查表。

重要的是要明白，檢查表應該是要賦予從業者能力，並支援和解放他們，而不是用來監督或稽核的。檢查表的力量源自於你在實際情況中**使用**它們，而非它們留下任何證據的痕跡。也許最強大的檢查表是那些特地**不留下**任何稽核線索的表。這些可以是牆上海報、剪貼板上、或活頁夾中的清單或類似的東西。

檢查表的目的不是為了約束你，而是為了改善結果。正如 Atul Gawande 的一位資料提供者所說的那樣：

> **「當外科醫生確定有洗了手或有跟團隊中的每個人確認時時，他就是看過了手術檢查表，他們在不增加技能的情況下改善了結果。這就是我們在使用檢查表時所做的事情。」**[40]

如果飛行員和外科醫生能夠遵循檢查表，那麼你也可以。關鍵就是**在不增加技能的情況下改善結果**。

在接下來的章節中，我將在不同的地方向你介紹檢查表。這並不是你會學到的唯一「工程方法」，但它是最簡單的。這是一個很好的開始：

檢查表只是一種記憶輔助工具。它的存在並不是為了限制你，它的存在是為了幫助你記得去執行瑣碎但重要的動作，例如在手術前洗手。

2.2 新源碼庫的檢查表

我在本書中提出的檢查表是**建議**（*suggestions*）。它們依據的是我的程式設計方法，但你的情況與我不同，所以它們可能不完全合適。就像 Airbus A380 的起飛檢查表與 B-17 的起飛檢查表會有所不同一樣。

請逐字逐句地使用我的檢查表建議，或作為靈感來源。

這裡有起始一個新源碼庫的檢查表：

☑ 使用 Git

☑ 自動化建置工作

☐ 開啟所有錯誤訊息

這看起來並不多，而那是刻意的。檢查表並非帶有詳細指示的複雜流程圖。它是一個簡單的項目清單，你可以在幾分鐘內涵蓋完成。

檢查表有兩種形式：*read-do* 和 *do-confirm* [40]。使用 *read-do* 檢查表時，你會閱讀（read）清單上的每一個項目，並在進入下一項之前立即執行該行動。使用 *do-confirm* 檢查表時，你會做所有的事情，然後看過一遍檢查表，確認（confirm）已經完成了所有的活動。

我故意讓上面的清單變得模糊和概念化，但由於它是以命令式的形式措辭，所以這表明它是一份 *read-do* 檢查表。你可以很輕易地把它變成一個 *do-confirm* 的檢查表，但如果你這樣做，你應該確保至少有和另一個人一起看過它一遍。這就是飛行員的做法。一個人讀檢查表，另一個人確認。如果你自己一個人，就很容易跳過一個步驟，但副駕駛可以讓你保持誠實。

到底要如何**使用** *Git*、**自動化建置**，並**開啟所有的錯誤訊息**，這取決於你，但為了使上述檢查表具體化，我將向你展示一個詳細的、執行中的例子。

2.2.1 使用 Git

Git 已經成為業界標準的源碼控制系統（source control system）。請使用它[2]。與 CVS 或 Subversion 那樣的集中式源碼控制系統相比，分散式源碼控制系統具有巨大的優勢。如果你知道如何使用它，就會是這樣沒錯。

Git 並不是這個行星上對使用者最友善的科技，但你是一名程式設計師。

---

2 儘管優於大多數替代方案，Git 還是有很多問題。最大的問題是它複雜且不一致的命令列介面。如果將來有更好的分散式源碼控制系統出現，請隨時遷移。不過，在我撰寫這篇文章的時候，還沒有更好的替代品出現。

你已經成功學會了至少一種程式語言。與之相比，學習 Git 的基礎知識是很容易的。幫自己一個忙，投入一到兩天時間學習它的基礎知識。不是它上面的圖形化使用者介面，而是它實際運作的方式。

Git **讓你有能力大膽地拿你的程式碼來做實驗**。試著做一些事情，如果不成功，就撤銷（undo）你的變更。

正是因為它能夠作為一個**在你的硬碟上**工作的源碼控制系統，才使得 Git 在集中版的控制系統中脫穎而出。

在 Git 之上有幾個圖形化使用者介面（GUI）可用，但在本書中，我將堅持使用命令列（command line）。它不僅是 Git 的基礎，也是我一般喜歡的工作方式。雖然我在 Windows 上，但我是在 Git Bash 中工作。

在一個新的源碼庫中，你應該做的第一件事是初始化（initialise）一個本地端的 Git 儲存庫（repository）[3]。在你想放置程式碼的目錄下打開命令列視窗。這時不必擔心像 GitHub 那樣的線上 Git 服務，你之後隨時都可以連接該儲存庫。然後打入[4]：

```
$ git init
```

就這樣了。你也可以考慮聽從我的朋友 Enrico Campidoglio 的建議 [17]，新增一個空的 commit（提交）：

```
$ git commit --allow-empty -m "Initial commit"
```

3 對於任何我認為可以存活一週以上的源碼庫，我都會堅持這一規則。對於真正只會短暫存在的程式碼，我有時會懶得初始化一個 Git 儲存庫，但我創建 Git 儲存庫的門檻很低。你隨時都可以透過刪除 `.git` 目錄來撤銷它。

4 不要打出那個 `$`：它只是用來表示命令列的提示符號。在本書中，在展示命令列上發生的事情時，我都會包括它。

我通常會這樣做，因為這可以讓我在發佈到線上 Git 服務之前改寫我儲存庫的歷史。不過，你不一定得這樣做。

2.2.2 自動化建置工作

當你幾乎沒有任何程式碼時，很容易自動化編譯（compilation）、測試（testing）和部署（deployment）。試圖將 Continuous Delivery（持續交付）[49] 改造並融入到現有的源碼庫中，似乎是一項艱鉅的任務。這就是我認為你應該馬上做這件事的原因。

目前還沒有程式碼，只有一個 Git 儲存庫。你將需要一個最小型的應用程式，以便有東西可以編譯。

建立你能夠部署的最少量程式碼，然後進行部署。這是一個類似於 Walking Skeleton（可行動的骨架）[36] 的想法，但在開發過程中提早了一步，如圖 2.1 所建議的那樣。

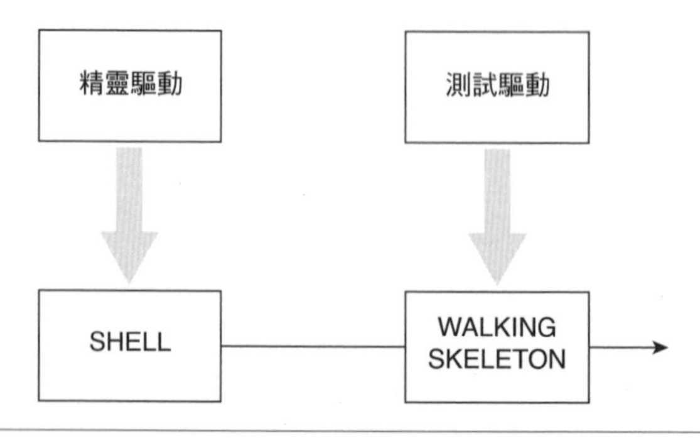

圖 2.1　使用精靈（wizard）或鷹架程式來創建一個應用程式的外殼（shell），提交並部署它。然後使用自動測試來創建一個你會提交和部署的 Walking Skeleton [36]。

一個 Walking Skeleton 是實際功能性最輕薄的實作，以便你自動建置、部署和進行端到端測試 [36]。你可以在後續再那樣做，但我認為首先建立一個部署管線（deployment pipeline）[49] 是有價值的。

與建立部署管線有關的常見問題

如果你還不能設立部署管線怎麼辦？也許你還沒有一個 Continuous Integration（持續整合）伺服器。如果是這樣的話，請先獲取一個。你不必獲得一個真正的伺服器。如今，有很多基於雲端的 Continuous Delivery 服務。

也許你還沒有一個生產環境（production environment）。試著透過配置你的部署管線來解決這個問題，這樣你就可以發行到某種生產前環境（preproduction environment）。最好是一個看起來盡可能像生產環境的環境。

即使你不能得到類似於生產環境的硬體，至少也要試著模擬生產系統的網路拓撲結構（network topology）。你可以使用較小的機器、虛擬機器（virtual machines）或容器（containers）。

我在這本書中建議的大多數方針都是免費的，而這一個通常要花錢，用於伺服器、軟體或基於雲端的服務。這些金額通常只是一名程式設計師工資的幾分之一，所以與開發軟體的總成本相比，這錢花得很值。

然而，在你建立部署管線之前，應該確保你可以輕鬆地編譯程式碼和執行開發者測試。你將需要一些程式碼。

本書是圍繞一個作為其主幹的範例而組成的。你將看到如何用 C# 開發一個簡單的線上餐廳預訂系統。現在，我們需要一個能夠處理 HTTP 請求的 Web 服務。

為了往那個方向發展，最簡單的方法是創建一個 ASP.NET Core 的 web 專案（web project）。我將使用 Visual Studio 來做這件事[5]。雖然我喜歡使用命令列介面來操作經常進行的互動，但我喜歡 IDE 對於我只會偶爾進

5　我不會展示任何螢幕截圖或以其他方式深入探討這一過程的細節。在這本書出版之前，那些都將過時。然而，那是一個簡單的過程，只涉及一兩個步驟。

行的動作提供導引。如果你喜歡，你可以用命令列工具來代替，但結果應該是一樣的：幾個檔案和一個可運作的網站（web site）。列表 2.1 和 2.2 顯示[6]了 Visual Studio 所創建的檔案。

當你執行該網站時，它將提供一個文字檔案，其內容是：

```
Hello World!
```

對於現在來說，這已足夠，所以把程式碼提交給 Git 吧。

列表 2.1 ASP.NET Core 預設的 Web 服務進入點（entry point），由 Visual Studio 所產生。（*Restaurant/f729ed9/Restaurant.RestApi/Program.cs*）

```
public class Program
{
    public static void Main(string[] args)
    {
        CreateHostBuilder(args).Build().Run();
    }

    public static IHostBuilder CreateHostBuilder(string[] args) =>
        Host.CreateDefaultBuilder(args)
            .ConfigureWebHostDefaults(webBuilder =>
            {
                webBuilder.UseStartup<Startup>();
            });
}
```

這一步的目標是自動化建置（build）工作。雖然你可以開啟你的 IDE，用它來編譯程式碼，但那並不是可自動化的。創建一個執行建置工作的指令稿檔案（script file），並也將其提交給 Git。最初，它就像列表 2.3 所示的那樣簡單。

6　C# 是一個相對囉嗦的語言，所以我一般只展示檔案的重點所在。我省略了 using 指引（directives）和 namespace 的宣告。

儘管我在 Windows 下工作，但我所有的命令列時間都花在 Bash 上，所以我定義了一個 shell 指令稿。你可以創建一個 `.bat` 檔案，或者一個 PowerShell 指令稿，如果那更符合你胃口的話[7]。重要的部分在於，現在它會呼叫 `dotnet build`。注意，我配置的是一個 Release build。自動化的建置應該反映出最終將進入生產環境的情況。

隨著添加更多的建置步驟，你也應該把它們新增到建置指令稿（build script）中。該指令稿的重點在於，它應該作為開發人員可以在自己的機器上執行的一種方便的工具。如果建置指令稿在開發者的機器上都順利執行通過了，就可以把變更推送到 Continuous Integration 的伺服器上。

列表 2.2 預設的 `Startup` 檔案，由 Visual Studio 所產生。我編輯了註解的換行方式，以使它們符合頁面寬度。（*Restaurant/f729ed9/Restaurant.RestApi/Startup.cs*）

```
public class Startup
{
    // 這個方法會被執行環境（runtime）所呼叫。
    // 使用此方法來新增服務到該容器（container）。
    // 關於如何配置你的應用程式，更多資訊請訪問
    // https://go.microsoft.com/fwlink/?LinkID=398940
    public void ConfigureServices(IServiceCollection services)
    {
    }

    // 這個方法會被執行環境（runtime）所呼叫。
    // 使用此方法來配置 HTTP 請求管線（request pipeline）。
    public void Configure(IApplicationBuilder app, IWebHostEnvironment env)
    {
        if (env.IsDevelopment())
        {
```

7　如果你需要做一些更複雜的事情，比如組裝說明文件、為套件管理器編譯可重用的套件，等等，你可以考慮一個功能完整的建置工具。但開始時要簡單，只有在必要時才增加複雜性。通常，你不需要那麼做。

```
            app.UseDeveloperExceptionPage();
        }

        app.UseRouting();

        app.UseEndpoints(endpoints =>
        {
            endpoints.MapGet("/", async context =>
            {
                await context.Response.WriteAsync("Hello World!");
            });
        });
    }
}
```

列表 2.3　建置指令稿（*Restaurant/f729ed9/build.sh*）

```
#!/usr/bin/env bash
dotnet build --configuration Release
```

下一步應該是建立你的部署管線（deployment pipeline）。當你向 *master* 添加新的提交（commits）時，就應該會觸發一個程序，（如果成功的話）將這些變化部署到生產環境中，或者至少使一切準備就緒，如此只要人工再確認一下，部署就完成了。

這樣做所涉及的細節超出了本書的範圍。它們取決於你使用的 Continuous Integration 伺服器或服務，以及其版本（一直在變化）。我可以告訴你如何在 Azure DevOps Services、Jenkins、TeamCity 等地方啟用這項功能，但這樣一來，這將成為一本關於該特定技術的書籍。

2.2.3 開啟所有錯誤訊息

我曾經和另一個程式設計師坐在一起，教他如何在現有的源碼庫中添加單元測試（unit tests）。我們很快就遇到了麻煩。程式碼編譯好了，但卻沒有做它應該做的事情。他開始瘋狂地瀏覽源碼庫，混亂地在這裡改些東西、在那裡新增一行程式碼等等。我問他：

「我們能否看看是否有任何的編譯器警告？」

我相當清楚問題在哪裡，但幫助人們讓他們自行發覺問題，會學得更好。

他回答：「那是沒有用的。在這個源碼庫中，有數百個編譯器警告」。

事實證明那是真的，但我堅持我們要看過那個警告清單，我很快就找到了我知道會有的警告。它正確地識別出了問題。

編譯器警告和其他自動化工具可以發現程式碼的問題。請使用它們。

除了使用 Git 之外，這也是你能摘到的位在最低處的果實之一。我很困惑，為何很少有人使用這些現成的工具。

大多數程式語言和環境都附有各種工具，可以檢查你的程式碼，如編譯器、linters、程式碼分析工具，以及風格和格式化的提醒。盡可能多運用它們，它們很少是錯的。

在本書中，我將使用 C# 來舉例。它是一種編譯式語言，編譯器在檢測到可以編譯但很可能是錯誤的程式碼時，通常會發出警告。

這些警告通常是正確的，所以要注意這些警告。

正如這則軼事所說明的，如果已經有 124 個其他的警告，就很難發現一個新的編譯器警告。出於這個原因，你應該對警告保持零容忍。警告數應該為零。

事實上，我們應該把警告（warnings）當作錯誤（errors）來對待。

我用過的所有編譯語言都有一個選項，可以把編譯器警告變成編譯器錯誤。這是防止警告累積的一種有效方法。

處理數百個現有的警告看起來是一項艱鉅的任務。在一個警告出現的時候立即處理它，要容易得多。出於這個原因，在新的源碼庫中，首先要打開「warnings-as-errors（警告即錯誤）」選項。這可以有效地防止任何編譯器警告的積累。

當我在 2.2.2 節介紹的源碼庫中這樣做時，程式碼仍然可以編譯。幸運的是，Visual Studio 為我產生的那一小段程式碼並沒有發出任何警告[8]。

許多語言和程式設計環境都有額外的自動化工具，能夠加以運用。舉例來說，*linter* 是一種工具，它可以在一段程式碼似乎出現不好的程式碼氣味時，向你發出警告。有些甚至可以檢查拼寫錯誤。諸如 JavaScript 和 Haskell 等不同的語言都有相應的 linters。

C# 也有一套類似的工具，叫作**分析器**（*analysers*）。雖然把警告變成錯誤只是在某處勾選一個核取方塊，但要添加分析器就比較麻煩了。不過，就最新版本的 Visual Studio 來說，這還是很簡單明瞭的[9]。

這些分析器代表了幾十年來關於如何編寫 .NET 程式碼的知識。它們最初是一個叫作 *UrtCop* 的內部工具。它是在 .NET 框架本身的早期開發過程中使用的，所以它比 .NET 1.0 的出現時間還要早。後來，它被重新命名為 *FxCop* [23]。它在 .NET 生態系統中的存在很不穩定，但最近在 Roslyn 編譯器工具鏈的基礎上被重新實作了。

---

8 在 Visual Studio 中，把警告作為錯誤的設定會與一個建置組態（build configuration）產生關聯。在 Release（發行）模式下，你絕對應該把警告當作錯誤處理，但我在 Debug（除錯）模式下也是這樣做的。如果你想為這兩種組態改變這個設定，你必須記得做兩次。也許你應該把這作為你檢查表的一部分。

9 同樣地，我並沒有描述這樣做的實際步驟，因為在書出版之前，詳細的描述很可能就已經過時了。

它是一個可擴充的框架，包含大量的指導方針和規則。它會尋找違反命名慣例的行為、潛在的安全問題、對已知程式庫 API 的不正確使用、效能問題等更多。

在列表 2.1 和 2.2 所示的範例程式碼中啟用時，預設的規則集（rule set）發出了不少於七個警告！由於編譯器現在將警告視為錯誤，程式碼無法順利編譯。乍看之下，這似乎妨礙了工作的完成，但這唯一打亂的，只是「未經審慎思考就認為程式碼可以維護」的假像。

今天的七個警告比將來的數百個警告更容易解決。一旦你從震驚中恢復過來，就會意識到大部分的修補都涉及到刪除程式碼。只需要對 `Program` 類別做一個更動即可。你可以在列表 2.4 中看到這個結果。你能發現這個變化嗎？

列表 2.4 ASP.NET Core 的 Web 服務進入點，在分析器的警告都被解決後。
（*Restaurant/caafdf1/Restaurant.RestApi/Program.cs*）

```
public static class Program
{
    public static void Main(string[] args)
    {
        CreateHostBuilder(args).Build().Run();
    }

    public static IHostBuilder CreateHostBuilder(string[] args) =>
        Host.CreateDefaultBuilder(args)
            .ConfigureWebHostDefaults(webBuilder =>
            {
                    webBuilder.UseStartup<Startup>();
            });
}
```

`Program` 類別的變化是，它現在以 `static` 關鍵字被標記了。當一個類別只有共用的成員（shared members）時，沒有理由支援實體化

（instantiation）。這是程式碼分析規則的一個例子。它在這裡幾乎沒有什麼重大意義，但另一方面，修補的方式就像在類別宣告中添加一個關鍵字一樣簡單，所以為什麼不聽從建議呢？在其他情況下，該規則可以幫助你讓源碼庫變得更容易理解。

我所做的大部分修改都影響了 Startup 類別。由於它們涉及到程式碼刪除，我認為其結果是一種改進。列表 2.5 顯示了這個結果。

列表 2.5 Startup 檔案，在處理了分析器的警告之後。請與列表 2.2 做比較。（*Restaurant/caafdf1/Restaurant.RestApi/Startup.cs*）

```
public sealed class Startup
{
    // 這個方法會被執行環境（runtime）所呼叫。
    // 使用此方法來配置 HTTP 請求管線（request pipeline）。
    public static void Configure(
        IApplicationBuilder app,
        IWebHostEnvironment env)
    {
        if (env.IsDevelopment())
        {
            app.UseDeveloperExceptionPage();
        }

        app.UseRouting();

        app.UseEndpoints(endpoints =>
        {
            endpoints.MapGet("/", async context =>
            {
                await context.Response.WriteAsync("Hello World!")
.ConfigureAwait(false);
            });
        });
    }
}
```

最明顯的改變是，我刪除了 ConfigureServices 方法，因為它什麼都沒做。我還 sealed（密封）了該類別，並添加了對 ConfigureAwait 的呼叫。

每條程式碼分析規則都有線上說明文件。你可以讀到規則的動機，以及如何處理警告。

Nullable Reference Types（可為 Null 的參考型別）

C# 8 引入了一種被稱為 *Nullable reference types*（可為 *Null* 的參考型別）[a] 的選擇性功能，它使你能夠使用靜態型別系統（static type system）來宣告一個物件是否可以為 null（「空」、「無」或「不存在」）。這項功能被啟用時，物件被假設是不可空（non-nullable）的，也就是說，它們不能是 null。

如果你想宣告一個物件可以是空的，可以在型別宣告中加上一個 ?（問號），就像 IApplicationBuilder? app 中那樣。

能夠區分不應該為 null 的物件和可能為 null 的物件，有助於減少你需要添加的防禦性程式碼數量。該功能有可能減少系統執行時期缺陷的數量，所以請開啟它。在源碼庫是新的時候就開啟它，這樣就不需要處理太多的編譯器錯誤。

當我為本章所示的範例源碼庫打開這個功能時，程式碼仍然可以編譯。

a　Microsoft 命名概念和功能的方式可能會讓人困惑。就像其他基於 C 語言的所有主流語言一樣，參考型別一直都是 *nullable*（可空的），即物件可以為 null。這個功能實際上應該被稱為 *non-nullable reference types*（不可空的參考型別）

靜態程式碼分析就像是自動化的程式碼審查（code review）。事實上，當一個開發組織聯繫我，因為他們想讓我進行 C# 程式碼審查時，我首先告訴他們執行分析器。這可以為他們省去我幾個小時的費用。

通常我就不會再接到那種潛在客戶的聯繫了[10]。當你在現有的源碼庫上執行這樣的分析器時，你很容易會得到數以千計的警告並感到不知所措。為了防止這種情況，請馬上開始使用這些工具。

相對於編譯器的警告，靜態程式碼分析工具（如 linters 或 .NET Roslyn 分析器）往往會產生一些假警報（false positives）[11]。自動化工具通常會給你各種選項來抑制誤報的情況，所以這並不是拒絕它們的理由。

將編譯器的警告視為錯誤。把 linter 和靜態程式碼分析的警告當作錯誤。一開始這很令人感到挫折，但這會改善程式碼。這也能使你成為更好的程式設計師。

那是**工程**（*engineering*）嗎？就這樣嗎？這不是你能做的全部，但這是很好的第一步。工程，從廣義上來講，就是運用你能使用的所有啟發式方法（heuristics）和確定性工具（deterministic machinery）來提高最終成功的機會。這些工具就像自動檢查表。每次你執行它們時，它們會控制成千上萬的潛在問題。

其中一些已經存在了很長時間，但根據我的經驗，很少有人使用它們。未來是不均勻分佈的。請打開控制裝置，**在不增加技能的情況下改善結果**。

把警告當作錯誤來處理，在開始時是最容易做到的。當一個源碼庫是全新的，沒有程式碼需要警告。這樣可以讓你逐個處理錯誤。

10　我是一個糟糕的生意人 ... 我是嗎？

11　我意識到這很令人困惑，但事實是這樣的：*positive* 意味著警告，也就是程式碼看起來不對。這聽起來並不「正面（positive）」，但在二進位分類法的術語中，*positive* 表示存在一個信號，而 *negative* 代表沒有。這也被用於軟體測試和醫學中。只要考慮一下 Covid-19 **陽性**（*positive*）意味著什麼就知道了！

2.3 為現有的源碼庫加入檢查

在現實世界中，你很少有機會開始一個新的源碼庫。大多數專業的軟體開發都涉及到對現有程式碼的處理。雖然在一個新的源碼庫中把警告當作錯誤來處理的要求較低，但在一個現有的源碼庫中也並非不可能。

2.3.1 逐步改善

關鍵是要逐步打開額外的防護措施。大多數現有的源碼庫都包含數個程式庫[12]，如圖 2.2 所示。一次打開一個程式庫的額外檢查。

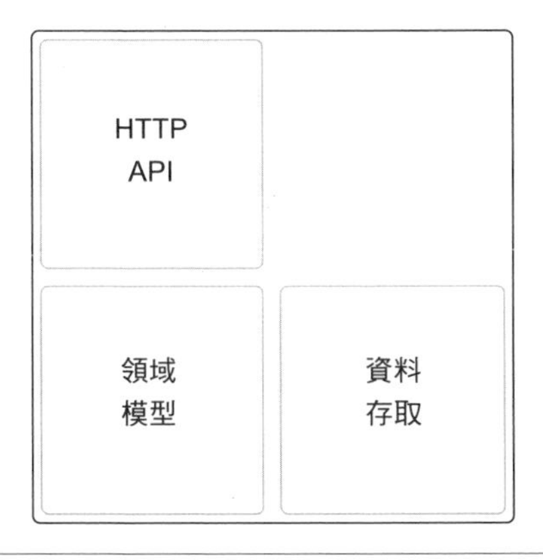

圖 2.2 一個由套件組成的源碼庫。在這個例子中，這些套件是 *HTTP API*、**領域模型**（*Domain Model*）**和資料存取**（*Data Access*）：

通常可以一次打開一種類型的警告。在一個現有的源碼庫中，可能已經有數百個編譯器警告了。取出那個清單並按類型分組。然後選擇某個可能有十幾個實例的特定類型警告，修復所有的那些警告。在它們還是編

12 程式庫（libraries）也被稱為**套件**（*packages*）。Visual Studio 的開發者通常將程式庫稱為一個 *solution*（**解決方案**）中的 *projects*（**專案**）。

譯器警告的時候就修復它們，這樣就可以繼續使用那些程式碼。每當你做了一個改進，就把你的變更 check-in 到 Git 中。把這些漸進式的改善合併到 *master* 中。

一旦你消除了某一類型的最後一個警告（在源碼庫的那一部分），就把那些警告變成錯誤。然後轉到另一種類型的警告，或在源碼庫的另一部分處理同一類型的警告。

你可以對 linters 和分析器做同樣的事情。以 .NET 分析器為例，你可以設定要啟用哪些規則。一次處理一個規則，而一旦你消除了某一條規則產生的所有警告，就把該規則打開，這樣就可以防止它未來的所有實例。

同樣地，C# 的 *nullable reference types*（**可為** *null* **參考型別**）功能也可以逐步啟用。

在所有情況下，關鍵都是要遵循童子軍守則（Boy Scout Rule）[61]：讓程式碼處於比你發現它時更好的狀態。

2.3.2 巧妙運用你的組織

當我在會議上或使用者群組中發表談話時，人們經常來找我。通常他們受到啟發，但覺得他們的經理不會讓他們專注於**內部品質**（*internal quality*）。

把警告當作錯誤處理的好處是，你增加了一個**制度性**（*institutional*）的品質閘門。如果你把警告當作錯誤處理，並開啟靜態程式碼分析，你就自願交出了一些控制權。喪失控制權聽起來並不好，但有時也是一種優勢。

當你面臨「交付就對了」的壓力，因為「我們沒有時間按部就班地做」，想像一下你的回答：

「對不起，但如果我那樣做，程式碼就不能編譯了。」

這樣的回答有可能遏制利害關係者堅持忽視工程紀律的行為。嚴格來說，要規避任何的這些自動檢查並非不可能，但你不必告訴所有人。其策略是，你把過去是人類決策的東西變成了機器強制施加的規則。

這在道德上妥當嗎？使用你的判斷力。身為一名專業的軟體開發人員，你是技術專家，你的職責就是做出技術決定。你可以向上級報告所有的細節，但很多資訊對非技術經理來說是沒有意義的。提供技術專長包括**不要**用他們無法理解或使用的細節來困擾利害關係者。

在一個健康的組織中，最好的策略是對你所做的事情保持開放和誠實。在一個不健康的組織中，例如一個有大量「奮鬥文化（hustle culture）」的組織中，採取對應的策略可能更為合適。你可以使用自動化的品質閘門（automated quality gates）來駭入你組織的文化。即使這涉及到輕微的欺騙，你仍然可以說最終目標都是為了支援良好的軟體工程。這對整個組織也應該是有利的。

運用你的道德判斷力。這樣做是為了組織的利益，而不僅是為了推進你自己的個人前程。

2.4 結論

檢查表會在不增加技能的情況下改善結果 [40]。請使用它們。檢查表輔助你的記憶，以做出正確的決定。它們會支援你而不是控制你。

在這一章中，你已經看到了一個簡單的檢查表的範例，在開始一個新的源碼庫時可以使用。然後你讀到了建立這個檢查表的後果。檢查表可以很簡單，但卻有很大的作用。

你看到了如何立即啟用 Git。這是檢查表上三個項目中最簡單的一個。不過當考慮到邁出這一步有多容易時，你就會更意識到這小小努力所得到的成倍回報。

你還看到了如何自動建置。這也是很容易做到的，只要馬上去做。擁有一個建置指令稿（build script），並使用它。

最後，你看到了如何將編譯器的警告變成錯誤。你還可以使用額外的自動化檢查，如 linters 或靜態程式碼分析。鑒於開啟這些功能非常容易，你沒有什麼理由去忽略它們。

在本書的其餘部分，你會看到這些早期的決定在我新增功能時對源碼庫的影響。

工程不僅僅是遵循一個檢查表，或將可以自動化的東西自動化，但這些措施代表了在正確方向上邁出的一步。它們是你今天就能做到的小改進。

3
處理複雜性

試著聽從你的直覺來解決下面這個簡單的謎題，不要試圖用數學或計算來解決它。

一組球棒和棒球的價格是 1.10 美元。球棒的價格比球多一美元，那球的價格是多少？

記下你的即時反應。

這似乎是一個簡單的問題。由於這應該是一本關於工程（*engineering*）的書，是一門智力要求很高的學科，你可能懷疑這是個陷阱。

我們很快就會回到球棒和棒球的問題上。

本章退回一步，試圖回答一個基本問題：**為什麼軟體開發如此困難？**

它所提出的答案同樣是很基礎的。這與人腦的運作方式有關。這是整本書的中心論點。在討論如何寫出放得進你腦袋的程式碼之前，我們必須討論什麼**適合**（*fit*）你的腦袋。

隨後的幾章會將這些知識付諸實踐。

3.1 目的

在讀完前兩章後，你可能會感到不滿意。也許你認為軟體工程將是一門講究智力的、複雜的、神秘的、深奧的學科。我們可以很容易地使它比你目前所看到的更複雜，但我們必須從某個地方開始。為什麼不從簡單的部分開始呢？ 正如圖 3.1 所示，爬山是從地面開始的。

圖 3.1　爬山從地面開始

在繼續之前，我認為我們應該暫停一下，來討論我們試圖解決的問題。那是哪個問題呢？

這本書所要解決的問題是永續發展性（sustainability）的問題之一。不是那個詞通常在環境上的意義，而是建議程式碼要能夠支持（sustain）擁有它的組織。

3.1.1 永續發展性

一個組織出於各種原因創造軟體，通常是為了賺錢，有時，是為了**省**錢。偶爾，政府會設立軟體專案，為其公民提供數位基礎設施，這並非從軟體得到直接的利潤或儲蓄，而是有一個任務要完成。

開發一個複雜的軟體往往需要很長的時間，可能幾個月，甚至是幾年。

許多軟體的壽命長達幾年或幾十年。在其生命週期中，它經歷了變化，獲得了新的功能，錯誤被修復，等等。這需要定期對源碼庫進行維護工作。

軟體的存在是為了以某種方式支援組織。當你增加新的功能或解決缺陷時，就支援了該組織。如果你今天能像半年前那樣完善地支援它，那麼它就能發揮最好的功用。如果你能在另一個半年內支援它，那麼它也能繼續發揮用處。

這是一項持續的努力。它必須是**可持續發展**（*sustainable*）的。

正如 Martin Fowler 所解釋的：如果不關注內部品質，你很快就會失去在合理時間內進行改善的能力。

> **「這就是內部品質差勁的情況。起初進展很快，但隨著時間的推移，要增加新的功能變得越來越困難。即使是小型的變更，也需要程式設計師去了解大面積的程式碼，而且是很難理解的程式碼。當他們進行改動時，會出現意想不到的損害，導致測試時間長，還有需要修復的缺陷。」**[32]

這就是我認為軟體工程應該解決的情況。它應該使軟體開發過程更加有規律。它應該支持其組織。持續幾個月、幾年、幾十年。

> 軟體工程應該使軟體開發的過程更加**有規律**（*regular*）。它應該**支持**（*sustain*）其組織。

3.1.2 價值

軟體的存在是為了達成一個目的（purpose）。它應該提供**價值**（*value*）。我經常遇到那些似乎被這個詞蒙蔽的軟體專家。如果你寫的程式碼不能提供價值，那麼你為什麼要寫它？

對價值的某種關注似乎是有必要的。有些程式設計師，如果讓他或她自己去做，他們會花上幾個小時，在自己設計的一些巧妙的框架中磨磨蹭蹭的。

這種情況也發生在商業公司身上。Richard P. Gabriel 講述了一家名為 Lucid 的公司的興衰故事 [38]。當他們在修修補補 Common Lisp 的完美商業實作時，C++ 出現了，並佔領了跨平台軟體開發語言的市場。

Lucid 的人認為 C++ 不如 Common Lisp，但 Gabriel 最終理解了客戶為什麼選擇它。C++ 可能不那麼前後一致，而且更為複雜，但它可以運作，而且已經可以提供給客戶使用。而 Lucid 的產品則不然。這使得 Gabriel 提出了一個格言：*worse is better*（**較差的反而好**）。Lucid 公司倒閉了。

把玩技術但不顧其目的人佔據了圖 3.2 的右側。

圖 3.2　一些程式設計師從不考慮他們所寫的程式碼之價值，而另一些程式設計師則很難看到可立即量化的結果以外的東西。永續發展性就在這兩者之間。

對價值的關注似乎是對這種心態的一種反應。詢問程式碼是否達到某種目的，是有意義的。

價值（*value*）這個詞經常被用來代替目的（purpose），儘管你無法衡量它。有一個專案管理學派奠基於這樣的想法 [88]，指出你應該：

1. 對你將要做出改變的影響形成一個假設。
2. 做出改變
3. 測量其影響並與你的預測進行比較

這不是一本關於專案管理的書，但這似乎是一種合理的方法。它符合 *Accelerate* [29] 裡的觀察。

「程式碼應該產生價值」的概念不幸地導致了邏輯上的謬誤，即「不產生價值的程式碼是被禁止的」。*worse is better* 的概念並不遙遠。

這是一個謬論，因為有些程式碼並不會產生**可立即測量到**（*immediately measurable*）的價值。另一方面，你或許能夠衡量沒有它的情況。一個簡單明瞭的例子是安全性（security）。你可能無法衡量在一個線上系統中加入認證（authentication）的價值，但你可以衡量沒有認證的情況。

Fowler 關於內部品質的說法也是如此 [32]。架構的缺乏會是可測量的，但只有在為時已晚的情況下。我見過不只一家公司因為糟糕的內部品質而倒閉。

永續發展性在圖 3.2 中佔據了中間位置。它不鼓勵為技術而技術，但它也建議不要短視近利，只專注於價值。

軟體工程應該鼓勵永續發展性。透過遵循檢查表、將警告視為錯誤，等等，你可以防止一些不良品的產生 [32]。本書中介紹的方法論和啟發式方法都不能保證會有一個完美的結果，但它們能拉你前往正確的方向。你仍然必須運用你的經驗和判斷力，這畢竟是軟體工程的**藝術**（*art*）。

3.2 為何程式設計很困難？

是什麼讓軟體開發變得如此困難？ 原因不只一個。其一是，正如第 1.1 節所討論過的，我們使用了錯誤的隱喻（metaphors），這遮掩了我們的思維，但這並不是唯一的原因。

另一個問題是，電腦與大腦在本質上是不同的。是的，這是另一個有問題的隱喻。

3.2.1 大腦隱喻

把電腦比作大腦似乎很明顯，反之亦然。當然，有一些表面上的相似之處。兩者都可以進行計算。都能回憶過去發生的事件。兩者都能儲存和取回資訊。

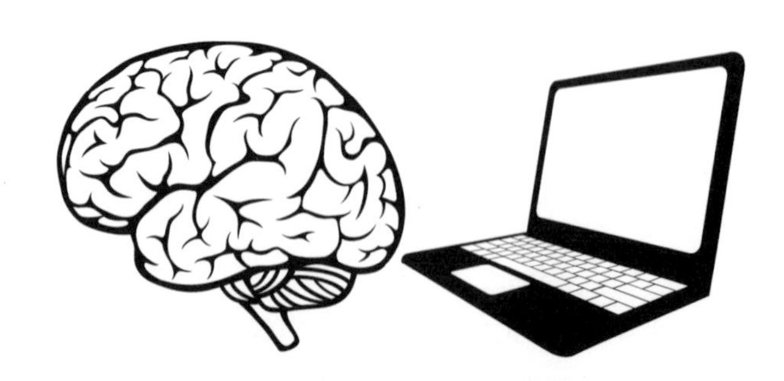

大腦就像一台電腦嗎？不要被明顯的相似之處所誤導。

電腦像大腦嗎？我認為差異大於相似之處。電腦不能做出直觀的推論。它不能很好地解讀視覺和聽覺[1]，它沒有內在的動機。

1　所謂的 *AI*（人工智慧）在最近幾年取得了進展，但研究人員正在努力解決的問題仍然處於一個幼兒可以輕鬆解決的水準。給電腦看一本畫著農場動物的童書，問它每張圖裡有什麼。

大腦就像一台電腦嗎？與電腦相比，我們的計算能力慢得像冰河流動那般，我們的記憶力也不可靠，以致於不值得信賴。

我們會忘記重要的事情。記憶可以編造或被操縱 [109]，而你甚至沒有意識到這種情況的發生。你很確信你在二十年前和你最好的朋友一起參加了某個特定的聚會，但她確信她從未去過。要麼你的記憶是錯誤的，要麼她的記憶是錯誤的。

那麼**工作記憶**（*working memory*）呢？一部電腦可以在 RAM 中記錄數以百萬計的東西。人類的短期記憶（short-term memory）可以容納四到七[2]項資訊 [80][109]。

這對程式設計有深遠的影響。即使是一個普通的副程式也能輕易地創造出幾十個變數和分支指令。當你試圖理解原始碼的作用時，你基本上就是在你的頭腦中執行一個程式語言的模擬器。如果有太多的事情發生，你就無法追蹤全部。

多少才算多？

這本書用數字**七**（*seven*）作為象徵，表示大腦短期記憶的極限。你可能不時能記下九件事，但「七」能很好地代表這個概念。

3.2.2 閱讀程式碼的機會大過於撰寫

這就把我們帶到了程式設計的一個基本問題：

你花在閱讀程式碼上的時間比撰寫程式碼還要多。

2 你可能也遇到過**神奇的數字七，加減二**。我認為準確的數字並不重要，重要的是，它比電腦的工作記憶體少幾個數量級。

你會撰寫一行程式碼，然後多次閱讀它 [61]。你很少能在一個嶄新的源碼庫中工作。當你經手一個現有的源碼庫，你必須先了解它，然後才能成功地編輯它。

當你添加一個新的功能時，你要閱讀現有的程式碼，以找出如何最好地重複使用已經存在的程式碼，並了解你必須加入哪些新的程式碼。當你努力修復一個錯誤時，首先必須了解導致錯誤的原因。通常會花大部分的程式設計時間來閱讀現有的程式碼。

為提高可讀性（readability）最佳化程式碼。

你不斷聽到新的程式語言、新的程式庫、新的框架或新的 IDE 功能，使你能夠更快地產生更多的程式碼。正如 Lucid 的故事所顯示的，這是很好的賣點，但很難成為永續性軟體開發的好策略。更快產生更多程式碼意味著你必須閱讀更多的程式碼。產生得越多，要讀的也越多。自動產生的程式碼只會讓事情變得更糟。

正如 Martin Fowler 談到低程式碼品質時所寫的：

> **「即使是小型的改動，也需要程式設計師理解大面積的程式碼，而且是難以理解的程式碼」**。[32]

難以理解的程式碼會拖慢你的速度。另一方面，你為使程式碼更容易理解而投入的每一分鐘，都會給自己帶來十倍的回報。

3.2.3 可讀性

要撰寫易讀的程式碼而非容易寫的程式碼，用說的比做的容易，但究竟什麼是易讀的程式碼？

你是否曾經看過一些程式碼，並問自己「這垃圾是誰寫的？！」。然後，一旦深入調查[3]就會發現那其實是你寫的？

這種情況發生在每個人身上。在撰寫程式碼當下，你處在一個了解產生該程式碼的所有背景的情況之下。而回頭閱讀程式碼時，所有的背景資訊都消失了。

歸根究柢，程式碼是唯一重要的人工產物。說明文件可能已經過期，或者不存在。寫那些程式碼的人可能在休假，或者已經離開了組織。

雪上加霜的是，大腦在閱讀和估算形式述句（formal statements）時表現不佳。你是如何回答本章開頭的球棍和棒球的問題的？

立即跳進你腦子裡的數字是 10 美分。這就是大多數人給出的答案 [51]。

這是個錯誤的答案。如果球的價格是 10 美分，那麼球棒的價格肯定是 1.1 美元，總價就是 1.2 美元。正確的答案是 5 美分。

重點在於，我們總是會犯錯。在我們解決瑣碎的數學問題時，以及在我們閱讀程式碼的時候。

你如何寫出易讀的程式碼？你不能相信你的直覺。你需要一些更能據以採取行動的東西。啟發式方法、檢查表 ... 軟體工程。在本書的各個地方，我們都會回頭討論這個主題。

3.2.4 智力工作

你是否曾經把車開到某個地方，開了十分鐘後，突然「醒」過來，驚恐地自問：**我是怎麼到這裡的？**

3 `git blame` 是這種鑑定工作的一個偉大工具。

我有過。並不是說我真的在方向盤後面睡著了，而是我太過沉迷於思緒中，以致於沒察覺到自己正在開車。我還完成了騎著自行車過了自己家都不知道，以及試圖打開樓下鄰居的門而非我家的門的「壯舉」。

基於這些自白，想必讓你不敢坐我開的車，但我想表達的不是我很容易分心。重點是，即使你沒有意識到，大腦也在工作。

你知道你的大腦控制著你的呼吸，即使在你沒有想到的時候。它在沒有你明確控制的情況下負責處理了很多運動功能。看起來它所做的似乎遠不只這些。

在其中一次事件中，我發現自己在汽車方向盤後面，想知道我是如何到達那裡的，我感到震驚，就像我感到恐懼一樣。我一直在我家鄉的城市哥本哈根開車，我**必定**是做了一系列複雜的動作才到了那裡。紅燈停車、左轉、右轉，沒有撞到該城市裡無處不在騎自行車的人，正確地駛向目的地。然而，我卻不記得我做過這些事。

你有意識的覺察並不是複雜智力工作的必要成分。

你是否曾經在程式設計時**進入狀態**？眼睛從螢幕移開，抬起頭來時發現外面的天突然黑了，而你已經在這裡工作了好幾個小時？在心理學上，這種精神狀態被稱為「flow（心流）」[51]。在這種狀態下，你完全沉浸在你的活動中，以致於你失去了對自我的覺察。

你可以在不刻意思考的情況下進行程式設計。當然，你也可以在意識到自己正在做的情況下撰寫程式碼。重點在於，你的大腦中發生了很多你沒有明確意識到的事情。你的大腦執行工作，而你的意識可能只是一個被動的旁觀者。

你會認為智力工作是百分之百的刻意思考，但事實可能是其中也發生了很多非自願的活動。心理學家和諾貝爾獎得主 Daniel Kahneman 提出了一個由兩個系統組成的思維模型。*System 1* 和 *System 2*。

> 「*System 1* 自動而快速地執行，幾乎不需要努力，也沒有自願控制的感覺。
>
> *System 2* 將注意力配置給有需要的費力心理活動，包括複雜的計算。*System 2* 的運作通常與代理（*agency*）、選擇（*choice*）和專注（*concentration*）的主觀體驗有關。」[51]

你可能認為程式設計是專屬於 System 2 的領域，但情況不一定是這樣的。System 1 似乎總是在背景中執行，試著從它正在看的程式碼中找出意義。問題在於，System 1 很快速，但並非特別準確。它很容易做出不正確的推論。這就是你面對球棒與棒球的謎題時，*10* 是你腦海中第一個想到的數字的情況。

為了組織原始碼，使我們的大腦能夠理解它，你必須讓 System 1 維持在軌道上。Kahneman 還寫道：

> 「*System 1* 的一個基本設計特點是，它只代表被活化的想法（*activated ideas*）。沒有從記憶中提取出來（即使是無意識地提取）的資訊可能就不存在。*System 1* 擅長於建構最可能的故事，其中包括當前活化的想法，但它不會（也無法）考慮到它手上沒有的資訊。
>
> 衡量 *System 1* 成功與否的標準是看它設法創造出來的故事是否有連貫性。故事所依據的資料之數量和品質在很大程度上是無關緊要的。當資訊匱乏時（這是很常見的情況），*System 1* 就會像一台直接跳到結論的機器（*a machine for jumping to conclusions*）一般運作。」[51]

在你的大腦中，有**一台直接跳到結論的機器**[4]，它正在看你的程式碼。你最好組織好程式碼，以便**活化**相關的資訊。正如 Kahneman 所說的：**你所看到的就是全部**（*what you see is all there is，WYSIATI*）[51]。

這已經在很大程度上解釋了為什麼全域變數（global variables）和隱藏的副作用（hidden side effects）會使程式碼變得晦澀難懂。你在看一段程式碼的時候，若有一個全域變數存在，通常是看不到的。即使你的 System 2 知道它，那個認知也沒有被活化，所以 System 1 並不會考量到它。

將相關的程式碼都放在一起。所有的依存關係（dependencies）、變數和所需的決定都應該同時可見。這是貫穿本書的一個主題，所以你會看到大量的例子，特別是在第 7 章。

3.3 邁向軟體工程

軟體工程的目的應該是支援擁有該軟體的組織。你應該能以可持續發展的步調做出改變。

但是撰寫程式碼是很困難的，因為它是如此的無形。你花在閱讀程式碼上的時間比撰寫程式碼的時間還多，而且大腦很容易被誤導，即使是像球棒與球問題這樣不起眼的事情也會混淆我們。

軟體工程必須解決這種問題。

4　為什麼 System 1 一直在執行，而 System 2 可能沒有？其中一個原因可能是，費力的思考會消耗更多的葡萄糖 [51]。這就意味著 System 1 是一種節能機制。

3.3.1 與電腦科學的關係

電腦科學能提供幫助嗎？我看不出來為什麼不能，但電腦科學不是（軟體）工程，就像物理學不等同於機械工程一樣。

這些學科可以互動，但它們並不一樣。如圖 3.3 所示，成功的實踐可以為科學家提供靈感和洞察力，科學的成果也可以應用於工程。

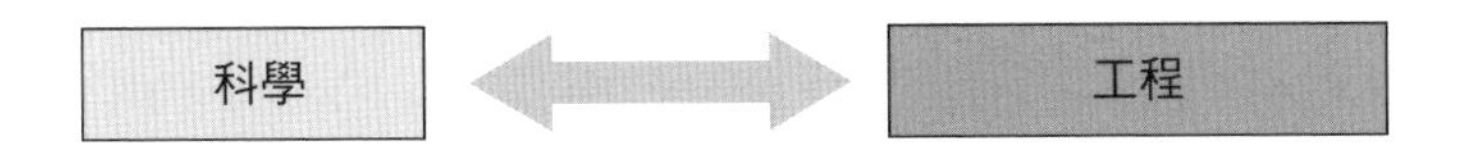

圖 3.3 科學與工程會互動，但並不相同。

舉例來說，電腦科學的成果可以被封裝在可重複使用的套件中。

在我學到排序演算法之前，我就有幾年的軟體開發專業經驗。我沒有接受過正規的電腦科學教育，我教會了自己如何寫程式。如果我需要在 C++、Visual Basic 或 VBScript 中對一個陣列進行排序，我會呼叫一個方法（method）。

你不需要能實作快速排序法（quicksort）或合併排序法（merge sort）來對群集（collections）進行排序，也不需要知道雜湊索引（hash indexes）、SSTables、LSM-trees 和 B-trees 就能查詢資料庫[5]。

電腦科學有助於軟體開發行業的進步，但在那裡獲得的知識往往可以包裝成可重用的軟體。學習電腦科學的知識並沒有什麼不好，但你不必如此，仍然可以從事軟體工程。

5　這些是為資料庫效力的一些資料結構 [55]。

3.3.2 人性化的程式碼

排序演算法能作為可重複使用的程式庫進行封裝和分發。複雜的儲存和檢索資料結構可以被打包成通用的資料庫軟體，或者作為基於雲端的基礎設施提供。

你仍然必須撰寫程式碼。

你必須以一種可持續發展的方式來組織它。你必須以這樣的方式組織它，使它適合你的大腦。

正如 Martin Fowler 所說的：

> **「任何傻瓜都能寫出電腦能理解的程式碼。好的程式設計師會寫出人類能理解的程式碼。」**[34]

大腦自帶的認知限制與電腦的限制完全不同。一台電腦可以在 RAM 中追蹤記錄數以百萬計的東西，你的大腦只能記錄七個。

電腦只會根據它被指示查閱的資訊做出決定。你的大腦傾向於直接跳到結論。你所看到的就是全部。

顯然，你必須編寫程式碼，使所產生的軟體能夠如願工作。這不再是軟體工程的主要問題了。現在的挑戰是如何組織它，使它適合你的大腦。程式碼必須是人性化的。

這意味著要編寫小型的、自成一體的函式。在本書中，我將用數字七來代表人類短期記憶的極限。那麼，人性化的程式碼意味著少於七個依存關係，循環複雜度（cyclomatic complexity）最高為七，依此類推。

不過，魔鬼就在細節中，所以我將向你展示大量的例子。

3.4 結論

軟體工程應該解決的核心問題是，它是如此複雜，以致於不適合人類的大腦。Fred Brooks 在 1986 年提出了這個分析：

> **「開發軟體產品的許多經典問題都來自於這種基本的複雜性及其隨著規模變大的非線性增長 [...] 從複雜性中產生了列舉（*enumerating*）程式所有可能狀態的困難，更不用說去理解了」**[14]

我使用**複雜性**（*complexity*）這個術語的方式與 Rich Hickey 使用它的方式相同 [45]：作為簡單性（simplicity）的反義詞。**複雜**（*complex*）的意思是「由零件組裝而成」，相對於**簡單**（*simple*），後者意味著統一（unity）。

人類的大腦可以處理有限的複雜性。我們的短期記憶只能追蹤七個物件。如果我們不注意，我們可能很容易寫出同時處理七個以上事物的程式碼。電腦並不在意，所以它不會阻止我們。

軟體工程應該是防止複雜性增長的慎思過程。

也許你對這一切感到退縮。你可能認為這會拖慢你的腳步。

是的，這就是關鍵所在。套用 J.B. Rainsberger 的說法 [86]，你可能需要放慢速度。你打字越快，製作出來的程式碼就越多，每個人都必須要去維護。程式碼不是一種資產（asset），而是一種責任（liability）[77]。

正如 Martin Fowler 所認為的，透過套用好的架構，你才能保持可持續發展的步伐 [32]。軟體工程是達成這一目的的一種手段。它試圖將軟體開發從一種純藝術轉為一種**方法論**（*methodology*）。

4 垂直切片

幾年前，一個老客戶讓我來協助一個專案的開發。當我到達時，我了解到有一個團隊已經在某項任務上工作了大約半年，卻沒有任何進展。

他們的任務確實很艱鉅，但他們陷入了分析癱瘓（Analysis Paralysis）[15]。需求太多了，以致於團隊無法想出辦法解決它們全部。我已經不只一次看到這種情況發生，而且是在不同的團隊中。

有時，最好的策略就是直接開始。你仍然應該事先考慮過並做好規劃。我們沒有理由故意對預先思考滿不在乎或漠不關心，但正如計劃太少會對你不利一樣，計劃太多也會對你不利。如果你已經建立好了你的部署管線（deployment pipeline）[49]，你越早部署一個可運作的軟體，無論多麼微不足道，你就可以越早開始收集利害關係者的回饋意見 [29]。

從創建和部署應用程式的垂直切片（vertical slice）開始著手。

4.1 先從可運作的軟體開始

你怎麼知道這個軟體是有效的？歸根究柢，在實際推出上線之前，你都無法知道。一旦它被部署或安裝，並被真正的使用者所用，你或許就可以驗證它是否能夠運作。這甚至還不是最終的評估。你所開發的軟體可能按照你的意圖工作，但卻無法解決使用者的實際問題。如何解決那種問題已經超出了本書的範圍，所以我就不多說了[1]。我把**軟體工程**解釋為一種方法論（methodology），用以確保軟體能照預期工作，並保持那種狀態。

垂直切片（vertical slicing）背後的想法就是要儘快達成可運作的軟體。透過實作你能想到的最簡單的功能，你就能做到這一點，包含從使用者介面到資料儲存的**全部過程**。

4.1.1 從資料入口到資料續存

大多數軟體都有通往更廣闊世界的兩種邊界。你以前可能見過類似圖 4.1 的圖表。資料到達頂部，應用程式可能對輸入進行各種轉換，並最終決定保存它。

即使是**讀取**（*read*）運算也可以被認為是輸入，儘管它並不導致資料被儲存。一個查詢通常帶有查詢參數（query parameters），以識別被請求的資料。軟體仍然會將這些輸入值轉換為與其資料儲存區的互動。

有時，這個資料儲存區是一個專門的資料庫（database）。在其他時候，它只是另一個系統。它可能是網際網路上某個地方基於 HTTP 的服務、一個訊息佇列（message queue）、檔案系統（file system），甚至只是本地端電腦的標準輸出串流（standard output stream）。

這種下游目標可以是只能寫入（write-only）的系統（如標準輸出串流）、唯讀（read-only）的系統（如第三方的 HTTP API）或可讀可寫的系統（如檔案系統或資料庫）。

1　如果你需要探索這個話題，*The Lean Startup* [88] 和 *Accelerate* [29] 這兩本書是不錯的起點。

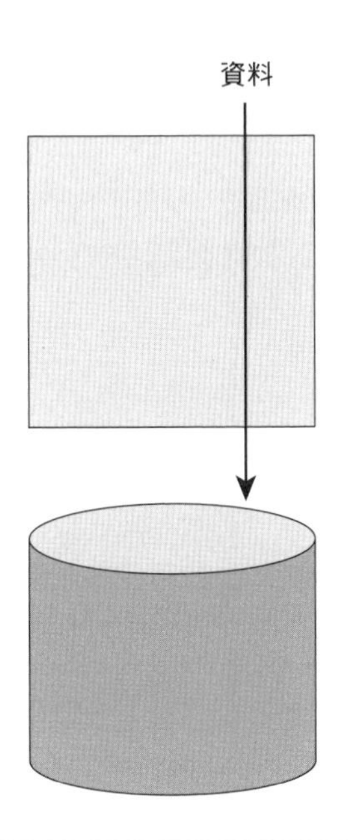

圖 4.1 典型的架構圖。資料從頂部到達，流經應用程式（方框），並在底部（罐子裡）被續存（persisted）。

因此，在一個足夠高的抽象層次上，圖 4.1 中的示意圖能描述大多數軟體，從網站到命令列工具程式皆然。

4.1.2 最小的垂直切片

你可以用各種方式來組織程式碼。一種傳統的架構是將構成元素組織為各分層 [33][26][50][60]。你不一定要那麼做，但分層應用架構的背景有助於解釋為什麼這被稱為**垂直**（*vertical*）切片。

> 你不一定要分層組織你的程式碼。本節討論分層架構（layered architecture），只是為了解釋為什麼它被稱為垂直切片。

如圖 4.2 所示，這些分層通常被描繪為水平階層，其中資料在頂部抵達，在底部被續存。為了實作一個完整的功能，必須將資料從進入點一直移動到續存層（persistence layer），或者反過來。如果這些分層是水平形狀，那麼單一的功能就會是貫穿所有層的一個垂直切片。

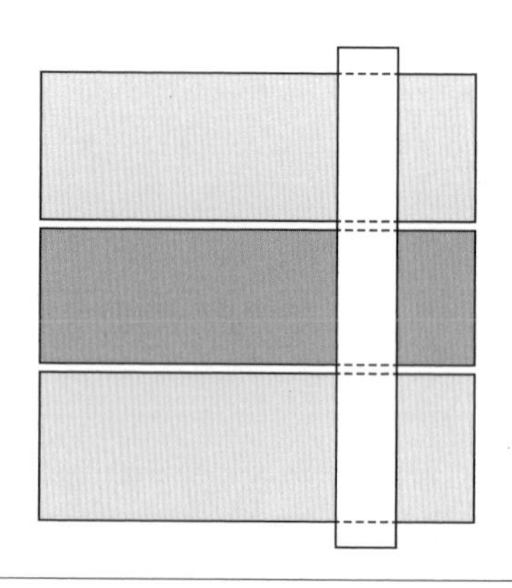

圖 4.2　典型應用程式架構水平分層的垂直切片。

無論你是以分層還是以其他方式組織你的程式碼，實作端到端的功能至少有兩個好處：

1. 它為你提供與軟體開發過程的整個生命週期有關的早期回饋意見。
2. 這是個可以運作的軟體。對某些人來說，它可能已經是有用處的了。

我遇到過這樣的程式設計師，他們花了幾個月的時間來打磨一個自製的資料存取框架，直到接近完美之後，才試圖用它來實作一個功能。經常會發現的是，他們對使用模式的假設並不符合現實。你應該避免 Speculative Generality（臆測性的通用性）[34]，也就是因為「以後可能需要它」而在程式碼中添加功能的傾向。取而代之，用最簡單的程式碼實作功能，但在增添更多功能時，注意到重複的地方。

實作垂直切片是一種有效的方法，能了解你需要何種程式碼，以及你可以不需要什麼。

4.2 可運行的骨架

找到對程式碼進行修改的動機。可以說，這樣的動機起到了**驅動**變革的作用。

你已經看過這種驅力的例子了。當你把警告當作錯誤處理時、當你打開 linters 和其他靜態程式碼分析器時，你就引入了變更程式碼的外在動機。這可能是有益的，因為它消除了一定程度上的主觀判斷。

對於變化驅力的運用，催生了一整套 *x-driven*（由 *x* **驅動**）的軟體開發方法論：

1. Test-driven development [9]（TDD，測試驅動開發）
2. Behaviour-driven development（BDD，行為驅動開發）
3. Domain-driven design [26]（DDD，領域驅動設計）
4. Type-driven development（型別驅動開發）
5. Property-driven development[2]（特性驅動開發）

回顧第三章中的球棒與球的問題，它說明了犯錯是多麼容易。使用外在驅力的工作方式有點像複式記帳法（double-entry bookkeeping）[63]。你以某種方式與該驅力互動，它誘使你修改程式碼。

雖然這個驅力可以是一個 linter，但它也可以是程式碼，以自動化測試的形式出現。我經常遵循測試驅動開發（test-driven development）的一種由外而內的風格。在這種技巧中，你寫的第一個測試會使被測系統的高階邊界活動起來。從那裡開始，你可以根據需要，透過添加針對更精細實作細節的測試，由外而內地進行工作。你會在 4.3 節找到更詳細的解釋，包括一個範例。

---

2 參閱第 15.3.1 小節，了解基於特性的測試（property-based testing）的例子。

你將需要一個測試套件（test suite）。

4.2.1 定性測試

在本章的其餘部分，我將向你展示如何為 2.2.2 小節中開始發展的餐廳預訂 HTTP API 添加一個垂直切片。目前它只會提供純文字的 `Hello World!`。

如果你為系統添加了一個簡單的自動化測試，你就進入了測試驅動開發的軌道。你將有一個可以自動測試和部署的功能切片：一個 Walking Skeleton（可運行的骨架）[36]。

在 Visual Studio 的解決方案中新增單元測試專案（unit test project）時，請遵循第 2.2 節中介紹的**新源碼庫檢查表**（*new-code-base checklist*）：將新的測試專案加到 Git、將警告視為錯誤，並確保自動化的建置會執行該測試。

一旦你完成了這些，就新增你的第一個測試案例，就像列表 4.1 一樣。

列表 4.1 HTTP home 資源的整合測試：
（*Restaurant/3ee0733/Restaurant.RestApi.Tests/HomeTests.cs*）

```
[Fact]
public async Task HomeIsOk()
{
    using var factory = new WebApplicationFactory<Startup>();
    var client = factory.CreateClient();

    var response = await client
        .GetAsync(new Uri("", UriKind.Relative))
        .ConfigureAwait(false);

    Assert.True(
        response.IsSuccessStatusCode,
```

```
        $"Actual status code: {response.StatusCode}.");
}
```

說得清楚一點，我是在事後寫這個測試的，所以我並沒有遵循測試驅動的開發。取而代之，這種類型的測試被稱為 Characterisation Test（定性測試）[27]，因為它特徵化（即描述）了現有軟體的行為。

我這樣做是因為該軟體已經存在。你可能還記得在第 2 章中，我用一個精靈（wizard）來生成最初的程式碼。到目前為止，它都按計畫工作，但我們怎麼知道它能一直運作下去呢？

我發現添加自動化測試以防止衰退情況是審慎的做法。

列表 4.1 中的測試使用了 *xUnit.net* 單元測試框架。這是整本書中都會使用的框架。即使你不熟悉它，也應該很容易跟上這些例子，因為它們遵循眾所周知的單元測試模式 [66]。

它用到測試限定的 `WebApplicationFactory<T>` 類別來創建此 HTTP 應用程式的一個自我託管實體（self-hosted instance）。`Startup` 類別（如列表 2.5 所示）定義並初始化該應用程式本身。

請注意，這個斷言（assertion）只考慮了系統的最表面的特性：它是否以 `200` 範圍中的 HTTP 狀態碼來回應（例如 `200 OK` 或 `201 Created`）？我決定不驗證任何比這更強烈的東西，因為當前的行為（它回傳 `Hello World!`）只是作為一個預留位置，它在未來應該會改變。

只斷言一個 Boolean 運算式為真（true）時，你從斷言程式庫中得到的唯一訊息是：預期的是 `true`，但實際值為 `false`（假）。這並不具有什麼啟發性，所以提供一些額外的背景可能會有所幫助。我在這裡透過使用 `Assert.True` 的重載（overload）來做到這一點，它接受一個額外的訊息作為其第二引數（argument）。

我發現所展示的測試過於囉嗦，但它可以編譯，而且測試都通過了。我們等一下就會改善測試程式碼，但首先要記得新源碼庫的檢查表。我有沒有做了建置指令稿（build script）應該自動完成的任何事情？是的，確實有，我新增了一個測試套件。變更建置指令稿來執行那些測試。列表 4.2 顯示了我是如何做到那點的。

列表 4.2 帶有測試的建置指令稿。（*Restaurant/3ee0733/build.sh*）

```
#!/usr/bin/env bash
dotnet test --configuration Release
```

與列表 2.3 相比，唯一的變化是它呼叫了 `dotnet test` 而非 `dotnet build`。

記得要按照檢查表的要求去做，將該變更提交（commit）到 Git。

4.2.2 Arrange Act Assert

列表 4.1 中的測試是有結構的。它從兩行開始，後面接著一個空行，然後是跨越三行的單一述句再接著一個空行，而最後是另一個跨越三行的單一述句。

這種結構大部分是經過深思熟慮的方法論之結果。就目前而言，我將跳過述句之所以跨越多行的一些原因。你可以在第 7.1.3 小節中讀到相關資訊。

另一方面，空行之所以存在，是因為程式碼遵循了 Arrange Act Assert（安排、行動、斷言）模式 [9]，也被稱為 AAA 模式。這種想法是將一個單元測試組織成三個階段：

1. 在**安排**（*arrange*）階段，準備好測試所需的一切。
2. 在**行動**（*act*）階段，調用你想測試的運算。
3. 在**斷言**（*assert*）階段，要驗證實際結果是否與預期的結果一致。

你可以把這種模式變成一種啟發式方法（heuristic）。我通常用一個空行來分隔這三個階段。那就是我在列表 4.1 中所做的。

這只有在你能避免測試中出現額外空行的情況下才有效。一個常見的問題是，當 *arrange* 部分變得如此之大，以致於你會有透過添加空行來套用一些格式化的衝動。如果你那樣做，你的測試中就會有兩行以上的空行，這時哪一行是用來劃分三個階段的，就變得不清楚了。

一般來說，當測試程式碼增長得過大時，就將之視為一種不好的程式碼氣味（code smell）[34]。我最喜歡的情況是這三個階段都能平衡。*act* 部分通常是最小型的，但假設把程式碼旋轉 90 度，如圖 4.3 所示，你應該能夠大致以 *act* 部分為支點，平衡程式碼。

如果測試程式碼太龐大，以致於必須增加額外的空行，你將不得不借助於程式碼註解來識別這三個階段 [92]，但請儘量避免這樣做。

在另一個極端，你可能偶爾會寫出一個迷你的測試。如果只有三行程式碼，並且每行都屬於不同的 AAA 階段，你可以省去空行；同樣地，如果只有一兩行程式碼，也可以這樣省略。AAA 模式的目的是藉由增加一個眾所周知的結構，使測試更有可讀性。如果你只有兩行或三行程式碼，很有可能測試已經小到是很容易閱讀的。

4.2.3 適度的靜態分析

雖然列表 4.1 只有幾行程式碼，但我仍然認為它過於囉嗦。特別是 *act* 部分可以更容易閱讀才是。有兩個問題存在：

1. 對 `ConfigureAwait` 的呼叫增加了似乎是多餘的雜訊。
2. 將空字串作為引數傳入的方式相當迂迴費解。

讓我們依次解決。

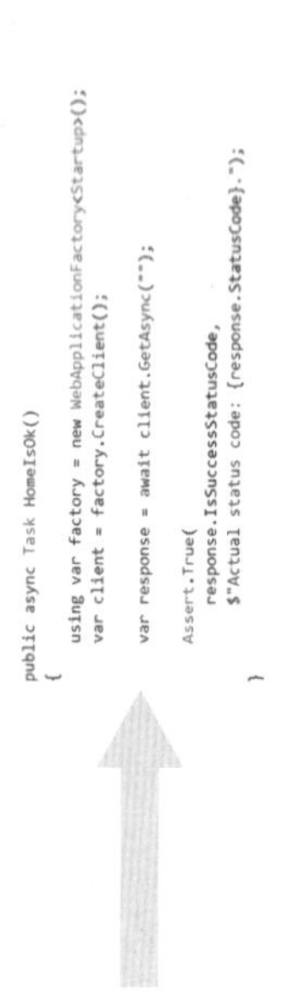

public async Task HomeIsOk()
{
using var factory = new WebApplicationFactory<Startup>();
var client = factory.CreateClient();
var response = await client.GetAsync("");
Assert.True(
response.IsSuccessStatusCode,
$"Actual status code: {response.StatusCode}.");
}

圖 4.3　想像一下，把你的測試程式碼旋轉 90°（這裡顯示的程式碼是說明用的，代表任何的單元測試程式碼區塊）。如果能把它大約固定在其 *act* 階段的位置，那麼它就處於平衡狀態。

如果 ConfigureAwait 是多餘的，那麼它為什麼會在那裡？它的存在是因為若非如此，程式碼就無法編譯。我已經依據 *new-code-base checklist* 設定好了測試專案，其中包括添加靜態程式碼分析，並將所有警告轉為錯誤。

其中一條規則[3] 建議在等待的任務（awaited tasks）上呼叫 ConfigureAwait。這條規則附帶的說明文件解釋了其動機。簡而言之，預設情況下，任務會在最初創建它的執行緒上恢復執行。藉由呼叫 ConfigureAwait(false)，你表明該任務可以在任何執行緒上恢復。這可以避免鎖死（deadlocks）和某些效能問題。該規則強烈建議在實作可重用程式庫（reusable library）的程式碼中呼叫該方法。

3　CA2007：請勿直接等候（await）一個任務（Task）。

然而，測試程式庫並不是一般可重複使用的程式庫。客戶端在事先是已知的：兩到三個標準的測試執行器（test runners），包括內建的 Visual Studio 測試執行器，以及你的 Continuous Integration（持續整合）伺服器所用的測試執行器。

該規則的說明還包含一個關於何時可安全停用該規則的章節。一個單元測試程式庫符合那些描述，所以可以把它關掉以消除你測試中的雜訊。

請注意，雖然為單元測試關閉這一特殊規則是可行的，但對於生產程式碼（production code），它應該保持效力。列表 4.3 顯示了清理後的定性測試（Characterisation Test）。

列表 4.1 的另一個問題是，`GetAsync` 方法包括一個重載（overload），它接受一個 `string` 而非一個 `Uri` 物件。如果用 `""` 代替 `new Uri("", UriKind.Relative)`，測試會更容易閱讀。唉，不過另一條靜態程式碼分析規則 [4] 並不鼓勵使用該重載。

你應該避免「字串定型（stringly typed）」[3] 的程式碼 [5]。應該優先選用具有良好封裝的物件，而不是到處傳遞字串。不同於我對 `ConfigureAwait` 規則的態度，我對這一設計原則表示敬意，所以無意停用這一規則。

然而，我確實認為，我們可以對這一規則做出原則性的例外。你可能已經注意到，你必須用一個 `string` 來充填一個 `Uri` 物件：

與 `string` 相比，`Uri` 物件的優勢在**接收**端，你知道一個封裝好的物件帶有比 `string` 更強的保證 [6]。在創建物件那一端，就沒有什麼區別了。因

4 CA2234：傳入 `System.Uri` 物件，而非字串。

5 也被稱為 Primitive Obsession（原始的迷戀）[34]。

6 在第 5 章中閱讀更多關於保證（guarantees）和封裝（encapsulation）的資訊。

此，我認為抑制這個警告是合理的，因為該程式碼包含一個 string 字面值（string *literal*），而非一個變數。

列表 4.3 以放寬的程式碼分析規則進行測試。
（*Restaurant/d8167c3/Restaurant.RestApi.Tests/HomeTests.cs*）

```
[Fact]
[SuppressMessage(
    "Usage", "CA2234:Pass system uri objects instead of strings",
    Justification = "URL isn't passed as variable, but as literal.")]
public async Task HomeIsOk()
{
    using var factory = new WebApplicationFactory<Startup>();
    var client = factory.CreateClient();

    var response = await client.GetAsync("");

    Assert.True(
        response.IsSuccessStatusCode,
        $"Actual status code: {response.StatusCode}.");
}
```

列表 4.3 顯示為所有測試抑制 ConfigureAwait 規則，並為特定測試抑制 Uri 規則的結果。請注意，*act* 部分的程式碼從三行縮減到了一行。最重要的是，程式碼更容易閱讀了。我所移除的程式碼是（在此背景下）雜訊。現在它們已經消失了。

你可以看到，我透過在測試方法上使用一個屬性（attribute）來抑制 Uri 建議。請注意，我為我的決定提供了一個書面的 Justification（理由）。正如我在第 3 章中所說的，程式碼是唯一真正重要的人工製品。未來的讀者可能需要了解為什麼程式碼被組織成這樣[7]。

7　一般來說，你可以從 Git 歷史中重建出**什麼**發生了變化。但要重新建構出事情發生的**原因**就困難多了。

> 說明文件應優先解釋做出一項決定的**理由**（*why*），而不是決定了**什麼**（*what*）。

儘管靜態程式碼分析很有用，但假警報（false positives）也會隨之而來。停用規則或抑制特定的警告是可行的，但不要輕易地這樣做。至少，要記錄下你決定這樣做的原因，而如果可能的話，設法取得關於這個決定的回饋意見。

4.3 由外而內

現在我們已經準備就緒了。有一個負責回應 HTTP 請求的系統（儘管它沒有做什麼），還有一個自動測試。這就是我們的 Walking Skeleton（可運行的骨架）[36]。

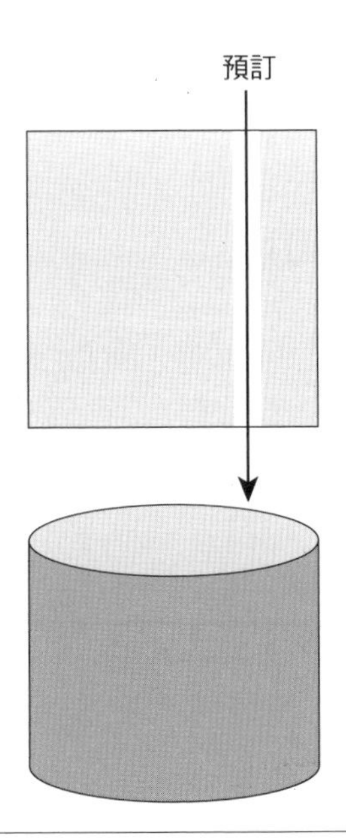

圖 4.4 我們的計畫是穿透系統建立一個垂直切片，接收一個有效的預訂（reservation）並將其儲存在資料庫中。

該系統應該做一些有用的事情。在本章中，我們的目標是實作從系統的 HTTP 邊界穿越到資料儲存的垂直切片。回想 2.2.2 小節，此系統應該是一個簡單的線上餐廳預訂系統。我認為一個很好的切片候選是接收一個有效的預訂並將其保存到資料庫的能力。圖 4.4 說明了這個計畫。

此系統應該是一個 HTTP API，接收並回覆 JSON 文件，這就是世界其他部分與該系統互動的方式。這是與外部客戶的契約（contract），所以一旦建立了，你就必須維持它。

你如何在契約中防止衰退？一種方法是針對 HTTP 邊界寫一套自動測試。如果你在實作之前編寫測試，那麼你就有了一種**驅力**（*driver*）。

這樣的測試也可以作為自動化的接受度測試（automated acceptance test）[49]，擔任雙重職責，所以你可能會把這個過程稱為**接受度測試驅動的開發**（*acceptance-test-driven development*）。我更想稱它為**由外而內的測試驅動開發**（*outside-in test-driven development*）[8]，因為雖然你從邊界**開始**，但你可以（也應該）向內推進。你很快就會看到這樣的一個例子。

4.3.1 接收 JSON

當你開始一個新的源碼庫時，有很多事情必須要做。這可能很難小步前進，但還是要嘗試。在餐廳預訂的例子中，我能想到的最小型變化是驗證來自此 API 的回應（response）為一個 JSON 文件（document）。

我們知道現在並不是這樣。目前，這個 Web 應用程式只是將寫定的字串 `Hello World!` 作為純文字文件回傳。

8　這個術語不是我發明的，但我不記得第一次是在哪裡聽到它的。不過，這個**想法**是我在閱讀 *Growing Object-Oriented Software, Guided by Tests* 時第一次碰見的。

在良好的測試驅動風格下，你可以寫一個新的測試，斷言回應必須是 JSON 格式的，但其中大部分會重複列表 4.3 中的現有測試。與其重複測試程式碼，你可以在既有的測試上進行補充。列表 4.4 顯示了擴充後的測試。

列表 4.4 這個測試斷言 home 資源會回傳 JSON。
（*Restaurant/316beab/Restaurant.RestApi.Tests/HomeTests.cs*）

```
[Fact]
[SuppressMessage(
    "Usage", "CA2234:Pass system uri objects instead of strings",
    Justification = "URL isn't passed as variable, but as literal.")]
public async Task HomeReturnsJson()
{
    using var factory = new WebApplicationFactory<Startup>();
    var client = factory.CreateClient();

using var request = new HttpRequestMessage(HttpMethod.Get, "");
request.Headers.Accept.ParseAdd("application/json");
var response = await client.SendAsync(request);

Assert.True(
    response.IsSuccessStatusCode,
    $"Actual status code: {response.StatusCode}.");
Assert.Equal(
    "application/json",
    response.Content.Headers.ContentType?.MediaType);
}
```

有三件事情改變了：

1. 我更改了測試的名稱，使之更加具體。
2. 該測試現在會明確地將 `request` 的 `Accept` 標頭（header）設定為 `application/json`。
3. 我添加了第二個斷言。

藉由設定 Accept 標頭，客戶端參與了 HTTP 的內容協商 [2] 協定。如果伺服器可以提供 JSON 回應，它就應該那樣做。

為了驗證這一點，我添加了第二個斷言，檢查回應的 Content-Type[9]。

現在測試會在第二個斷言處失敗。它預期 Content-Type 標頭是 application/json，但它實際上是空的。這更像是測試驅動的開發：撰寫一個失敗的測試，然後試著讓它通過。

使用 ASP.NET 時，你應該遵循 Model View Controller [33]（MVC）模式。列表 4.5 顯示了我能完成的最簡單的 Controller 實作。

列表 4.5 HomeController **的第一個實作。**
（*Restaurant/316beab/Restaurant.RestApi/HomeController.cs*）

```
[Route("")]
public class HomeController : ControllerBase
{
    public IActionResult Get()
    {
        return Ok(new { message = "Hello, World!" });
    }
}
```

然而，這本身並不足夠。你還必須告訴 ASP.NET 使用它的 MVC 框架。你可以在 Startup 類別中做到這一點，如列表 4.6 所示。

9 你可能聽說過，一個測試應該只有一個斷言。你也可能聽說過，擁有多個斷言被稱為 Assertion Roulette（斷言輪盤），而那是一種不良的程式碼氣味。Assertion Roulette 確實是一種不好的程式碼氣味，但有多個斷言的測試並不一定是它的實例。Assertion Roulette 是指當你以額外的 *arrange* 和 *act* 程式碼反復穿插 *assert* 的部分，或者一個斷言缺乏提供資訊的斷言訊息（informative assertion message）之時的情況 [66]。

列表 **4.6** 設定 ASP.NET 使用 MVC。(*Restaurant/316beab/Restaurant.RestApi/Startup.cs*)

```
public sealed class Startup
{
    public static void ConfigureServices(IServiceCollection services)
    {
        services.AddControllers();
    }

    public static void Configure(
        IApplicationBuilder app,
        IWebHostEnvironment env)
    {
        if (env.IsDevelopment())
            app.UseDeveloperExceptionPage();

        app.UseRouting();
        app.UseEndpoints(endpoints => { endpoints.MapControllers(); });
    }
}
```

與列表 2.5 相比，這看起來更簡單。我認為這是一種進步。

經過這些改動，列表 4.4 中的測試通過了。將這些變更提交給 Git，並考慮把它們送經你的部署管線 [49]。

4.3.2 貼出一個預訂

回顧一下，垂直切片的目的是為了證明系統得以運作。我們已經花了一些時間就定位。對於一個新的源碼庫來說，這很正常，但現在它已經準備好了。

為第一個垂直切片挑選一個功能時，我有一些固定的目標。你也可以說這是一種啟發式方法。

1. 該功能應該易於實作。
2. 如果可能，優先選擇資料輸入。

在開發帶有續存資料（persisted data）的系統時，你很快就會發現你需要系統中的一些資料來測試其他東西。從一個為系統添加資料的功能開始，可以很好地解決這個問題。

有鑑於此，讓這個 Web 應用程式能夠接收和儲存一個餐廳預訂似乎很有用。使用由外而內的測試驅動開發，你可以寫出類似列表 4.7 的一個測試。

在追求垂直切片時，要以快樂路徑（happy path）為目標 [66]。就現在而言，請忽略所有可能出錯的事情 [10]。我們的目標是證明該系統具有某種特定的能力。在這個例子中，所需的能力是接收和儲存一個預訂。

因此，列表 4.7 向該服務貼（post）出了一個**有效**的預訂。這種預訂應該包括一個有效的日期、電子郵件、姓名和人數。該測試使用一種匿名型別（anonymous type）來模擬一個 JSON 物件。序列化（serialised）時，所產生的 JSON 會具有相同的結構，以及相同的欄位名稱。

列表 4.7　測試一個有效的預訂是否可以被貼到這個 HTTP API。PostReservation 方法在列表 4.8 中。（*Restaurant/90e4869/Restaurant.RestApi.Tests/ReservationsTests.cs*）

```
[Fact]
public async Task PostValidReservation()
{
    var response = await PostReservation(new {
        date = "2023-03-10 19:00",
        email = "katinka@example.com",
        name = "Katinka Ingabogovinanana",
        quantity = 2 });
```

10　但如果你想到了，就把它們寫下來，這樣你就不會忘記它們 [9]。

```
    Assert.True(
        response.IsSuccessStatusCode,
        $"Actual status code: {response.StatusCode}.");
}
```

高階的測試應該對斷言更寬鬆一點。在開發過程中，許多細節會發生變化。如果你把斷言寫得太具體，你將不得不經常糾正它們。最好是保持寬容。如 4.2.1 節所述，列表 4.7 中的測試只驗證 HTTP 狀態碼是否代表成功。隨著你新增更多的測試程式碼，你將會越來越詳細地描述系統的預期行為。請以反覆修訂的方式進行。

你可能已經注意到，該測試將所有的動作委派給一個叫作 `PostReservation` 的方法。這就是列表 4.8 中所示的 Test Utility Method（測試工具方法）[66]。

大部分的程式碼都與列表 4.4 相似。我本可以把它寫在測試本身之中。為什麼我沒有呢？有幾個原因，但這就是軟體工程的藝術性大於科學性的地方。

一個原因是，我認為這使測試本身更易讀。只有必要的部分是可見的。你向服務貼出一些值，回應表示成功。根據 Robert C.Martin 的說法，這就是**抽象**（*abstraction*）的一個好例子：

> **「抽象就是消除不相干的東西，並放大其本質」**[60]

列表 4.8 `PostReservation` **輔助方法。此方法定義在測試源碼庫中。**
（*Restaurant/90e4869/Restaurant.RestApi.Tests/ReservationsTests.cs*）

```
[SuppressMessage(
    "Usage",
    "CA2234:Pass system uri objects instead of strings",
    Justification = "URL isn't passed as variable, but as literal.")]
private async Task<HttpResponseMessage> PostReservation(
    object reservation)
```

```
{
    using var factory = new WebApplicationFactory<Startup>();
    var client = factory.CreateClient();

    string json = JsonSerializer.Serialize(reservation);
    using var content = new StringContent(json);
    content.Headers.ContentType.MediaType = "application/json";
    return await client.PostAsync("reservations", content);
}
```

我想定義一個輔助方法（helper method）的另一個原因是，我想保留改變這種方式的權利。請注意，最後一行程式碼用寫定的相對路徑 `"reservations"` 呼叫 `PostAsync`。這意味著 *reservations* 資源存在於一個類似 `https://api.example.com/reservations` 的 URL。這可能是事實，但你可能不希望這成為你契約的一部分。

你可以用已發佈的 URL 範本（URL templates）來寫一個 HTTP API，但它不會是 REST 的，因為很難在不破壞契約的情況下改變 API [2]。預期客戶會使用文件化 URL 範本的 API 用的是 HTTP 動詞（verbs），而非超媒體控制項（hypermedia controls）[11]。

現在堅持使用超媒體控制項（即**連結**）太偏離正題了，所以為了保留以後改變的權利，你可以在一個 SUT[12] Encapsulation Method（SUT 封裝方法）[66] 中為服務的互動建立抽象層。

關於列表 4.8，其他唯一想說的是，我選擇了抑制建議使用 `Uri` 物件的程式碼分析規則，原因與 4.2.3 節中所解釋的一樣。

11 REST 的 Richardson Maturity Model（理查森成熟度模型）區分了三種層次：1. 資源（Resources）。2. HTTP 動詞（verbs）。3. 超媒體控制項（Hypermedia controls）[114]。

12 SUT：System Under Test（被測系統）。

當你執行測試時，它如預期般失敗。Assertion Message（斷言訊息）[66] 是：*Actual status code: NotFound*。這意味著 `/reservations` 資源在伺服器上並不存在。一點也不讓人驚訝，因為我們還沒有實作它。

正如列表 4.9 所顯示的那樣，這是很簡單明瞭的做法。這是能通過所有現有測試的最小實作。

列表 4.9　最精簡的 `ReservationsController`。
（*Restaurant/90e4869/Restaurant.RestApi/ReservationsController.cs*）

```
    [Route("[controller]")]
    public class ReservationsController
    {
#pragma warning disable CA1822 // 將成員標示為 static
        public void Post() { }
#pragma warning restore CA1822 // 將成員標示為 static
    }
```

你看到的第一個細節是醜陋的 `#pragma` 指令。正如它們的註解所表明的，它們抑制了一個靜態程式碼分析規則，該規則堅持要使 `Post` 方法成為 `static` 的。但你不能這麼做：如果把該方法變成 `static` 的，那麼測試就會失敗。ASP.NET MVC 框架藉由慣例將 HTTP 請求與控制器方法（controller methods）相匹配，而那些方法必須是實體方法（instance methods，即非 `static` 的）。

有多種方法可以抑制來自 .NET 分析器的警告，我刻意選了最令人討厭的方式。我那樣做了，而非留下一個 `//TODO` 註解。我希望那些 `#pragma` 指令有同樣的效果。

目前，`Post` 方法不會進行什麼動作，但它顯然不應該保持這樣的狀態。不過，你必須暫時抑制警告，因為不這樣做的話，程式碼就不能編譯了。把警告當作錯誤來處理並不是免費的，但我覺得這樣的減慢速度是值得的。請記住：我們的目標不是以最快的速度寫出盡可能多的程式碼，而是可永續發展的軟體。

> 我們的目標不是快速編寫程式碼。我們的目標是可持續發展的軟體。

現在所有測試都通過了。在 Git 中提交這些變化，並考慮透過你的部署管線把它們推送出去 [49]。

4.3.3 單元測試

如列表 4.9 所示，這個 Web 服務並沒有處理貼出的預訂。你可以使用另一個測試來驅動行為更接近目標一點，如列表 4.10 中的測試。

列表 4.10 貼出一個有效預訂的單元測試。
（*Restaurant/bc1079a/Restaurant.RestApi.Tests/ReservationsTests.cs*）

```
[Fact]
public async Task PostValidReservationWhenDatabaseIsEmpty()
{
    var db = new FakeDatabase();
    var sut = new ReservationsController(db);

    var dto = new ReservationDto
    {
        At = "2023-11-24 19:00",
        Email = "juliad@example.net",
        Name = "Julia Domna",
        Quantity = 5
    };
    await sut.Post(dto);

    var expected = new Reservation(
        new DateTime(2023, 11, 24, 19, 0, 0),
        dto.Email,
        dto.Name,
```

```
        dto.Quantity);
    Assert.Contains(expected, db);
}
```

與你之前看到的測試不同，這並不是針對系統 HTTP API 的測試。它是一個單元測試（unit test）[13]。這說明了**由外而內的測試驅動開發**（*outside-in test-driven development*）之關鍵思想。雖然你是從系統的邊界開始，你應該向裡面走。

你或許會反問：「但系統的邊界是系統與外部世界互動的地方，我們不是應該測試它的**行為**嗎？」

這聽起來很有道理，但不幸的是，這是不切實際的。試圖透過邊界測試（boundary tests）來涵蓋所有的行為和邊緣情況會導致組合爆炸（combinatorial explosion）。你必須寫幾萬個測試才能做到這一點 [85]。從測試外部改為孤立地測試單元，可以解決這個問題。

雖然列表 4.10 中的單元測試表面上看起來很簡單，但背後發生了很多事情。這是另一個抽象的例子：放大必要部分，消除無關緊要的東西。很明顯，沒有任何程式碼是不重要的。重點是，為了理解測試的整體目的，你（還）不需要去了解 `ReservationDto`、`Reservation` 或 `FakeDatabase` 的所有細節。

該測試的結構是根據 Arrange Act Assert（安排、行動、斷言）[9] 啟發式方法 [92] 進行的。每一階段之間有一個空白行。**安排**（*arrange*）階段創建一個 `FakeDatabase` 以及 System Under Test（SUT，被測系統）[66]。

13 **單元測試**這個詞定義不清。關於它的定義，幾乎沒有共識存在。我傾向於把它定義為**一種自動化測試，測試一個獨立於其依存關係之外的單元**。注意，這個定義仍然是模糊的，因為它沒有定義**單元**（*unit*）是什麼。我通常認為一個單元是行為的一小部分，但到底有多小，也沒有清楚的定義。

行動（*act*）階段創建了一個 Data Transfer Object（DTO，資料傳輸物件）[33] 並將其傳遞給 `Post` 方法。你也可以在**安排**階段創建這個 `dto`。我認為這兩種選擇都有道理可循，所以我傾向於選擇最平衡的做法，正如我在第 4.2.2 節中描述的那樣。在這種情況下，每個階段都有兩條述句。比起把 dto 的初始化工作移到安排階段所產生的 3-1-2 的結構，這種 2-2-2 的結構更平衡。

最後，**斷言**（*assert*）階段驗證資料庫是否包含 `expected`（預期）的預訂。

這描述了測試的整體過程，以及它以這種方式結構化的原因。希望這裡介紹的抽象層使你能夠跟上進度，即便你還沒有看到新的類別。在查閱列表 4.11 之前，想像一下 `ReservationDto` 看起來會是什麼樣子。

4.3.4 DTO 和領域模型

當你看到時，你是否感到驚訝？它是一個完全正常的 C# DTO。它的唯一職責是對映傳入的 JSON 文件之結構並捕獲其組成值。

列表 4.11 預訂（reservation）的 DTO。這是生產程式碼的一部份。
（*Restaurant/bc1079a/Restaurant.RestApi/ReservationDto.cs*）

```
public class ReservationDto
{
    public string? At { get; set; }
    public string? Email { get; set; }
    public string? Name { get; set; }
    public int Quantity { get; set; }
}
```

你認為 `Reservation` 看起來如何？為什麼程式碼中甚至包含了兩個名稱相似的類別？原因是，雖然它們都代表**一個預訂**（*a reservation*），但它們扮演的角色不同。

DTO 的作用是把送入的資料捕捉到一個資料結構中，或者幫忙將資料結構轉化為輸出。你不應該把它用於其他方面，因為它不提供任何封裝功能。Martin Fowler 是這樣說的：

> 「**資料傳輸物件**（*Data Transfer Object*）**是我們的母親告訴我們永遠都不要去寫的那些物件之一。**」[33]

另一方面，`Reservation` 類別的目的是封裝適用於預訂的業務規則。它是程式碼中 Domain Model（領域模型）的一部分 [33][26]。列表 4.12 顯示了它最初的版本。雖然看起來比列表 4.11 更複雜 [14]，但實際上並非如此。它是由數量完全相同的構成部分所組成的。

列表 4.12 Reservation 類別。這是 Domain Model 的一部份。
（*Restaurant/bc1079a/Restaurant.RestApi/Reservation.cs*）

```
public sealed class Reservation
{
    public Reservation(
        DateTime at,
        string email,
        string name,
        int quantity)
    {
        At = at;
        Email = email;
        Name = name;
        Quantity = quantity;
    }

    public DateTime At { get; }
    public string Email { get; }
    public string Name { get; }
```

14 請記住，我使用**複雜**（*complex*）這個詞時，指的是**由零件組裝而成**（*assembled from parts*）[45]。它不是 *complicated*（**費解**）的同義詞。

```
    public int Quantity { get; }

    public override bool Equals(object? obj)
    {
        return obj is Reservation reservation &&
               At == reservation.At &&
               Email == reservation.Email &&
               Name == reservation.Name &&
               Quantity == reservation.Quantity;
    }

    public override int GetHashCode()
    {
        return HashCode.Combine(At, Email, Name, Quantity);
    }
}
```

你會問：「但那裡有更多的程式碼！你沒有作弊嗎？促使你進行這一實作的測試在哪裡？」

我並沒有寫 Reservation 類別的測試（除了列表 4.10 之外）。我從來沒有說過我會嚴格遵循測試驅動的開發。

本章的前面我討論過我如何不相信自己能寫出正確的程式碼。如果你需要被提醒大腦是多麼容易被愚弄的話，請再次回憶一下球棒和球的問題。

然而，我確實信任為我編寫程式碼的工具（*tool*）。雖然我不是特別喜歡自動生成的程式碼，但 Visual Studio 替我寫了列表 4.12 的大部分內容。

我寫了四個唯讀特性（read-only properties），然後使用 Visual Studio 的**產生建構器**（*generate constructor*）工具來添加建構器，其餘部分則使用 *generate Equals and GetHashCode* 工具。我信任 Microsoft 會測試他們產品中包含的功能。

Reservation 如何更好地封裝關於預訂的業務規則呢？就目前而言，它幾乎沒有這樣做。主要的區別是，相對於 DTO，領域物件（domain object）要求所有的四個組成值都要存在[15]。此外，Date 被宣告為一個 DateTime，這保證了該值是一個恰當的日期，而不只是任意的 string。如果你還沒被說服，第 5.3 節和第 7.2.5 小節會回頭討論 Reservation 類別，使其更有說服力。

為什麼 Reservation 看起來像一個 Value Object（值物件）[16] 呢？因為這提供了許多優勢。你應該為你的領域模型優先選用 Value Objects [26]。它也使測試更容易 [104]。

考慮一下列表 4.10 中的斷言（assertion）。它在 db 中尋找 expected。expected 是怎麼進到 db 的呢？它並沒有，進入的是一個**看起來就像它**的物件。斷言使用物件自己的相等性（equality）定義來比較預期值（expected）和實際值，而 Reservation 覆寫了 Equals。只有當類別是不可變（immutable）的時候，你才能安全地實作這種**結構性相等**（*structural equality*）。否則，你可能會比較兩個可變（mutable）的物件，認為它們是一樣的，但後來發現它們有所分歧。

結構性相等使優雅的斷言成為可能 [104]。在此測試中，只要創建一個代表預期結果的物件，並將其與實際結果進行比較就行了。

---

15 回想一下，*nullable reference types*（**可為 *null* 的參考型別**）功能有啟用。特性宣告中沒有問號，表明它們都不可以是空的。與列表 4.11 對比，後者在所有的字串特性上都有問號，指出它們全都可能是空的。

16 一個 *Value Object*（**值物件**）[33] 是一個不可變的物件，它組合了其他的值，並使它們看起來像一個單一（儘管是複雜）的值。典型的例子是一個由貨幣（currency）和金額（amount）組成的 Money 類別 [33]。

4.3.5 冒牌物件

列表 4.10 所暗示的最後一個新類別是 FakeDatabase，如列表 4.13 所示。正如它的名稱所暗示的，這是一個 Fake Object（冒牌物件）[66]，一種 Test Double（測試替身）[66][17]。它假裝自己是一個資料庫。

列表 4.13 冒充的資料庫。這是測試程式碼的一部分。
（*Restaurant/bc1079a/Restaurant.RestApi.Tests/FakeDatabase.cs*）

```
[SuppressMessage(
    "Naming",
    "CA1710:Identifiers should have correct suffix",
    Justification = "The role of the class is a Test Double.")]
public class FakeDatabase :
    Collection<Reservation>, IReservationsRepository
{
    public Task Create(Reservation reservation)
    {
        Add(reservation);
        return Task.CompletedTask;
    }
}
```

它只是一個普通的記憶體內部群集（in-memory collection），實作了一個叫作 IReservationsRepository 的介面。由於它衍生自 Collection<Reservation>，它會帶有各種群集方法，包括 Add。這也是它能與列表 4.10 中的 Assert.Contains 一起工作的原因。

17 你可能是以 *mocks* 或 *stubs* 這種名稱知道 Test Doubles（測試替身）的存在。就像**單元測試**這個詞一樣，對於這些詞的實際含義並沒有共識存在。因此，我儘量避免使用它們。值得一提的是，優秀的書籍 *xUnit Test Patterns* [66] 提供了這些術語的明確定義，但可惜的是，沒有人使用它們。

Fake Object [66] 是一個測試限定的物件，但仍擁有適當的行為。當你用它作為一個真正的資料庫之替身時，你可以把它看作是一種記憶體內部的資料庫（in-memory database）。它與基於狀態的測試（state-based testing）[100] 配合得很好。這就是列表 4.10 中所示的那種測試。在斷言階段，你要驗證實際狀態是否符合預期狀態。這個特殊的測試考慮了 db 的狀態。

4.3.6 儲存庫介面（Repository Interface）

FakeDatabase 類別實作了列表 4.14 中的 IReservationsRepository 介面。在此源碼庫的初期，該介面只定義了一個方法。

目前，我選擇用 Repository 模式 [33] 來命名這個介面，儘管它與原本的模式描述只有一點點相似。我這樣做是因為大多數人都熟悉這個名稱，並理解它以某種方式對資料存取進行建模。我可能會在之後決定重新命名它。

列表 4.14 儲存庫介面。這是領域模型的一部份。
（*Restaurant/bc1079a/Restaurant.RestApi/IReservationsRepository.cs*）

```
public interface IReservationsRepository
{
    Task Create(Reservation reservation);
}
```

4.3.7 在儲存庫中建立

正如你可以從這一頁和列表 4.10 之間的距離所觀察到的，這個單一的測試觸發了幾個新型別的創建。這在源碼庫的初期是正常的。那時幾乎沒有現存的程式碼，所以即使是一個簡單的測試也可能導致新程式碼出現的小型雪崩效應。

根據此測試，你還必須修改 ReservationsController 的建構器和 Post 方法，以支援測試驅動的互動。該建構器必須接受一個 IReservationsRepository 參數，而 Post 方法接受一個 ReservationDto 參數。一旦你做了這些變更，這個測試最終就可以編譯，而你就能執行它了。

當你執行它時，它失敗了，就像它應該做的那樣。

為了使它通過，你必須在 Post 方法中新增一個 Reservation 物件到儲存庫（repository）。列表 4.15 顯示了如何做到這點。

ReservationsController 使用 Constructor Injection（建構器注入）[25] 來接收注入的 repository，並將其儲存為一個唯讀特性供以後使用。這意味著在該類別正確初始化的任何實體中，Post 方法都可以使用它。在此，它以一個寫定（*hard-coded*）的 Reservation 來呼叫 Create。雖然這顯然是錯誤的，但它通過了測試。這是可能行得通的 [22] 最簡單的事情[18]。

列表 4.15　在注入的儲存庫中儲存一個預訂。
（*Restaurant/bc1079a/Restaurant.RestApi/ReservationsController.cs*）

```
[ApiController, Route("[controller]")]
public class ReservationsController
{
    public ReservationsController(IReservationsRepository repository)
    {
        Repository = repository;
    }
```

18 你可能會說，從 dto 中複製這些值也同樣簡單。這的確會有同樣的循環複雜度和相同的程式碼行數，但基於 Transformation Priority Premise [64]（TPP）的精神，我認為常數比變數更簡單。關於 TPP 的更多細節，請參閱 5.1.1 小節。

```
    public IReservationsRepository Repository { get; }

    public async Task Post(ReservationDto dto)
    {
        if (dto is null)
            throw new ArgumentNullException(nameof(dto));

        await Repository
            .Create(
                new Reservation(
                    new DateTime(2023, 11, 24, 19, 0, 0),
                    "juliad@example.net",
                    "Julia Domna",
                    5))
            .ConfigureAwait(false);
    }
}
```

如果你想知道是什麼驅動了 Guard Clause（防護子句）[7] 的出現，那是由靜態程式碼分析規則所促使的。同樣地，請記住，你可以同時使用一個以上的**驅力**（*driver*）：測試驅動開發**以及**分析器或 linters。有很多工具可以驅動程式碼的建立。事實上，我使用 Visual Studio 的 *add null check*（**添加空值檢查**）-工具來增添防護。

列表 4.15 中的程式碼通過了列表 4.10 中的測試，但現在另一個測試卻失敗了！

4.3.8 配置依存關係

雖然新的測試成功了，但列表 4.7 中的邊界測試（boundary test）卻失敗了，因為 `ReservationsController` 不再有一個無參數的建構器。ASP.NET 框架需要幫忙建立該類別的實體，特別是因為生產程式碼中沒有任何類別實作了所需的 `IReservationsRepository` 介面。

讓所有測試通過最簡單辦法是新增介面的一個 Null Object [118] 實作。列表 4.16 顯示了一個內嵌在 `Startup` 類別中的暫時類別。它是 `IReservationsRepository` 不做任何事情的一個實作。

列表 4.16 Null Object 的實作。這是一暫時的內嵌私有類別私有類別。
（*Restaurant/bc1079a/Restaurant.RestApi/Startup.cs*）

```
private class NullRepository : IReservationsRepository
{
    public Task Create(Reservation reservation)
    {
        return Task.CompletedTask;
    }
}
```

如果你用 ASP.NET 內建的 Dependency Injection Container（依存關係注入容器）[25] 註冊它，就能解決這個問題。列表 4.17 展示了如何做到這一點。由於 `NullRepository` 是無狀態的，你能以 Singleton 生命週期（lifetime）[25] 註冊單一個物件，這意味著在此 Web 服務的行程生命週期（process lifetime）內，同一個物件將在所有執行緒之間被共用。

列表 4.17 以 ASP.NET 內建的 DI Container 註冊 NullRepository。
（*Restaurant/bc1079a/Restaurant.RestApi/Startup.cs*）

```
public static void ConfigureServices(IServiceCollection services)
{
    services.AddControllers();

    services.AddSingleton<IReservationsRepository>(
        new NullRepository());
}
```

現在所有測試都通過了。在 Git 中提交這些變更，並考慮透過你的部署管線推送它們出去。

4.4 完成切片

要追求垂直切片，圖 4.5 暗示著缺少了一些東西。你需要一個適當的 `IReservationsRepository` 的實作來將預訂（reservation）保存到永續性儲存體（persistent storage）中。一旦有了這個，你就完成了這個切片。

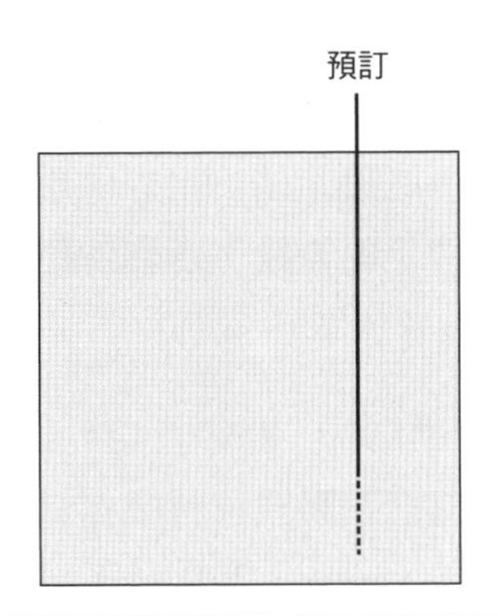

圖 4.5 目前的進度。與圖 4.4 中所展示的計畫做比較。

你說：「等一下，這根本不起作用！它只是儲存了一個寫定的預訂！那麼，輸入驗證、記錄或安全性的問題呢？」

我們會在適當的時候討論這一切。現在，如果一個刺激能產生一個續存的狀態變化，我就很滿意了，即使那只是一個寫定的預訂。這仍然可以證明，一個外部事件（HTTP POST）可以修改應用程式的狀態。

4.4.1 綱目

我們應該如何儲存預訂呢？在一個關聯式資料庫（relational database）中？一個圖資料庫（graph database）[89]？一個文件資料庫（document database）？

如果要遵循 *Growing Object-Oriented Software, Guided by Tests* [36]（GOOS）的精神，你應該選擇最能支援測試驅動開發的技術。最好是你能在自動測試中進行的東西（此處建議的是一個文件資料庫）。

儘管如此，我還是會挑選關聯式資料庫：具體來說，就是 SQL Server。我這樣做是出於教育上的考量。首先，如果你想學習原則性的由外而內的測試驅動開發，GOOS[36] 就已經是一個很好的資源了。其次，在現實中，關聯式資料庫是無所不在的。擁有關聯式資料庫通常是沒有商量餘地的，你的組織可能與某個特定的供應商有支援協議了；你的營運團隊可能更喜歡某個特定的系統，因為他們知道如何維護它，並做備份；你的同事可能對某個資料庫最滿意。

儘管有 *NoSQL* 運動出現，關聯式資料庫仍然是企業軟體開發中無可避免的一部分。我希望把關聯式資料庫作為範例的一部分，讓這本書更加有用。我會使用 SQL Server，因為它是 Microsoft 標準技術堆疊的一個慣用的部分，但如果你選擇其他資料庫，必須套用的技術也不會有太大變化。

列表 4.18 顯示了 `Reservations` 資料表的初始綱目（schema）。

我比較喜歡用 SQL 定義資料庫模式，因為那是資料庫的原生語言。如果你喜歡使用物件對關聯式映射器（object-relational mapper）或領域特定語言（domain-specific language），那也是可以的。

列表 4.18 Database schema for the Reservations table.
（*Restaurant/c82d82c/Restaurant.RestApi/RestaurantDbSchema.sql*）

```
CREATE TABLE [dbo].[Reservations] (
    [Id]         INT               NOT NULL IDENTITY,
    [At]         DATETIME2         NOT NULL,
    [Name]       NVARCHAR (50)     NOT NULL,
    [Email]      NVARCHAR (50)     NOT NULL,
    [Quantity]   INT               NOT NULL
```

```
    PRIMARY KEY CLUSTERED ([Id] ASC)
)
```

重要的是，你要把資料庫綱目提交到保存所有其他原始碼的同一個 Git 儲存庫。

> 提交資料庫綱目（database schema）到 Git 儲存庫。

4.4.2 SQL 儲存庫

現在你知道了資料庫綱目的樣子，你就可以針對資料庫實作 `IReservationsRepository` 介面了。列表 4.19 顯示了我的實作。正如你可以看出來的，我並不是很喜歡物件對關聯式映射器（ORM）。

你可能會說，與 Entity Framework 相比，使用基本的 ADO.NET API 囉嗦多了，但請記住，你應該最佳化的不是撰寫程式碼的速度。為可讀性進行最佳化時，你仍然可以說使用物件對關聯式映射器會更容易閱讀。我想這裡面涉及了一定程度的主觀判斷。

如果你想使用物件對關聯式映射器，那就去做吧。那並不是重點所在。重要的是，要保持你的領域模型 [33] 不受實作細節的汙染[19]。

我喜歡列表 4.19 中的實作，因為它有簡單的不變式（invariants）。它是一個無狀態（stateless）的、具有執行緒安全性（thread-safe）的物件。你可以創建它的一個實體，並在你應用程式的生命週期中重複使用它。

---

19 這就是套用了 Dependency Inversion Principle（依存關係反轉原則）。**抽象層不應該依存於細節。細節應該依存於抽象層** [60]。在這裡的情境之下，抽象層即為領域模型，也就是 `Reservation`。

你抗議道：「不過 Mark，現在你又作弊了！你並沒有測試驅動（test-drive）那個類別啊。」

列表 4.19 Repository 介面的 SQL Server 實作。
（*Restaurant/c82d82c/Restaurant.RestApi/SqlReservationsRepository.cs*）

```
public class SqlReservationsRepository : IReservationsRepository
{
    public SqlReservationsRepository(string connectionString)
    {
        ConnectionString = connectionString;
    }

    public string ConnectionString { get; }

    public async Task Create(Reservation reservation)
    {
        if (reservation is null)
            throw new ArgumentNullException(nameof(reservation));

        using var conn = new SqlConnection(ConnectionString);
        using var cmd = new SqlCommand(createReservationSql, conn);
        cmd.Parameters.Add(new SqlParameter("@At", reservation.At));
        cmd.Parameters.Add(new SqlParameter("@Name", reservation.Name));
        cmd.Parameters.Add(new SqlParameter("@Email", reservation.Email));
        cmd.Parameters.Add(
            new SqlParameter("@Quantity", reservation.Quantity));

        await conn.OpenAsync().ConfigureAwait(false);
        await cmd.ExecuteNonQueryAsync().ConfigureAwait(false);
    }

    private const string createReservationSql = @"
        INSERT INTO
            [dbo].[Reservations] ([At], [Name], [Email], [Quantity])
        VALUES (@At, @Name, @Email, @Quantity)";
}
```

的確，我並沒有那麼做，因為我把 `SqlReservationsRepository` 視為一個 Humble Object（謙卑的物件）[66]。這是一個很難進行單元測試的實作，

因為它依存於一個你不容易自動化的子系統。取而代之，你把物件的分支邏輯（branching logic）和其他容易導致缺陷的行為都抽走了。

`SqlReservationsRepository` 中唯一的分支是由靜態程式碼分析所驅動並由 Visual Studio 創建的 null guard（空值防護）。

綜上所述，在第 12.2 節，你將看到如何新增涉及資料庫的自動化測試。

4.4.3 用資料庫進行組態配置

現在你有了 `IReservationsRepository` 的正確實作，你必須告訴 ASP.NET 它的存在。列表 4.20 顯示了你需要對 `Startup` 類別進行的修改。

列表 4.20 `Startup` 檔案中配置應用程式以 SQL Server 進行工作的部分。（*Restaurant/c82d82c/Restaurant.RestApi/Startup.cs*）

```
public IConfiguration Configuration { get; }

public Startup(IConfiguration configuration)
{
    Configuration = configuration;
}

public void ConfigureServices(IServiceCollection services)
{
    services.AddControllers();

    var connStr = Configuration.GetConnectionString("Restaurant");
    services.AddSingleton<IReservationsRepository>(
        new SqlReservationsRepository(connStr));
}
```

你用新的 `SqlReservationsRepository` 類別而非列表 4.16 中的 `NullRepository` 類別呼叫 `AddSingleton`。現在你可以刪除那個類別了。

除非你提供一個連線字串（connection string），否則無法創建一個 `SqlReservationsRepository` 實體，所以你必須從 ASP.NET 的組態（configuration）中取得那個字串。

當你為 `Startup` 添加建構器時，如列表 4.20 所示，該框架會自動提供 `IConfiguration` 的一個實體。

你必須用一個適當的連接字串來配置應用程式。在眾多選項中，你選擇使用一個組態檔（configuration file）。列表 4.21 顯示了我在此時提交到 Git 的內容。雖然提交必要組態的結構對你的同事很有幫助，但請不要包括實際的連線字串。它們會因環境而異，而且可能包含不應該出現在版本控制系統中的秘密。

列表 4.21　連線字串組態的結構。這就是你應該提交給 Git 的東西。一定要避免提交秘密。（*Restaurant/c82d82c/Restaurant.RestApi/appsettings.json*）

```
{
    "ConnectionStrings": {
        "Restaurant": ""
    }
}
```

如果你在組態檔案中放入一個真正的連線字串，該應用程式應該可以運作。

4.4.4 進行煙霧測試

你怎麼知道這個軟體能運作？畢竟，我們並沒有添加自動系統測試。

雖然你應該優先選用自動化測試，但你也不應該忘記手動測試。偶爾，打開系統，看看它是否「著火」了，這就是所謂的 Smoke Test（煙霧測試）。

如果你在組態檔案中放入一個適當的連線字串，並在你的開發機器上啟動系統，你可以試著向它 `POST` 一個預訂（reservation）。有很多工具可以用來與一個 HTTP API 互動。.NET 開發者傾向於偏好基於 GUI 的工具，如 Postman 或 Fiddler，但請幫你自己一個忙，學習使用更容易自動化的東西。我經常使用 *cURL*。下面是一個例子（為了適應頁面，拆成了多行）：

```
$ curl -v http://localhost:53568/reservations
    -H "Content-Type: application/json"
    -d "{ \"at\": \"2022-10-21 19:00\",
          \"email\": \"caravan@example.com\",
          \"name\": \"Cara van Palace\",
          \"quantity\": 3 }"
```

這將向適當的 URL 貼（post）出一個 JSON 預訂。如果你看一下你配置應用程式使用的資料庫，你現在應該看到有一個資料列帶有 *Julia Domna* 的預訂！

回想一下，系統仍然保存了一個寫定的預訂，但至少你現在知道，如果提供一個刺激，就會有事情發生。

4.4.5 使用冒充的資料庫進行邊界測試

唯一剩下的問題是列表 4.7 中的邊界測試現在失敗了。`Startup` 類別用連線字串配置了 `SqlReservationsRepository` 服務，但在測試情境中沒有連線字串存在。也沒有資料庫。

為自動測試目的自動設置和卸除資料庫是可能的，但這很麻煩，而且會降低測試速度。也許之後[20]可以，但不是現在。

取而代之，你可以針對列表 4.13 中的 FakeDatabase 執行邊界測試。為了做到這一點，你必須改變該測試的 WebApplicationFactory 的行為方式。列表 4.22 顯示了如何覆寫其 ConfigureWebHost 方法。

在 Startup 類別的 ConfigureServices 方法執行後，ConfigureServices 區塊中的程式碼就會執行。它會找出實作 IReservationsRepository 介面的所有服務（只有一個）並將其移除。然後它會新增一個 FakeDatabase 實體作為替代。

列表 4.22 如何為了測試用一個 Fake 替換真實的依存關係。
（*Restaurant/c82d82c/Restaurant.RestApi.Tests/RestaurantApiFactory.cs*）

```
public class RestaurantApiFactory : WebApplicationFactory<Startup>
{
    protected override void ConfigureWebHost(IWebHostBuilder builder)
    {
        if (builder is null)
            throw new ArgumentNullException(nameof(builder));

        builder.ConfigureServices(services =>
        {
            services.RemoveAll<IReservationsRepository>();
            services.AddSingleton<IReservationsRepository>(
                new FakeDatabase());
        });
    }
}
```

20 事實上是在 12.2 節。

你必須在單元測試中使用新的 RestaurantApiFactory 類別，但這只是變更 PostReservation 輔助方法中的一行程式碼而已。比較列表 4.23 和列表 4.8。

列表 4.23 以更新過的 Web 應用程式工廠（application factory）測試輔助方法。與列表 4.8 相比，只有被凸顯出來，用以初始化 factory 的那行程式碼有變。
（*Restaurant/c82d82c/Restaurant.RestApi.Tests/ReservationsTests.cs*）

```
[SuppressMessage(
    "Usage",
    "CA2234:Pass system uri objects instead of strings",
    Justification = "URL isn't passed as variable, but as literal.")]
private async Task<HttpResponseMessage> PostReservation(
    object reservation)
{
    using var factory = new RestaurantApiFactory();
    var client = factory.CreateClient();

    string json = JsonSerializer.Serialize(reservation);
    using var content = new StringContent(json);
    content.Headers.ContentType.MediaType = "application/json";
    return await client.PostAsync("reservations", content);
}
```

再一次，所有測試都通過了。在 Git 中提交變更，並透過你的部署管線推送它們。一旦這些變化進入生產系統，就對生產系統進行另一次手動的煙霧測試。

4.5 結論

一層薄薄的垂直切片是證明軟體可以實際運作的有效途徑。結合 Continuous Delivery（持續交付）[49]，你就能夠迅速將可運作的軟體投入生產。

你可能會認為第一個垂直切片太「薄」了，以致於沒有意義。本章的範例顯示了如何在資料庫中儲存一個預訂（reservation），但被保存的值並不是提供給系統的值，這怎麼能增加任何價值呢？

當然，它幾乎沒有，但它建立了一個可運行的系統，以及一個部署管線 [49]。現在你可以對它進行改良。小型的改進，持續地交付，使之更接近一個有用的系統。其他利害關係者更有能力評估系統何時變得有用。你的任務是使他們能夠進行那種評估。盡可能頻繁地進行部署，讓其他利害關係者告訴你什麼時候算是完成了。

5 封裝

你是否曾經購買過一些重要的東西，比如房子、土地、公司或汽車？

如果有，你可能簽署過契約。**契約**（*contract*）規定了雙方的一系列權利和義務。賣方承諾交出物業，買方承諾在規定的時間內支付指定的金額，賣方可能會就物業的狀況提供一些擔保，買方可能承諾在交易完成後不追究賣方的損害賠償責任。等等，諸如此類的。

契約引入並正式確定了本來不會存在的某種程度的信任。你為什麼要相信一個陌生人呢？這樣做風險太大了，但契約制度填補了這種空白。

那就是**封裝**（*encapsulation*）的意義所在。要如何相信一個物件的行為是合理的呢？讓物件參與契約。

5.1 儲存資料

第 4 章在尚未解決一個難以忍受的緊張關係的情況下結束了。列表 4.15 顯示了 `Post` 方法如何儲存一個寫定的預訂，同時忽略它所收到的資料。

這是一個缺陷。為了修復它，必須添加一些程式碼，這使我們處於一個很好的位置來開始討論封裝這個主題。既然這是一石二鳥，就讓我們先這樣做。

5.1.1 變換優先序前提

如果可以的話，別忘了運用**驅力**（*driver*）。列表 4.15 中寫定的值是由單一個測試案例所驅動的。你如何改善這種情況呢？

單純去修復程式碼是很誘人的事。畢竟，必須發生的完全不是火箭科學那麼困難的東西。當我指導團隊時，我必須不斷地提醒開發人員放慢速度。把生產程式碼寫成是對測試或分析器等驅力的回答。小步前進可以減少犯錯的風險。

編輯程式碼時，你把它從一個可運作的狀態**變換**（*transform*）為另一個可運作的狀態。這並非一步可及的。在修改過程中，程式碼可能無法編譯。請盡可能縮短程式碼無效的時間，如圖 5.1 所暗示的。這會減少你的大腦所要追蹤的東西之數量。

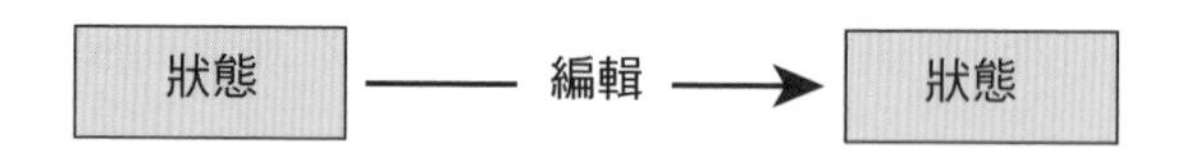

圖 5.1　編輯程式碼是從一個可運作狀態變換到另一個可運作狀態的過程。讓程式碼處於過渡期（即無法運作）的時間盡可能的短。

2013 年，Robert C. Martin 發表了一份程式碼變換的優先順序清單 [64]。雖然他只是想把這當作一個初步的建議，但我發現作為一種指導方針，它是很有用的。其內容如下：

- （**{} → nil**）完全沒有程式碼 → 運用了 nil 的程式碼
- （**nil → constant**）nil → 常數（constant）
- （**constant → constant+**）一個簡單的常數到一個更為複雜的常數
- （**constant → scalar**）將一個常數取代為一個變數（variable）或引數（argument）

- （**statement → statements**）新增更多非條件式的述句（unconditional statements）
- （**unconditional → if**）分支執行路徑（execution path）
- （**scalar → array**）純量 → 陣列
- （**array → container**）陣列 → 容器
- （**statement → recursion**）述句 → 遞迴
- （**if → while**）分支 → 迴圈
- （**expression → function**）將一個運算式取代為一個函式或演算法（algorithm）
- （**variable → assignment**）取代一個變數的值（value）

這個清單的順序大致是這樣的：較簡單的變換在頂部，較複雜的在底部。

如果有些詞看起來很神秘或晦澀難懂，請不要擔心。就像本書中的許多其他指導方針一樣，它們是供人思考的，而非僵硬的規則。重點是以小步漸進向前，例如使用寫定的常數而不是 null[1]，或者把純量值變成陣列。

目前，`Post` 方法保存的是一個**常數**（*constant*），但它應該儲存來自 `dto` 的資料才對，即一組**純量**（*scalar*）值。這就是 *constant → scalar* 變換（或一組這樣的變換）。

Transformation Priority Premise（**變換優先序前提**）的要點是，我們應該使用清單中的小變換來對我們的程式碼進行修改。

既然已經確定了我們所要做的改變，就是受到保證的變更之一，就去做吧。

1 在文章 [64] 中，Robert C. Martin 稱未定義的值（undefined value）為 *nil*，但從情境來看，他似乎是指 *null*。有些語言（例如 Ruby）就把 null 稱作 *nil*。

5.1.2 參數化的測試

Transformation Priority Premise 背後想法是，一旦確定了要進行的變換，你就應該寫一個測試來驅動那種變化。

你可以寫一個新的測試方法，但它將與列表 4.10 有很多重複之處，只是 dto 使用一些不同的特性值而已。取而代之，把現有的測試變成一個 Parametrised Test（參數化的測試）[66]。

列表 5.1 貼出一個有效預訂的參數化測試。與列表 4.10 相比，只有凸顯出來的測試案例是新的。(*Restaurant/4617450/Restaurant.RestApi.Tests/ReservationsTests.cs*)

```
[Theory]
[InlineData(
    "2023-11-24 19:00", "juliad@example.net", "Julia Domna", 5)]
[InlineData("2024-02-13 18:15", "x@example.com", "Xenia Ng", 9)]
public async Task PostValidReservationWhenDatabaseIsEmpty(
    string at,
    string email,
    string name,
    int quantity)
{
    var db = new FakeDatabase();
    var sut = new ReservationsController(db);

    var dto = new ReservationDto
    {
        At = at,
        Email = email,
        Name = name,
        Quantity = quantity
    };
    await sut.Post(dto);

    var expected = new Reservation(
        DateTime.Parse(dto.At, CultureInfo.InvariantCulture),
        dto.Email,
```

```
        dto.Name,
        dto.Quantity);
    Assert.Contains(expected, db);
}
```

列表 5.1 顯示了這種變化。它沒有使用 [Fact] 屬性，而是使用 [Theory][2] 屬性來表示一個 Parametrised Test，以及兩個提供資料的 [InlineData] 屬性。注意，最上面的 [InlineData] 屬性提供了與列表 4.10 相同的測試值，而第二個屬性則包含一個新的測試案例。

有一件應該困擾你事情是，現在測試的斷言階段似乎重複了本質上是實作程式碼的內容。這顯然是不完美的。你不應該信任你的大腦在沒有某種複式記帳（double-entry bookkeeping）的情況下編寫生產程式碼，但那只有在兩個觀點不同的時候才有效。這裡的情況並非如此。

然而，完美（perfect）是優秀（good）的敵人。雖然這個變更在測試程式碼中引入了一個問題，但其目的是為了證明 Post 方法不起作用。事實上，當你執行測試套件的時候，新的測試案例的確失敗了。

5.1.3 拷貝 DTO 至領域模型

列表 5.2 顯示為了使所有測試通過，你可以對 Post 方法進行的最簡單的變換。

列表 5.2 現在 Post 方法儲存了 dto 的資料。
（*Restaurant/4617450/Restaurant.RestApi/ReservationsController.cs*）

```
public async Task Post(ReservationDto dto)
```

2 這是 *xUnit.net* 的參數化測試 API。其他框架以類似或不太類似的方式提供該功能。有幾個單元測試框架根本不支援這項功能。在我看來，那就是去尋找另一個框架的充分理由了，編寫參數化測試的能力是單元測試框架中最重要的功能之一。

```
{
    if (dto is null)
        throw new ArgumentNullException(nameof(dto));

    var r = new Reservation(
        DateTime.Parse(dto.At!, CultureInfo.InvariantCulture),
        dto.Email!,
        dto.Name!,
        dto.Quantity);
    await Repository.Create(r).ConfigureAwait(false);
}
```

與列表 4.15 相比，這似乎算是一種改善了，但仍有一些問題是你應該解決的。抑制住現在就做進一步改良的衝動吧。藉由添加列表 5.1 中的測試案例，你已經驅動了一種小型的轉變。雖然程式碼並不完美，但它已經**變得更好了**。所有的測試都通過了。將變更提交給 Git，並透過部署管線推送。

如果你對 dto.At、dto.Email 和 dto.Name 後面的驚嘆號（exclamation marks）感到好奇，那些就是剩下的一些不完善之處。

這個源碼庫使用了 C# 的 *nullable reference types*（**可為** *null* **的參考型別**）功能，而大部分的 dto 特性都被宣告為 nullable（可為 null 的）。如果沒有那個驚嘆號，編譯器就會抱怨說該程式碼存取了一個 nullable 值而沒有檢查是否為 null。運算子 ! 抑制了編譯器的抱怨。有了驚嘆號，程式碼就可以編譯了。

這是個糟糕的小花招。雖然程式碼可以編譯，但它很容易在執行時期引發 NullReferenceException。用一個編譯時期錯誤（compile-time error）交換一個執行時期例外（run-time exception）是一種非常糟的取捨。我們應該對此做些什麼。

列表 5.2 中躲藏的另一個潛在的執行期例外是無法保證 `DateTime.Parse` 方法呼叫成功。我們也應該對此做一些處理。

5.2 驗證

有了列表 5.2 中的程式碼之後，如果客戶貼出一個沒有 `at` 特性的 JSON 文件會發生什麼事？

你可能認為 `Post` 會擲出一個 `NullReferenceException`，但實際上，`DateTime.Parse` 擲出的是一個 `ArgumentNullException`。至少那個方法進行了輸入驗證（input validation），你也應該那樣做。

ArgumentNullException 如何比 NullReferenceException 更好？

一個方法擲出哪個例外有關係嗎？畢竟，如果你不去處理它，你的程式就會當掉。

如果你能處理它們，那麼例外的型別（exception types）似乎是最重要的。如果你知道你可以處理某個特定型別的例外，你就能撰寫一個 `try/catch` 區塊。問題在於你無法處理的那些例外。

一般情況下，`NullReferenceException` 會在一個必要的物件缺少（為 null）的時候發生。如果該物件是必需的，但卻不可用，那麼你也沒有什麼辦法。對於 `NullReferenceException` 來說，這和 `ArgumentNullException` 是一樣的，那麼為什麼要費力地檢查 null 只是為了擲出一個例外呢？

不同的是，`NullReferenceException` 在其例外訊息中不帶有任何有用的資訊。你只被告知某個物件是 null，但不知道是哪一個物件。

另一方面，`ArgumentNullException` 則會攜帶關於哪個引數為 null 的資訊。

> 如果在日誌或錯誤報告中遇到一個例外訊息，你比較希望看到哪一個？一個沒有任何資訊的 `NullReferenceException`，還是一個帶有那個 null 引數名稱的 `ArgumentNullException`？
>
> 我隨時都會接受 `ArgumentNullException`，謝謝。

ASP.NET 框架將一個未處理的例外轉譯為 `500 Internal Server Error` 回應。在此例中，那並不是我們想要的。

5.2.1 不良的日期

當輸入無效時，HTTP API 應該回傳 `400 Bad Request` [2]。這並非所發生的情況。請添加一個會重現該問題的測試。

列表 5.3 顯示了如何測試預訂日期和時間缺少時的情況。你可能想知道為什麼我把它寫成只有單一測試案例的一個 `[Theory]`。為什麼不寫成一個 `[Fact]`？

我承認，我有點作弊了。軟體工程的**藝術**再一次體現出來。這是基於**搖擺不定的個人經驗**（*shifting sands of individual experience*）[4]：我知道很快就會增加更多的測試案例，所以我發現從 `[Theory]` 開始會更容易。

列表 5.3　測試當你貼出缺少 at 值的一個預訂 DTO 時會發生什麼事。
（*Restaurant/9e49134/Restaurant.RestApi.Tests/ReservationsTests.cs*）

```
[Theory]
[InlineData(null, "j@example.net", "Jay Xerxes", 1)]
public async Task PostInvalidReservation(
    string at,
    string email,
    string name,
    int quantity)
{
```

```
    var response =
        await PostReservation(new { at, email, name, quantity });
    Assert.Equal(HttpStatusCode.BadRequest, response.StatusCode);
}
```

測試之所以失敗，是因為回應的狀態碼為 `500 Internal Server Error`。

你可以用列表 5.4 中的程式碼輕鬆通過測試。與列表 5.2 的主要差異是增加了 Null Guard。

列表 5.4 防範 null 的 At 特性。
（*Restaurant/9e49134/Restaurant.RestApi/ReservationsController.cs*）

```
public async Task<ActionResult> Post(ReservationDto dto)
{
    if (dto is null)
        throw new ArgumentNullException(nameof(dto));
    if (dto.At is null)
        return new BadRequestResult();

    var r = new Reservation(
        DateTime.Parse(dto.At, CultureInfo.InvariantCulture),
        dto.Email!,
        dto.Name!,
        dto.Quantity);
    await Repository.Create(r).ConfigureAwait(false);

    return new NoContentResult();
}
```

C# 編譯器很聰明，可以檢測到 Guard Clause（防護子句），這意味著你可以刪除 `dto.At` 後面的驚嘆號了。

你可以添加另一個測試案例，其中缺少 `email` 特性，但讓我們再快轉一步。列表 5.5 包含兩個新的測試案例。

列表 5.5 更多無效預訂的測試案例：

（*Restaurant/3fac4a3/Restaurant.RestApi.Tests/ReservationsTests.cs*）

```
[Theory]
[InlineData(null, "j@example.net", "Jay Xerxes", 1)]
[InlineData("not a date", "w@example.edu", "Wk Hd", 8)]
[InlineData("2023-11-30 20:01", null, "Thora", 19)]
public async Task PostInvalidReservation(
    string at,
    string email,
    string name,
    int quantity)
{
    var response =
        await PostReservation(new { at, email, name, quantity });
    Assert.Equal(HttpStatusCode.BadRequest, response.StatusCode);
}
```

底部的 `[InlineData]` 屬性包含一個缺少 `email` 特性的測試案例，而中間的測試案例提供了一個並非日期和時間的 `at` 值。

列表 5.6 防範各種無效的輸入值

（*Restaurant/3fac4a3/Restaurant.RestApi/ReservationsController.cs*）

```
public async Task<ActionResult> Post(ReservationDto dto)
{
    if (dto is null)
        throw new ArgumentNullException(nameof(dto));
    if (dto.At is null)
        return new BadRequestResult();
    if (!DateTime.TryParse(dto.At, out var d))
        return new BadRequestResult();
    if (dto.Email is null)
        return new BadRequestResult();

    var r = new Reservation(d, dto.Email, dto.Name!, dto.Quantity);
    await Repository.Create(r).ConfigureAwait(false);

    return new NoContentResult();
}
```

列表 5.6 通過了所有的測試。請注意，我可以透過防範 null 的 email 來刪除另一個驚嘆號。

5.2.2 Red Green Refactor

認真思考一下列表 5.6。從列表 4.15 開始，它就變得越來越複雜。你能使它更簡單嗎？

這是一個需要定期詢問的重要問題。事實上，你應該在每次測試後都這麼問。這是 *Red Green Refactor*（**紅、綠、重構**）[9] 循環的一部分。

- Red：寫一個失敗的測試。大多數的測試執行程式都將失敗的測試顯示為**紅色**（*red*）。
- Green：盡可能做最小型的改變以通過所有測試。測試執行器經常將通過的測試顯示為**綠色**（*green*）。
- Refactor：改善程式碼而不變更其行為。

一旦走過了這三個階段，你就從一個新的失敗測試重新開始。圖 5.2 說明了這個過程。

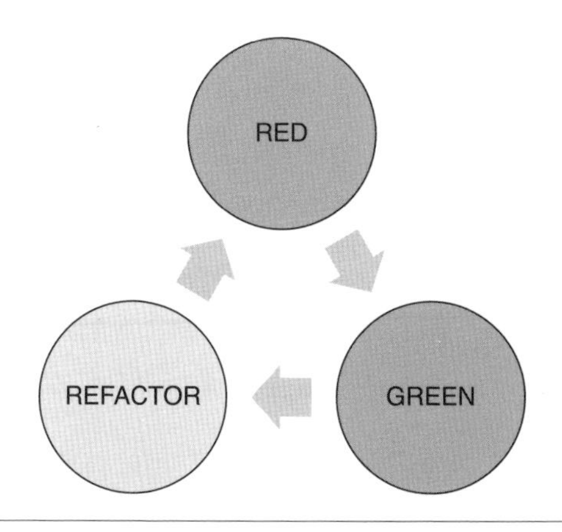

圖 5.2 Red Green Refactor 循環。

到目前為止，在本書的可執行範例中，你只看到 red-green、red-green 與 red-green 的振盪。現在是時候增加第三階段了。

測試驅動開發的科學

Red Green Refactor 程序是我能想到的最科學的軟體工程中方法論之一。

在科學方法中，你首先形成一個假設，其形式是對一個可證偽的結果（falsifiable outcome）之預測。然後，進行一個實驗並測量結果。最後，將實際結果與預測結果進行比較。

這聽起來很熟悉嗎？

這聽起來就像 Arrange Act Assert [9] 模式，儘管我們應該注意不要把這個隱喻過度擴大。**行動**（*act*）階段是實驗，而**斷言**（*assert*）階段是你比較預期和實際結果的地方。

Red Green Refactor 循環中的紅色和綠色階段本身就是現成的小型科學實驗。

在紅色（red）階段，現成的假設就是：當你執行你剛寫的測試時，它應該失敗。這是一個你能進行的可測量實驗。它有一個量化的結果：它要麼通過，要麼就失敗。

如果你採用 Red Green Refactor 作為一個連貫的過程，你可能會驚訝於在這個階段得到一個合格測試的頻率。記住大腦是多麼容易直接跳到結論 [51]。你會不經意地寫出同義且重複的斷言（tautological assertions）[105]。這樣的假警報（false negatives）會發生，但如果你不做實驗，你就不會發現它們。

同樣地，綠色（green）階段也是一個現成的假設。其預測是，當你執行測試時，它會成功。同樣地，所做的實驗就是執行測試，它有一個可量化的結果。

如果你想朝向軟體工程發展，如果你相信科學和工程之間有關係，我想不出有什麼比測試驅動開發更合適的了。

在重構（*refactor*）階段，你會考量在綠色階段寫的程式碼。你能改進它嗎？如果可以，那就是重構了。

> **「重構是改變軟體系統的過程，其方式不會更動程式碼的外部行為，但能改善其內部結構。」**[34]

你怎麼知道沒有改變外部行為？要證實一個普遍的猜想是很難的，但要反駁卻很容易。如果只有一個自動化測試在改變後失敗，你就會知道你破壞了什麼。因此，一個最低限度的標準是，如果你改變了程式碼的結構，所有的測試都應該仍然通過。

列表 4.15 是否可以在所有測試都通過的同時加以改進？是的，事實證明，`dto.At` 的 null 防護是多餘的。列表 5.7 顯示了簡化後的 `Post` 方法。

列表 5.7 沒有必要防範 null 的 At 特性：`DateTime.TryParse` 已經那樣做了。（*Restaurant/b789ef1/Restaurant.RestApi/ReservationsController.cs*）

```
public async Task<ActionResult> Post(ReservationDto dto)
{
    if (dto is null)
        throw new ArgumentNullException(nameof(dto));
    if (!DateTime.TryParse(dto.At, out var d))
        return new BadRequestResult();
    if (dto.Email is null)
        return new BadRequestResult();

    var r = new Reservation(d, dto.Email, dto.Name!, dto.Quantity);
    await Repository.Create(r).ConfigureAwait(false);

    return new NoContentResult();
}
```

為什麼這仍然行得通呢？因為 `DateTime.TryParse` 已經做了 null 的檢查，如果輸入是 null，回傳值就是 `false`。

你怎麼可能知道呢？我不確定我是否能給出一個能導致可重現結果的答案。我能想到這個重構是因為我知道 `DateTime.TryParse` 的行為。這是另一個基於**搖擺不定的個人經驗** [4] 的程式設計例子，即軟體工程中的**藝術**。

5.2.3 自然數

封裝（encapsulation）不僅僅是檢查 null 而已。它是描述物件和呼叫者之間有效互動的一種契約。指出有效性（validity）的一種方式是說明什麼是**無效**（*invalid*）的。藉此推論，其他的都是有效的。

當你禁止 null 參考（null references）時，你就隱含地允許了所有的非 null 物件。除非你添加更多的約束，不然就是這樣。列表 5.7 已經為 `dto.At` 做到了這一點。不僅禁止 null，而且該字串還必須代表一個正確的日期和時間。

依據契約進行設計（Design by Contract）

封裝是這樣的一種想法：你應該能夠與一個物件進行互動而不需要對它的實作細節有深入的了解。這至少有兩個目的：

- 它使你能夠改變實作，也就是進行**重構**。
- 它允許你以抽象的方式思考一個物體。

第二點在談到軟體工程時很重要。回顧第 3 章，一個基本的問題是大腦的認知限制（cognitive constraints）。在你的短期記憶中只能記下七件事。封裝使你能夠用一個更簡單的契約來「替換」一個物件的許多實作細節。

回想 Robert C. Martin 對於抽象（abstraction）的定義：

> **「抽象就是消除不相干的東西，並放大其本質」**[60]

一個物件的基本性質（*essential* quality）就是它的契約（contract）。它通常比底層實作更簡單，所以它更適合你的大腦。

讓契約成為物件導向程式設計的明確部分之想法與 Bertrand Meyer 和 Eiffel 語言密切相關。在 Eiffel 中，契約是語言明確的一個部分 [67]。

雖然沒有一種現代語言像 Eiffel 那樣將契約明確化，但你仍然可以在設計時考慮到契約。舉例來說，Guard Clause [7] 可以透過拒絕無效的輸入來強制履行契約。

在設計時要明確指出哪些是有效的輸入，哪些是無效的輸入，以及你能對輸出提供哪些保證。

那麼，預訂的其他組成元素呢？使用 C# 的靜態型別系統（static type system），列表 4.11 中的 `ReservationDto` 類別已經（因為它沒有 `?` 符號）宣告了 `Quantity` 不能為 null。但是，**任何**整數都可以成為適當的預訂人數嗎？*2*？*0*？*-3*？

2 似乎是一個合理的人數，但 *-3* 顯然不是。那麼 *0* 呢？為什麼要替沒有人預訂？

預訂量是一個自然數（natural number），這似乎是最合理的。根據我的經驗，當你發展出一個領域模型（Domain Model）[33][26] 時，這經常發生。模型是描述現實世界的一種嘗試[3]，而在現實世界中，自然數比比皆是。

列表 5.8 顯示了與列表 5.5 相同的測試方法，但有兩個新的測試案例，其中含有無效的人數。

3 即使「現實世界」只是一個業務流程。

列表 5.8 更多人數無效的測試案例。與列表 5.5 相比，凸顯出來的測試案例是新的。
（*Restaurant/a6c4ead/Restaurant.RestApi.Tests/ReservationsTests.cs*）

```
[Theory]
[InlineData(null, "j@example.net", "Jay Xerxes", 1)]
[InlineData("not a date", "w@example.edu", "Wk Hd", 8)]
[InlineData("2023-11-30 20:01", null, "Thora", 19)]
[InlineData("2022-01-02 12:10", "3@example.org", "3 Beard", 0)]
[InlineData("2045-12-31 11:45", "git@example.com", "Gil Tan", -1)]
public async Task PostInvalidReservation(
    string at,
    string email,
    string name,
    int quantity)
{
    var response =
        await PostReservation(new { at, email, name, quantity });
    Assert.Equal(HttpStatusCode.BadRequest, response.StatusCode);
}
```

這些新的測試案例反過來驅動了對 Post 方法的修改，你可以在列表 5.9 中看到。新的 Guard Clause [7] 只接受自然數。

列表 5.9 Post 現在也可以防禦無效的人數了。
（*Restaurant/a6c4ead/Restaurant.RestApi/ReservationsController.cs*）

```
public async Task<ActionResult> Post(ReservationDto dto)
{
    if (dto is null)
        throw new ArgumentNullException(nameof(dto));
    if (!DateTime.TryParse(dto.At, out var d))
        return new BadRequestResult();
    if (dto.Email is null)
        return new BadRequestResult();
    if (dto.Quantity < 1)
        return new BadRequestResult();

    var r = new Reservation(d, dto.Email, dto.Name!, dto.Quantity);
```

```
    await Repository.Create(r).ConfigureAwait(false);

    return new NoContentResult();
}
```

大多數程式語言都有內建的資料型別（built-in data types）。通常有幾種整數（integer）資料型別：8 位元整數、16 位元整數，等等。

然而，正常的整數是有號（signed）的。它們描述負數（negative numbers）和正數（positive numbers）。那往往不是你所想要的。

有時你可以透過使用無號整數（unsigned integers）來解決這個問題，但在這種情況下是行不通的，因為不帶正負號的整數仍然允許零（zero）的出現。要拒絕「沒有人」的預訂，你仍然需要一個 Guard Clause。

列表 5.9 中的程式碼可以編譯，而且所有的測試都會通過。在 Git 中提交這些修改，並考慮透過你的部署管線推送它們。

5.2.4 Postel's Law

讓我們回顧一下到目前為止的過程。什麼構成了有效的預訂？日期必須是一個適當的日期，而人數必須是一個自然數。還有一個要求是 `Email` 不能為 null，但就只有這樣嗎？

我們不應該要求一個**有效**的電子郵件位址嗎？那麼姓名呢？

電子郵寄地址是出了名的難以驗證 [41]，即使你有一個完整的 SMTP 規格的實作，它對你會有什麼好處？

使用者可以輕易給你一個符合規格的假 email。真正驗證電子郵件位址的唯一方法是向它發送一個訊息，看看是否會激起反應（比如使用者點擊驗證連結）。那將是一個長時間執行的非同步流程（long-running asynchronous process），所以即使想這麼做，你也不能作為一個阻斷式方法呼叫（blocking method call）來進行。

底線就是，除了檢查電子郵件位址是否為 null 之外，驗證它其實沒有什麼意義。出於這個原因，除了已經進行的以外，我不會再去做更多驗證了。

那麼姓名該怎麼辦呢？這主要是為了方便。當你出現在餐廳時，服務員會問你的姓名，而非你的電子郵件位址或預訂的 ID。如果你在預訂時沒有提供你的姓名，餐廳可能會透過電子郵件位址找到你。

你可以不拒絕一個 null 的名稱，而是把它轉換成一個空字串（empty string）。這個設計決定遵循了 Postel's Law（波斯特爾定律），因為你對輸入的名稱很寬容。

Postel's Law（波斯特爾定律）

根據契約設計物件的互動，意味著明確地考慮先決和後置條件（pre- and postconditions）。在與物件進行互動之前，客戶必須滿足哪些條件？在互動之後，物件對這些條件給出了哪些保證？這些問題與關於輸入和輸出的宣告密切相關。

你可以使用**波斯特爾定律**來慎重考慮先決與後置條件。我把它解讀為：

對你發送出去的東西要保守，對你所接受的東西則要寬容。

Jon Postel 最初制定這個指導方針時，是作為 TCP 規格的一部分發表的，但我發現它在背景更廣闊的 API 設計中也是一個有用的指導方針。

當你發出一個契約，你給出的保證越強，而且對另一方的要求越少，你的契約就越有吸引力。

當涉及到 API 設計時，我通常將波斯特爾定律解釋為：只要我能夠有意義地使用它，就允許輸入，但也僅此而已。一個必然的結果是，雖然你應該對你所接受的東西持開放態度，但仍然會有你無法接受的輸入。一旦你發現這種情況，就迅速表示失敗，拒絕該輸入。

你應該仍然要有一個關於這個變更的**驅力**（*driver*），所以添加另一個像列表 5.10 那樣的測試案例。與列表 5.1 相比，最大的變化是新的測試案例，它是由第三個 `[InlineData]` 屬性所給出的。那個測試案例最初是失敗的，就像它根據 Red Green Refactor 程序應該要有的那樣。

列表 5.10 另一個帶有 null 名稱的測試案例。與列表 5.1 相比，凸顯出來的測試案例是新的。（*Restaurant/c31e671/Restaurant.RestApi.Tests/ReservationsTests.cs*）

```
[Theory]
[InlineData(
    "2023-11-24 19:00", "juliad@example.net", "Julia Domna", 5)]
[InlineData("2024-02-13 18:15", "x@example.com", "Xenia Ng", 9)]
[InlineData("2023-08-23 16:55", "kite@example.edu", null, 2)]
public async Task PostValidReservationWhenDatabaseIsEmpty(
    string at,
    string email,
    string name,
    int quantity)
{
    var db = new FakeDatabase();
    var sut = new ReservationsController(db);

    var dto = new ReservationDto
    {
        At = at,
        Email = email,
        Name = name,
        Quantity = quantity
    };
    await sut.Post(dto);

    var expected = new Reservation(
```

```
        DateTime.Parse(dto.At, CultureInfo.InvariantCulture),
        dto.Email,
        dto.Name ?? "",
        dto.Quantity);
    Assert.Contains(expected, db);
}
```

在綠色（green）階段，讓測試通過。列表 5.11 顯示那樣做的一種方式。你可以使用標準的三元運算子（ternary operator），但是 C# 的 null 聯合運算子（null coalescing operator，??）是一個更精簡的選擇。在某種程度上，它取代了 ! 運算子，但這是一個很好的取捨，因為 ?? 不會抑制編譯器的空值檢查引擎（null-check engine）。

在**重構**（*refactor*）階段，你應該考慮是否可以對程式碼進行任何改良。我認為你可以，但那將是一個較長的討論。沒有任何規則禁止在**綠色**階段和**重構**階段之間進行一次 check-in。現在，把當前的修改提交給 Git，並透過你的部署管線推送它們。

列表 5.11 Post 方法將 null 的名稱轉換為空字串。
（*Restaurant/c31e671/Restaurant.RestApi/ReservationsController.cs*）

```
public async Task<ActionResult> Post(ReservationDto dto)
{
    if (dto is null)
        throw new ArgumentNullException(nameof(dto));
    if (!DateTime.TryParse(dto.At, out var d))
        return new BadRequestResult();
    if (dto.Email is null)
        return new BadRequestResult();
    if (dto.Quantity < 1)
        return new BadRequestResult();

    var r =
        new Reservation(d, dto.Email, dto.Name ?? "", dto.Quantity);
    await Repository.Create(r).ConfigureAwait(false);
```

```
    return new NoContentResult();
}
```

5.3 保護不變式

你認為列表 5.11 有什麼問題嗎？它看起來怎麼樣？

如果我們關注的是複雜性，它看起來並不糟糕。Visual Studio 內建了一個簡單的程式碼指標計算器，如循環複雜度（cyclomatic complexity）、繼承深度（depth of inheritance）、程式碼行數等。我最關注的指標是循環複雜度。如果它超過七[4]，我就認為你應該做一些事情來減少這個數字，但目前它是六。

另一方面，如果你考慮整個系統，就還有更多的事情要做。雖然 Post 方法檢查了構成有效預訂的先決條件，但那個知識馬上就會遺失。它在其 Repository 上呼叫 Create 方法。回顧一下，這個方法是由列表 4.19 中的 SqlReservationsRepository 類別所實作的。

如果你是一名維護程式設計師，而你在源碼庫的第一眼看到的是列表 4.19，你可能會對 reservation 參數有疑問。

At 是一個適當的日期嗎？ Email 是否保證不為 null ？ Quantity 是一個自然數嗎？

你可以看看列表 4.12 中的 Reservation 類別，並看到 Email 確實保證不會是 null，因為你已經用型別系統宣告它是不可為 null 的。對於日期也是如此，但是人數（quantity）呢？你能確定它不是負數，也不是零嗎？

4 回想到在第 3.2.1 節中，我用數字七來象徵大腦的短期記憶極限。

現在你能回答這個問題的唯一方法是透過一些偵探工作。還有哪些程式碼呼叫了 `Create` 方法？目前，只有一個呼叫點，但這在未來可能會改變。如果有多個呼叫者呢？這就需要在你的腦子裡追蹤很多東西了。

如果有一些方法可以保證物件已經被驗證過了，那不是更容易嗎？

5.3.1 永遠有效

從本質上講，**封裝**（*encapsulation*）應該保證一個物件永遠不會處於無效的狀態。這個定義有兩個維度：有效性（validity）和狀態（state）：

你已經遇過了啟發式方法，例如波斯特爾定律（Postel's law），幫助你思考什麼是有效和無效的。那麼狀態呢？

一個物件的狀態是其構成值的組合。這種組合應該永遠都是有效的。如果一個物件支援變動（mutation），那麼每個改變其狀態的運算必須保證該運算不會導致一個無效的狀態。

不可變物件（immutable objects）的許多吸引人的特質之一是，你只需要在一個地方考慮有效性：建構器（constructor）。如果初始化（initialisation）成功，該物件應該就處於有效狀態。目前，對於列表 4.12 中的 `Reservation` 類別來說，這並不是真的。

那是一個不完善之處。你應該確保不能用一個負數來創建一個 `Reservation` 物件。使用像列表 5.12 那樣的參數化測試（Parametrised Test）[66] 來驅動這一變化。

列表 5.12 一個參數化的測試，驗證了不能用無效的人數創建 Reservation 物件。
（*Restaurant/b3ca85e/Restaurant.RestApi.Tests/ReservationTests.cs*）

```
[Theory]
[InlineData( 0)]
[InlineData(-1)]
public void QuantityMustBePositive(int invalidQantity)
{
    Assert.Throws<ArgumentOutOfRangeException>(
        () => new Reservation(
            new DateTime(2024, 8, 19, 11, 30, 0),
            "mail@example.com",
            "Marie Ilsøe",
            invalidQantity));
}
```

我選擇了參數化這個測試方法，因為我認為零（*zero*）這個值與負數有根本的不同。或許你認為零是一個自然數，或許你不這麼認為。就像其他許多事情一樣[5]，不存在共識。儘管如此，這個測試清楚指出零是一個無效的人數。它還用 `-1` 作為負數的一個例子。

該測試斷言，當你試圖用一個無效的人數初始化一個 `Reservation` 物件時，它應該擲出一個例外。請注意，它並沒有對例外訊息進行斷言。例外訊息的文字並不是物件**行為**（*behaviour*）的一部分。這並非指該訊息不重要，但是沒有理由把測試和實作細節聯繫在一起超過必要的程度。這只是意味著，如果你之後想改變例外訊息，你必須同時編輯被測系統（System Under Test）和測試。不要重複自己 [50]。

在 Red Green Refactor 的紅色階段，這個測試失敗了。藉由使其通過來進入綠色階段。列表 5.13 顯示了結果產生的建構器。

5　什麼是一個單元（unit）？什麼是一個 mock ？

列表 5.13 帶有非正數 quantity 防範功能的 Reservation 建構器。
（*Restaurant/b3ca85e/Restaurant.RestApi/Reservation.cs*）

```
public Reservation(
    DateTime at,
    string email,
    string name,
    int quantity)
{
    if (quantity < 1)
        throw new ArgumentOutOfRangeException(
            nameof(quantity),
            "The value must be a positive (non-zero) number.");

    At = at;
    Email = email;
    Name = name;
    Quantity = quantity;
}
```

由於 Reservation 類別是不可變的，這等同於保證了它永遠不會處於無效的狀態[6]。這意味著，處理 Reservation 物件的所有程式碼都可以省去防禦性程式碼。At、Email、Name 和 Quantity 特性保證會被充填，而 Quantity 將會是一個正數。第 7.2.5 小節會回到 Reservation 類別，以利用這些保證。

6 我在假裝 FormatterServices.GetUninitializedObject 不存在。請別使用那個方法。

5.4 結論

封裝是物件導向程式設計中最被誤解的概念之一。許多程式設計師都認為，這是禁止直接對外開放類別的欄位：類別的欄位應該被「封裝」在取值器（getters）和設值器（setters）的後面。那與封裝沒有什麼關係。

最重要的概念是，一個物件應該保證它永遠不會處於無效的狀態。這不是呼叫者的責任。物件最清楚「有效」意味著什麼，以及如何做出這種保證。

物件和呼叫者之間的互動應該遵守一個契約。這是一組先決條件和後置條件。

先決條件（preconditions）描述了呼叫者的責任。然而，如果呼叫程式碼履行了那些義務，後置條件就描述了物件所給予的保證。

先決條件和後置條件共同構成了**不變式**（*invariants*）。你可以使用 Postel's Law 來設計一個有用的契約。你對呼叫者的要求越少，呼叫者與物件的互動就越容易。你能給出的保證越好，呼叫者需要編寫的防禦性程式碼就越少。

6 三角測量法

幾年前，我拜訪了一名客戶，他希望我幫助他們處理舊有的源碼庫（legacy code base）。我有機會採訪了一些開發人員，我還問了最新的團隊成員，他花了多長時間才覺得自己可以獨立做出貢獻。

他回答：「三個月。」

他花了那麼長的時間來記憶源碼庫，才到了他覺得有信心編輯它的程度。我看到了其中的一些內容，它真的很複雜，有七件以上的事情在進行。事實上，在一些方法中，很容易就有**七十**多件事情在進行。

學習在這樣的源碼庫中找出方向需要時間，但這並非不可能。你可能會認為，這推翻了人腦只能追蹤七件事的論點。然而，我認為那個論點仍然成立，正如我現在要解釋的。

6.1 短期記憶 vs. 長期記憶

回想 3.2.1 小節，數字**七**與**短期**記憶（*short-term* memory）有關。除了工作記憶（working memory），大腦還有長期記憶（long-term memory），其容量完全不同等級 [80]。

正如 3.2.1 小節所述，我們應該謹慎對待大腦作為一種電腦的隱喻（brain-as-a-computer metaphor）。不過，很明顯，我們有一種容量龐大且跨度很廣的記憶體，儘管它是易變的。這是一個與短期記憶不同的系統，儘管兩者之間有一些聯繫存在，如圖 6.1 所暗示的。

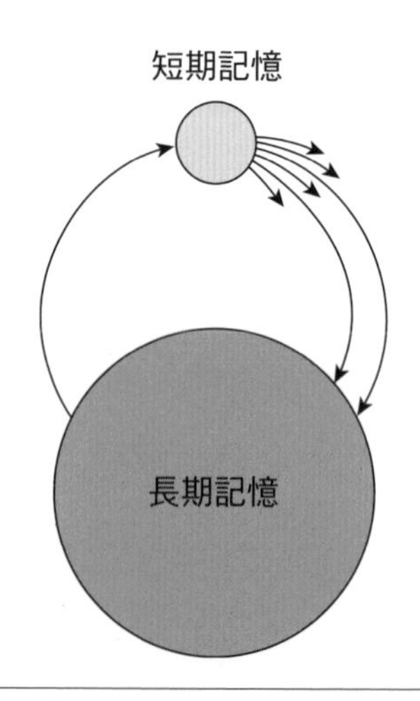

圖 6.1　短期記憶比長期記憶小得多（圖中大小並非實際比例）。大多數的短期記憶區塊在「超出範疇（go out of scope）」時都會「消失（disappear）」，但有些偶爾會進入到長期記憶，它們在那裡可能會停留很長時間。長期記憶中的資訊也可以被取回並「載入（loaded）」到短期記憶中。這很容易讓我們想到 RAM 和硬碟，但是我們應該小心，不要把這個隱喻推得太遠。

當你從一個奇怪的夢中醒來時，你可以記得部分內容，但記憶很快就會逐漸消失。

在過去，你有時必須記住一個電話號碼幾秒鐘才能撥號。現在，你可能要記住雙因素認證（two-factor authentication）的一次性代碼幾秒鐘才能打進去。下一分鐘，你就忘了那個號碼。

然而，有些資訊可能會先出現在短期記憶中，但後來你判斷它夠重要，必須放入長期記憶。當我在 1995 年遇到我未來的妻子時，我迅速決定記住她的電話號碼。

反過來說，你可以從長期記憶中回想資訊，並在短期記憶中使用它。例如，你可能已經記住了各種 API，在寫程式碼時，你會檢索相關的方法放到你的短期記憶中，並組合它們。

6.1.1 舊有程式碼和記憶

我相信，當你使用舊有程式碼（legacy code）時，你會費力地慢慢將源碼庫的結構存入長期記憶。你**可以**處理舊有程式碼，但（至少）有兩個問題存在：

- 學習源碼庫需要時間
- 變更是很困難的

僅僅是第一點就應該會讓招聘經理們停下來思考。如果一名新員工需要三個月的時間才能有生產力，那麼程式設計師就變得無可替代了。從員工的角度來看，如果你想要玩世不恭的話，身為舊有程式碼的程式設計師，有一定程度的工作保障。即使如此，它也會讓人不再抱有幻想，而且還可能使你更難找到新的工作，因為在舊有程式碼上習得的技能轉移得很差。

更糟糕的是第二點。保存在長期記憶中的資訊更難改變。如果你試圖改進程式碼，會發生什麼事？

在 *Working Effectively with Legacy Code* [27] 一書中，包含了很多改善複雜程式碼的技巧。這涉及到改變它的結構。

如圖 6.2 所示，當你改變程式碼的結構時會發生什麼事？你長期記憶中的資訊變得過時了。

處理源碼庫的工作變得**更加困難**，因為你辛苦獲得的知識不再適用。

舊有程式碼不僅難以處理，要從中脫身，也很困難。

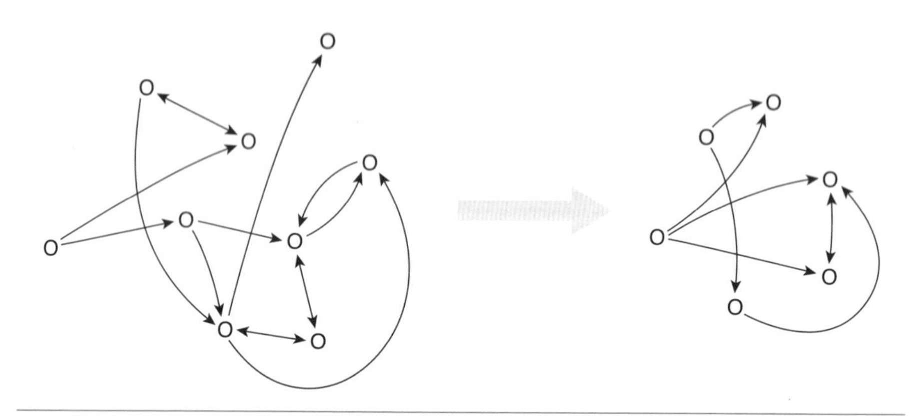

圖 6.2　重構舊有程式碼有其自身的問題。想像一下，左邊的圖是一個複雜的系統。你也許可以把它重構為一個不太複雜的系統。如果右邊相對簡單的系統還是太複雜，你的腦子容納不下，那會發生什麼事？你也許已經把左邊的系統記起來了，但右邊的系統是新的。你辛辛苦苦獲得的知識現在失效了，而某種未知的東西取代了它的位置。最好是一開始就避免寫出這種舊有程式碼（legacy code）。

6.2 容量

軟體工程應該支持擁有軟體的組織。你透過確保程式碼放得進你的大腦來開發可永續發展的源碼庫。你工作記憶的容量是七，所以同一時間內應該只有少數幾件事情正在進行中。

任何非瑣碎的軟體都會有更多的事情在發生，所以你需要將程式碼結構分解並分割成小區塊，以符合你大腦的容量。

正如 Kent Beck 所說的：

> 「軟體設計的目標是創造出適合人類思維（即「放得進人類心智」）的區塊或片段。軟體一直在增長，但人類心靈卻達到了極限，所以如果我們想繼續做出改變，就必須不斷地以不同的方式分塊和切片」。[10]

如何做到這一點是軟體工程中最重要的專業所在。幸運的是，有一套啟發式方法（heuristics）可以用來指導你：

我認為，從例子中學習的效果最好。目前，書中可執行的範例都依然相當簡單，都還是能裝進你的大腦。我們需要一個更複雜的源碼庫來產生分解的必要性。

6.2.1 超額預訂

除了最低限度的輸入驗證，目前的餐廳系統可以容忍任何預訂，無論是未來還是過去，人數為正值的任何預訂。然而，它所支援的餐廳是有物理容量的。此外，在某個特定的日期，它可能已經被完全預訂了。此系統應該根據既有的預訂和餐廳的容量來檢查一個預訂。

正如本書中的主要技巧一樣，使用測試作為新功能的驅力。你應該撰寫哪個測試呢？

列表 5.11 是 `Post` 方法的最新版本。如果你遵循 Transformation Priority Premise（變換優先序前提）[64]，你要做的變換會是 *unconditional* → *if*。你想在一切順利時，回傳 `204 No Content`，但如果請求超出了餐廳的容量，則回傳某個錯誤狀態碼，藉此切分執行路徑。你應該寫一個測試來驅動這個行為。列表 6.1 顯示了這樣的一個測試。

該測試首先做了一個預訂，然後試圖做另一個預訂。請注意，程式碼的結構是根據 Arrange Act Assert 佈局啟發式方法（layout heuristic）構成的。空白行清楚地劃分了測試的三個階段。

第一次預訂 6 人是**安排**（*arrange*）階段的一部分，而第二次預訂則是**行為**（*act*）。

列表 6.1 測試超額預訂不應該是可能的。注意，在這個測試中，餐廳的容量是隱含的。你應該考慮讓它更加明確。（*Restaurant/b3694bd/Restaurant.RestApi.Tests/ReservationsTests.cs*）

```
[Fact]
public async Task OverbookAttempt()
{
    using var service = new RestaurantApiFactory();
    await service.PostReservation(new
    {
        at = "2022-03-18 17:30",
        email = "mars@example.edu",
        name = "Marina Seminova",
        quantity = 6
    });

    var response = await service.PostReservation(new
    {
        at = "2022-03-18 17:30",
        email = "shli@example.org",
        name = "Shanghai Li",
        quantity = 5
    });

    Assert.Equal(
        HttpStatusCode.InternalServerError,
        response.StatusCode);
}
```

最後，斷言（assertion）驗證了回應是 `500 Internal Server Error`[1]。

1　這個設計決策是有爭議的。每當我回傳這個狀態碼時，人們就會爭論說，`500 Internal Server Error` 是為真正的意外錯誤情況而保留的。雖然我很同情這種觀點，但如此一來，問題就會變成：該用哪個 HTTP 狀態碼來代替呢？我發現 HTTP 1.1 規格和 *RESTful Web Services Cookbook* [2] 在這方面都沒有幫助。在任何情況下，都沒有任何東西取決於這個特定的狀態碼。如果你喜歡另一個狀態碼，只需在腦中用你的偏好取代 `500 Internal Server Error` 就好了。

你應該會好奇為什麼預期的結果是一個錯誤。從測試看來，這並不清楚。你應該做下筆記，提醒以後要再回頭檢視這個測試，以改善它。這是 Kent Beck 在 *Test-Driven Development By Example* [9] 中描述的一個技巧。撰寫測試的時候，你會想到應該改進的其他事情。別脫軌，請寫下你的想法並繼續前進。

列表 6.1 所重現的隱含問題是，兩個預訂都指定了同一個日期。第一個預訂是六個人的，雖然沒有明確的斷言，但測試假設這個預訂是成功的。換句話說，餐廳的容量至少必須為六個人。

下一個五人的預訂失敗。正如測試的名稱所暗示的，該測試案例是一次超額預訂（overbooking）的嘗試。該餐館沒有能力容納十一個人。這所隱含的是，該測試告訴我們，餐廳的容量是在六到十人之間。

程式碼應該比這更明確。正如 Zen of Python 所述：

> 「**明確（*explicit*）比隱含（*implicit*）更好。**」[79]

這條規則既適用於測試程式碼，也適用於生產程式碼。列表 6.1 中的測試應該使餐廳的容量更加明確。我本可以在給你看程式碼之前就那樣做，但我想讓你看到如何以逐步改良（small increments）的方式編寫程式碼。這包括留下改善的空間、記下任何不完美的地方，但不要讓它們拖慢你的腳步。完美是優秀的敵人，讓我們繼續前進。

我曾經在布魯克林（Brooklyn）的一家時髦餐廳用餐。整個地方唯一的座位是在一個可以看到廚房的櫃檯，如圖 6.3 所示。它可以容納十二個人，除非你預訂了全部十二個座位，否則你們那群人會被安排在其他人的旁邊。上菜時間從 18:30 整開始，不管你是否在場。這樣的餐館是存在的。我指出這一點是因為它們代表了你能想像的最簡單的預訂規則。有一張共用的餐桌，每天只有一個座位。這就是我們現在要針對的安排。

有什麼最簡單的東西可能會起作用 [22] 呢？列表 6.2 顯示了一個簡單的解決方案。

雖然這個實作顯然是錯誤的，但它通過了新的測試，所以把這個變更提交給 Git。

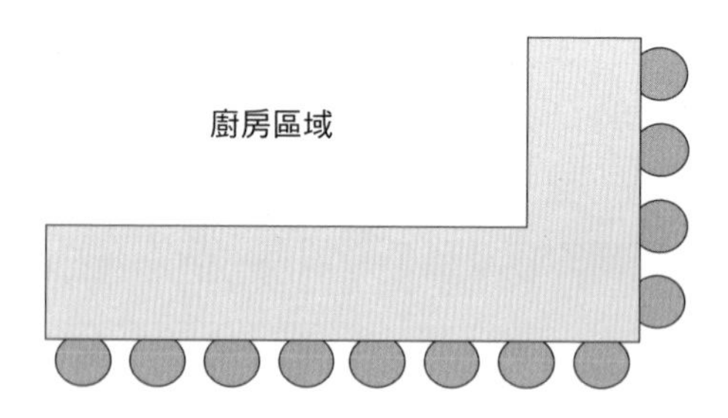

圖 6.3 餐桌佈局的範例。這個餐廳只有酒吧式的座位，可以看到廚房。

列表 6.2 儘管有測試涵蓋，但在這個版本的 Post 方法中執行的分支並沒有實作所需的業務規則。(*Restaurant/b3694bd/Restaurant.RestApi/ReservationsController.cs*)

```
public async Task<ActionResult> Post(ReservationDto dto)
{
    if (dto is null)
        throw new ArgumentNullException(nameof(dto));
    if (!DateTime.TryParse(dto.At, out var d))
        return new BadRequestResult();
    if (dto.Email is null)
        return new BadRequestResult();
    if (dto.Quantity < 1)
        return new BadRequestResult();

    if (dto.Email == "shli@example.org")
        return new StatusCodeResult(
            StatusCodes.Status500InternalServerError);

    var r =
        new Reservation(d, dto.Email, dto.Name ?? "", dto.Quantity);
    await Repository.Create(r).ConfigureAwait(false);
```

```
        return new NoContentResult();
    }
```

6.2.2 Devil's Advocate（魔鬼代言人）

你已經見到了看起來像刻意破壞的一個類似例子：列表 4.15 寫定了它要保存在資料庫中的資料。我把這種故意的阻撓稱為 Devil's Advocate（魔鬼代言人）技巧 [98]。你沒必要總是套用它，但它可能是有用的。

我經常教授測試驅動開發，我觀察到，初學者經常為了產生良好的測試案例而苦惱。你怎麼知道你已經寫了足夠的測試案例呢？

Devil's Advocate 就是一種幫助你回答這個問題的技巧。其背後的想法很簡單，就是故意嘗試用一個顯然不完整的實作來通過所有的測試。這就是列表 6.2 中的程式碼所做的。

這很有用，因為它可以作為對你測試的批評。如果你能寫出一個簡單但明顯有所不足的實作，這等於告訴了你，需要更多的測試案例來驅動期望的行為。你可以把這個過程看作是一種三角測量法（triangulation）[9]，或者如 Robert C. Martin 所說的：

「隨著測試變得更加具體，程式碼就會變得更加通用。」[64]

你至少需要再增加一個測試案例來驅動正確的實作。幸運的是，一個新的測試案例往往只是 Parametrised Test（參數化測試）[66] 中新的一行測試資料而已，正如你在列表 6.3 中看到的。

這可能不是你所預期的測試方法。也許你認為這個新的測試案例應該被添加到我們「目前」正在處理的 `OverbookAttempt` 方法中（列表 6.1）。然而，這卻是一個「老」測試（`PostValidReservationWhenDatabaseIsEmpty`）的第四個測試案例。這是為什麼呢？

考慮一下 Transformation Priority Premise [64]。列表 6.2 有什麼問題？它在一個 *constant*（字串 "shli@example.org"）上產生分支。你應該以哪種程式碼變換為目標來改良該程式碼呢？ *constant* → *scalar* 的變換聽起來是最好的選擇。你不希望執行流程在一個常數（constant）上分支，你希望它在一個變數（variable）上分支。

列表 6.3 成功預訂完成的測試。與列表 5.10 相比，唯一的變化是增加了凸顯出來的第四個測試案例。（*Restaurant/5b82c77/Restaurant.RestApi.Tests/ReservationsTests.cs*）

```
[Theory]
[InlineData(
    "2023-11-24 19:00", "juliad@example.net", "Julia Domna", 5)]
[InlineData("2024-02-13 18:15", "x@example.com", "Xenia Ng", 9)]
[InlineData("2023-08-23 16:55", "kite@example.edu", null, 2)]
[InlineData("2022-03-18 17:30", "shli@example.org", "Shanghai Li", 5)]
public async Task PostValidReservationWhenDatabaseIsEmpty(
    string at,
    string email,
    string name,
    int quantity)
{
    var db = new FakeDatabase();
    var sut = new ReservationsController(db);

    var dto = new ReservationDto
    {
        At = at,
        Email = email,
        Name = name,
        Quantity = quantity
    };
    await sut.Post(dto);

    var expected = new Reservation(
        DateTime.Parse(dto.At, CultureInfo.InvariantCulture),
        dto.Email,
        dto.Name ?? "",
        dto.Quantity);
```

```
    Assert.Contains(expected, db);
}
```

列表 6.2 中的程式碼暗示，電子郵件位址 shli@example.org 在某種程度上是非法的。那是不準確的。你可以添加哪個測試案例來消除這種隱含的觀點呢？shli@example.org 包含在成功預訂中的一個測試案例。這就是列表 6.3 所做的。它添加了完全相同的預訂，但所處情況不同。在 PostValidReservationWhenDatabaseIsEmpty 測試方法中，並沒有之前的預訂。

遺憾的是，魔鬼（Devil）可以用列表 6.4 中的實作來反擊。

列表 6.4 這些測試迫使 Post 方法考慮既有預訂，以決定是否拒絕預訂，但實作仍然不正確。（*Restaurant/5b82c77/Restaurant.RestApi/ReservationsController.cs*）

```
public async Task<ActionResult> Post(ReservationDto dto)
{
    if (dto is null)
        throw new ArgumentNullException(nameof(dto));
    if (!DateTime.TryParse(dto.At, out var d))
        return new BadRequestResult();
    if (dto.Email is null)
        return new BadRequestResult();
    if (dto.Quantity < 1)
        return new BadRequestResult();

    var reservations =
        await Repository.ReadReservations(d).ConfigureAwait(false);
    if (reservations.Any())
        return new StatusCodeResult(
           StatusCodes.Status500InternalServerError);

    var r =
        new Reservation(d, dto.Email, dto.Name ?? "", dto.Quantity);
    await Repository.Create(r).ConfigureAwait(false);
```

```
    return new NoContentResult();
}
```

列表 6.3 中的新測試案例有效地防止了魔鬼完全基於 dto 來拒絕預訂。取而代之，該方法必須考慮應用程式更廣泛的狀態，以通過所有的測試。

它藉由在注入的 Repository 上呼叫 ReadReservations 正確地做到了這一點，但它錯誤地在該日期有**任何**既有的預訂時，決定拒絕預訂。這仍然有缺陷，但更接近於正確的行為。

6.2.3 既有的預訂

ReadReservations 方法是 IReservationsRepository 介面的一個新成員，如列表 6.5 所示。實作應該回傳所提供之日期的所有預訂。

列表 6.5 相較於列表 4.14，凸顯出來的 ReadReservations 方法是新的。
（*Restaurant/5b82c77/Restaurant.RestApi/IReservationsRepository.cs*）

```
public interface IReservationsRepository
{
    Task Create(Reservation reservation);

    Task<IReadOnlyCollection<Reservation>> ReadReservations(
        DateTime dateTime);
}
```

當你為一個介面添加一個新成員時，你會破壞現有的實作。在這個源碼庫中，存在兩個這樣的實作：SqlReservationsRepository 和測試專用的 FakeDatabase。Fake [66] 的實作簡單明瞭，如列表 6.6 所示。它用 LINQ 在自己內部搜尋午夜和隔天午夜之前一個 tick[2] 之間的所有預訂。

2　在 .NET 中，一個 *tick* 是一百奈秒（one hundred nanoseconds）。它代表了內建日期和時間 API 的最小解析度。

列表 6.6 ReadReservations 方法的 FakeDatabase 實作。回顧列表 4.13，FakeDatabase 繼承了一個群集基礎類別（collection base class）。這就是它可以使用 LINQ 來過濾自己的原因。（*Restaurant/5b82c77/Restaurant.RestApi.Tests/FakeDatabase.cs*）

```
public Task<IReadOnlyCollection<Reservation>> ReadReservations(
    DateTime dateTime)
{
    var min = dateTime.Date;
    var max = min.AddDays(1).AddTicks(-1);

    return Task.FromResult<IReadOnlyCollection<Reservation>>(
        this.Where(r => min <= r.At && r.At <= max).ToList());
}
```

以數線順序書寫數字運算式

注意列表 6.6 中的過濾運算式（filter expression，或稱「篩選運算式」）是以數線順序（*number-line order*）書寫的。變數是按照從左到右的遞增次序（ascending order）排列的。min 應該是最小的值，所以把它放在最左邊，就像你在數線上做的那樣。

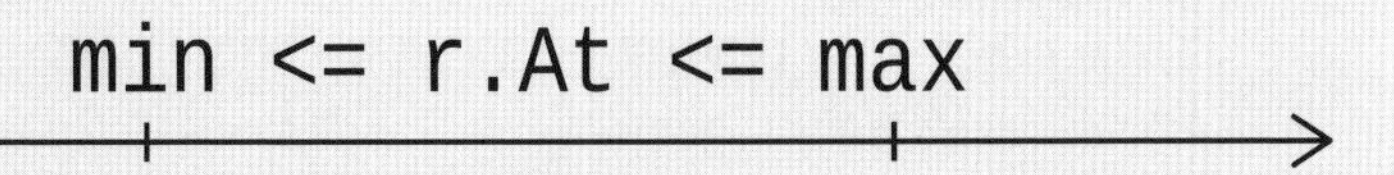

另一方面，max 應該是最大的值，所以把它放在最右邊。過濾運算式所關注的變數是 r.At，所以把它放在兩個極端之間。

像這樣組織比較運算，給了讀者一種視覺上的幫助 [65]。這在一個隱含的連續數線上列出了那些值。

實務上，這意味著你將只使用小於（*less-than*）和小於或等於（*less-than-or-equal*）運算子，而不是大於（*greater-than*）和大於或等於（*greater-than-or-equal*）運算子。

IReservationsRepository 介面的另一個實作是 SqlReservationsRepository。它也一樣必須有一個適當的實作。跟之前一樣，你可以把這個類別當作一個 Humble Object [66]，所以免去了自動測試。這是一個簡單明瞭的 SQL SELECT 查詢，所以我不打算在這裡佔用空間展示它。如果你對細節感到好奇，請查閱本書附帶的原始碼儲存庫。

6.2.4 Devil's Advocate vs. Red Green Refactor

列表 6.4 中的程式碼仍然不完美。雖然它確實在資料庫中查詢了既有的預訂，但就算只有單一個預訂已經存在，它也會拒絕新的預訂。不過，它通過了所有的測試。

使用 Robert C. Martin [64] 所暗示的三角測量程序，新增更多的測試案例，直到你打敗了魔鬼為止。接下來你應該添加哪個測試案例呢？

只要有足夠的剩餘容量，系統就應該接受預訂，即使它在某一天已經有一個或多個預訂。這建議的是，進行類似列表 6.7 的測試。

列表 6.7 測試一下，即使在同一日期已經有一個現存的預訂，也有可能預訂到位置。
（*Restaurant/bf48e45/Restaurant.RestApi.Tests/ReservationsTests.cs*）

```
[Fact]
public async Task BookTableWhenFreeSeatingIsAvailable()
{
    using var service = new RestaurantApiFactory();
    await service.PostReservation(new
    {
        at = "2023-01-02 18:15",
        email = "net@example.net",
        name = "Ned Tucker",
        quantity = 2
    });

    var response = await service.PostReservation(new
```

```
    {
        at = "2023-01-02 18:30",
        email = "kant@example.edu",
        name = "Katrine Nøhr Troelsen",
        quantity = 4
    });

    Assert.True(
        response.IsSuccessStatusCode,
        $"Actual status code: {response.StatusCode}.");
}
```

與列表 6.1 中的測試一樣，它在**安排**（*arrange*）階段新增了一個預訂，在**行動**（*act*）階段加入一個預訂，但與 `OverbookAttempt` 測試不同，這個測試期望一個成功的結果。這是因為人數的總和是六，而我們知道這家餐館至少可以容納六個客人。

魔鬼的代言人能夠打敗這個測試嗎？換句話說，有沒有可能改變 `Post` 方法，使其通過所有的測試，但仍然沒有實作正確的業務規則？

是的，那是有可能的，但越來越難了。列表 6.8 顯示了 `Post` 方法的相關片段（即不是整個 `Post` 方法）。它使用 LINQ 先將 `reservations` 轉換為數量的一個群集，然後只挑選其中的第一個。

如果該群集（collection）包含單一個元素，`SingleOrDefault` 方法就會回傳一個值，如果該群集是空的，則回傳一個預設值。預設的 `int` 值是 0，

列表 6.8 Post 方法中決定是否拒絕預訂的部分。**魔鬼的代言人仍然試圖規避測試套件所規定的要求。餐廳的容量被寫定為 10。**
（*Restaurant/bf48e45/Restaurant.RestApi/ReservationsController.cs*）

```
var reservations =
    await Repository.ReadReservations(d).ConfigureAwait(false);
int reservedSeats =
    reservations.Select(r => r.Quantity).SingleOrDefault();
```

```
if (10 < reservedSeats + dto.Quantity)
    return new StatusCodeResult(
        StatusCodes.Status500InternalServerError);
```

所以只要沒有預訂，或者只有一個既存的預訂，這就行得通了。

如果該群集中包含一個以上的元素，`SingleOrDefault` 方法將擲出一個例外，但由於沒有測試案例行使那種情況，所有測試都通過了。

看來，魔鬼的代言人（Devil's Advocate）又一次挫敗了我們追求正確實作的計畫。我們應該再寫一個測試案例嗎？

我們可以這樣做，但另一方面，不要忘記 Red Green Refactor 程序。列表 6.7 代表**紅色**（*red*）階段，而列表 6.8 代表**綠色**（*green*）階段。現在是重構（refactor）的時候了。你能改善列表 6.8 中的程式碼嗎？

它已經使用了 LINQ，那麼改用 `Sum` 而非 `SingleOrDefault` 怎麼樣？列表 6.9 顯示了進行此重構後的整個 `Post` 方法。將該方法中間的決策邏輯與列表 6.8 進行比較。它實際上更簡單了！

列表 6.9 中的程式碼仍然通過了所有的測試，但也更加通用了。這是一種進步，所以請在 Git 中提交這些變化。

你如何發現這樣的一個重構機會？你怎麼知道 `Sum` 方法的存在？這樣的知識仍然是基於經驗的。我從未承諾**軟體工程的藝術**會是一個完全確定性的過程（deterministic process）。這樣也好，如果是那樣的話，機器就能做我們的工作了。

列表 6.9 Post 方法現在可以正確地根據預訂人數的總和決定接受或拒絕一個預訂。餐廳的容量被寫定為 10。這是我們應該解決的另一個不完善之處。
（*Restaurant/9963056/Restaurant.RestApi/ReservationsController.cs*）

```
public async Task<ActionResult> Post(ReservationDto dto)
{
    if (dto is null)
        throw new ArgumentNullException(nameof(dto));
    if (!DateTime.TryParse(dto.At, out var d))
        return new BadRequestResult();
    if (dto.Email is null)
        return new BadRequestResult();
    if (dto.Quantity < 1)
        return new BadRequestResult();

    var reservations =
        await Repository.ReadReservations(d).ConfigureAwait(false);
    int reservedSeats = reservations.Sum(r => r.Quantity);
    if (10 < reservedSeats + dto.Quantity)
        return new StatusCodeResult(
           StatusCodes.Status500InternalServerError);

    var r =
        new Reservation(d, dto.Email, dto.Name ?? "", dto.Quantity);
    await Repository.Create(r).ConfigureAwait(false);

    return new NoContentResult();
}
```

6.2.5 什麼時候才算有足夠的測試？

這個重構是否留下了一個隱憂？如果後來有人把程式碼改回使用 `SingleOrDefault` 怎麼辦？所有的測試仍然會通過，但實作將是不正確的。

這個問題很重要，但我不知道有什麼量化的答案。我通常會問自己：**這種衰退發生的可能性有多大？**

我通常會假定其他程式設計師的意圖是良善的[3]。這些測試是為了防止我們犯下我們大腦容易犯的那種錯誤而設置的。

那麼，舉個例子，程式設計師把對 `Sum` 的呼叫改為對 `SingleOrDefault` 的呼叫之可能性有多大？

我不認為那是特別可能出現的情況，但如果發生了，會有什麼影響呢？我們會在生產環境中得到未處理的例外。幸好，我們能迅速發現問題並加以解決。在那種情況下，一定要寫一個自動化測試來重現該缺陷。任何會在生產中出現的缺陷都等同證明了**那種**特定的錯誤可能發生。如果它能發生一次，就可能再次發生。請用測試來防止衰退。

一般來說，判斷是否有足夠的測試就是標準的風險評估（risk assessment）。權衡一個不利結果的機率和它的影響。我不知道有什麼方法可以量化機率和影響，所以弄清楚這種問題主要還是一種藝術。

6.3 結論

在幾何學（和地理調查）中，**三角測量法**（*triangulation*）是確定一個點之位置的一種程序。用於測試驅動開發時，它是一種不嚴謹的隱喻。

當這種程序被用於幾何學時，有關的點已經存在了，但你不知道它的位置。這就是圖 6.4 中左邊的情況。

3　這取決於所在的情境脈絡。想像一下，用於一些重要的事情（例如安全性或控制硬體）的一個開源專案。如果一個貢獻者可以偷偷地加入惡意程式碼，這可能會產生實質的衝擊。在這種情況下，採取更偏執的立場可能是明智的。

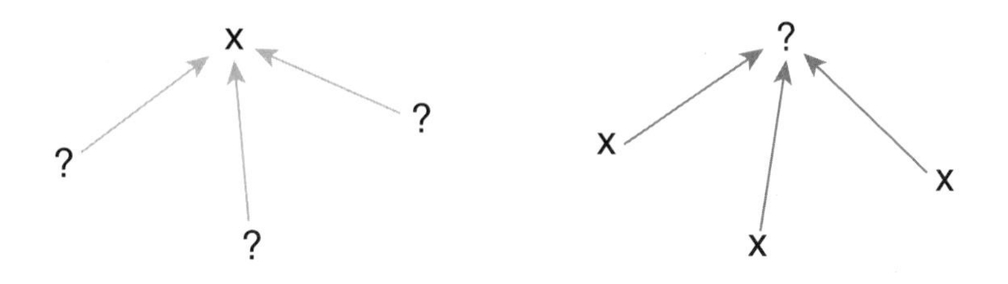

圖 6.4 測試驅動開發就像三角測量法，只是角色顛倒了。在地理測量中，點已經存在，你必須從你進行三角推算的地方去測量那些點，才能夠計算出目標的位置。在測試驅動開發中，System Under Test 最初並不存在，但測量（以測試的形式）存在。

當你以測試驅動一個源碼庫時，測試起到了測量的作用。差異在於，當你添加一個測試時，它所測量的是還沒有出現的東西。這就是圖 6.4 中右邊的情況。

增加的測試越多，你對 System Under Test（被測系統）的描述就越好，就像在地理調查（geographical survey）中進行的測量越多，你就越能精確地確定目標的位置。不過，要做到這一點，你必須在每次測量之間大幅度轉移你的視角。

你可以運用 Transformation Priority Premise、Devil's Advocate 和 Red Green Refactor 程序之間的交互作用，以達到對所需行為詳盡的全方位描述，而不需要太過多餘的測試案例。

7
分解

沒有人故意寫出舊有程式碼（legacy code），而是源碼庫會逐漸惡化衰退。

這是為什麼呢？每個人似乎都明白，一個有幾千行程式碼的檔案是個壞主意；跨越幾百行的方法（methods）是很難處理的。當程式設計師不得不經手這樣的源碼庫時，他們會很痛苦。

不過，如果每個人都清楚這一點，那麼他們為什麼允許情況變得如此糟糕？

7.1 程式碼腐敗（Code Rot）

程式碼會逐漸變得更加複雜，因為每一次的改變看起來都很小，而且沒有人注意到整體的品質。這種情況不會在一夜之間發生，但某一天你會意識到你已經開發了一個舊有的源碼庫（legacy code base），到那時再想為此做些什麼，都已經太晚了。

一開始，一個方法的複雜度很低，但隨著你修復缺陷和增加功能，複雜度會增加，如圖 7.1 所示。如果你沒去注意，例如說循環複雜度（cyclomatic complexity），你會在不知不覺中讓指標超過了七。在不知不覺中過了十。在沒有注意到的情況下又超過了十五和二十。

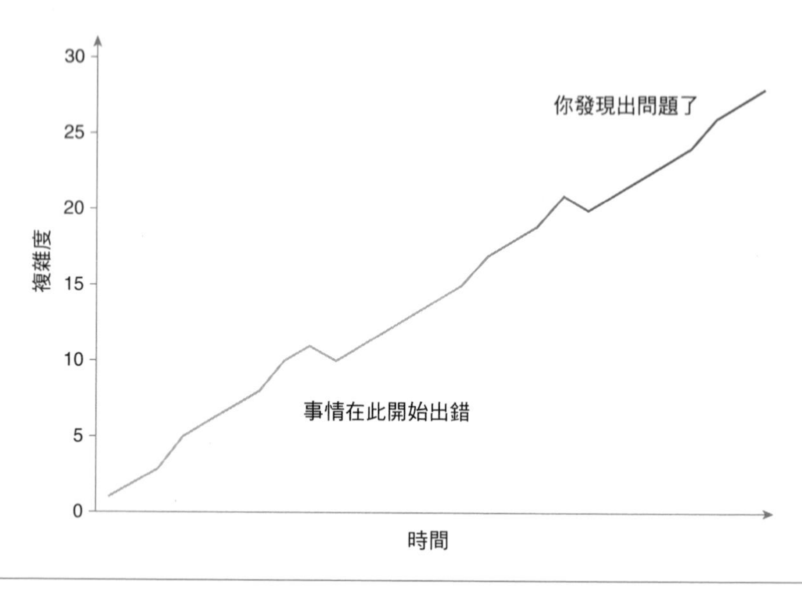

圖 7.1　源碼庫的逐漸衰退。在初期，當一個複雜度指標越過一個門檻值時，事情就開始出錯。然而，沒有人注意到這個指標，所以你只能在很久之後才發現有問題，這時指標已經變得非常大，可能無法挽救了。

有一天，你發現碰到問題了，這不是因為你最終看了某個指標，而是因為現在的程式碼已經變得如此複雜，以致於每個人都注意到了。唉，現在做什麼都太晚了。

程式碼的腐敗每次都會發生，結果就像諺語中被煮熟的青蛙一樣。

7.1.1 門檻值

商定一個門檻值（threshold）可以幫助遏制程式碼的腐敗。制定一條規則並監控某個指標。例如，你可以決定關注循環複雜度（cyclomatic complexity）。如果它超過了七，你就拒絕該變更。

這樣的規則之所以有效，是因為它們可以用來抵制逐漸衰退的現象。有助於提高程式碼品質的不是具體的數值七，而是基於門檻值的規則自動生效。如果你決定門檻值應該是十，那也還是會有用，但我覺得七是個好數字，即使它的象徵意義大於嚴格的限制。回顧 3.2.1 小節，七是你大腦工作記憶能力容量限制的象徵。

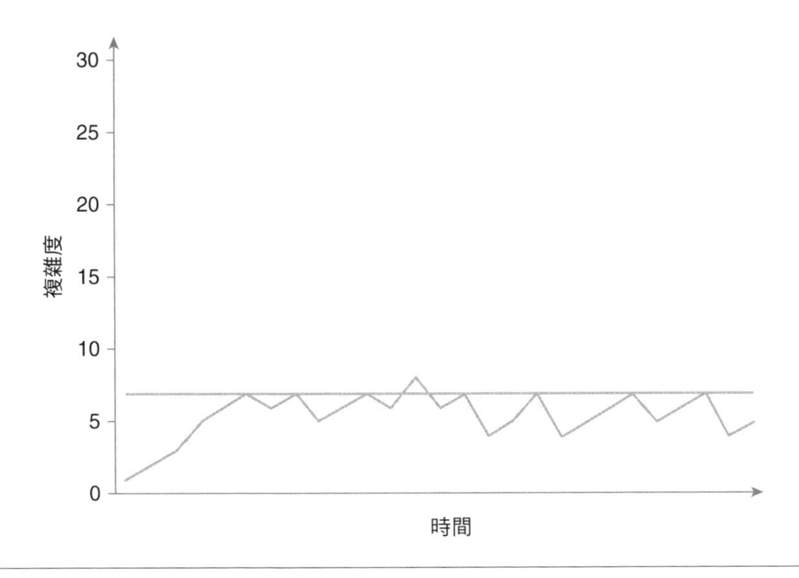

圖 7.2 門檻值可以幫忙控制逐漸的衰退。

請注意，圖 7.2 暗示的是，超出門檻值仍然是可能的。如果你必須嚴格遵守規則，規則就會成為阻礙。在某些情況下，打破規則就是最好的回應。然而，一旦你對這種情況做出了回應，就要想辦法讓有問題的程式碼恢復正常；一旦超過了一個門檻值，你就不會再得到任何警告，而且有一個風險存在，也就是**那段**特定的程式碼會逐漸腐敗。

你可以把這個過程自動化。想像一下，執行循環複雜度分析作為 Continuous Integration（持續整合）建置工作的一部分，並拒絕超過門檻值的變更。某種程度上，這是巧妙運用管理效應的一種刻意嘗試，在那裡你會得到你所測量的東西。

透過強調像循環複雜度這樣的指標，你和同事都會特別注意它。

然而，要留心意外後果法則（law of unintended consequences）[1]，制定硬性規則時要謹慎。

過去我在引入門檻規則方面取得了成功，因為它們讓大家更加注意到這些事情。它可以幫助技術領導者將重點轉移到他或她希望提高的特質上。一旦團隊的心態轉變了，規則本身就變得多餘了。

7.1.2 循環複雜度

你已經在書中各處遇過了循環複雜度（cyclomatic complexity）這個術語。這是很罕見的那種在實務上會有用處的程式碼度量指標（code metrics）之一。

你會以為一本關於軟體工程的書會充滿了衡量標準（metrics）。現在你應該發現情況並非如此。你可以發明無數的程式碼度量指標 2，但大多數都沒有什麼實際價值。初步研究指出，最簡單的指標，即程式碼行數（lines of code），是最實用的複雜性預測指標 [43]。這是一個很好的觀點，我們應該回頭討論它，但我想確保所有的讀者都有得到這個訊息。

程式碼行數越多，源碼庫就越差。只有當你衡量**所刪除的程式碼行數**（***lines of code deleted***）時，程式碼行數才是一種生產力指標（productivity metric）。你增加的程式碼行數越多，其他人需要閱讀和理解的程式碼就越多。

1　關於意外後果（unintended consequences）和不當誘因（perverse incentives）的娛樂性介紹，請參閱 *Freakonomics* [57] 和 *SuperFreakonomics* [58]。雖然標題聽起來很蠢，但身為一名受過大學教育的經濟學家，我可以為它們擔保。

2　例如，請參閱 *Object-Oriented Metrics in Practice* [56]。

雖然程式碼行數可能是複雜性的一個實用指標，但循環複雜度因其他理由而有用處。它是一種實用的分析工具，不僅能讓你了解複雜性，而且還能在單元測試時指引你。

把循環複雜度（cyclomatic complexity）看作是對通過一段程式碼的路徑數量之衡量值。

即使是最簡單的程式碼也至少會有一條路徑，所以最小的循環複雜度是 *1*。你可以很輕易地「計算」出一個方法或函式的循環複雜度。從 1 開始，然後計算 `if` 和 `for` 出現了多少次。對於這些關鍵字中的每一個，都要遞增該數字（從 1 開始）。

具體細節取決於語言。我們的想法是要計算分支（branching）和迴圈（looping）指令。舉例來說，在 C# 中，你還必須包括 `foreach`、`while`、`do` 和 `switch` 區塊中的每個 `case`。在其他語言中，要計算的關鍵字會有所不同。

餐廳預訂系統中 `Post` 方法的循環複雜度是多少呢？試著數一數列表 6.9 中的所有分支指令，從數字 1 開始。

你得出的是哪個數字？

列表 6.9 的循環複雜度是 *7*，你得出的是 *6* 或 *5* 嗎？

下面是你得出 *7* 的方式。記住要從 *1* 開始，每找到一個分支指令，就遞增 1。有五個 `if` 述句。*5* 加上起始數字 *1* 就是 *6*。最後一個比較難看出來。它是 `??` 這個 null 聯合（null-coalescing）運算子，它表示兩個替代分支：一個是 `dto.Name` 為 null 的時候，另一個是它不為 null 的時候。這是另一個分支指令[3]。在 `Post` 方法中總共有七條路徑。

3　如果你不習慣把 C# 的 null 運算子想成是分支指令，那可能無法說服你。但也許這會讓你信服：Visual Studio 內建的程式碼度量指標計算器也得出了 7 的循環複雜度。

記得在 3.2.1 節中，我把數字七當作一個象徵值，代表大腦短期記憶的極限。如果你採用七為門檻值，列表 6.9 中的 Post 方法就剛好處於極限狀態，你可以讓它保持原樣。

那很好。但後果是，如果將來需要增加第八個分支，你應該先重構。也許到那時，你就沒有時間那麼做了，所以如果你現在有時間，最好是預防性地那樣做。

先記住這種想法。我們會在 7.2.2 節中回到 Post 方法，對其進行重構。然而，在那之前，我們應該涵蓋一些其他的指導原則。

7.1.3 80/24 法則

那麼，「程式碼行數是更簡單的一種複雜度預測指標」的這個概念又如何呢？

我們不應該忘記這一點：不要寫冗長的方法，要寫小區塊的程式碼。

要多小呢？

對於這個問題，你無法給出一個通用的好答案。除其他事項外，這還取決於相關的程式語言。有些語言比其他語言要緊湊得多。我所使用過的最緻密的語言是 APL。

然而，大多數主流語言似乎都大約是同一個數量級的囉唆。撰寫 C# 程式碼時，當我的方法大小接近 20 行程式碼時，我就會感到不舒服。然而，C# 是一種寫起來相當冗長的語言，所以有時我不得不允許一個方法變得更大。我的極限大概是 30 行左右的程式碼。

那是一個任意的數字，但是如果我必須引用一個的話，那就會是這個大小。既然是任意的，我們就把它定為 24 行，原因我將在後面解釋。

那麼，一個方法的最大行數應該是 24。

重複之前的論點，這取決於語言。我認為一個 24 行的 Haskell 或 F# 函式是如此巨大，以致於如果我以 pull request 的形式接收到它，我將單純以大小為由拒絕它。

大多數語言允許佈局（layout）上的彈性。例如，基於 C 的語言使用 ; 字元作為分隔符號。這使你能夠在每行寫出一個以上的述句（statement）：

```
var foo = 32; var bar = foo + 10; Console.WriteLine(bar);
```

你可以試著用寬一點的程式碼行來避免 24 行的高度規則。然而，這就破壞了原本的目的了。

編寫小型方法的目的是促使你寫出可讀的程式碼，放得進你大腦的程式碼。越小越好。

為了完整起見，讓我們也制定一個最大行寬（maximum line width）。如果最大行寬有任何公認的業界標準存在，那就是 80 個字元。我已經使用這個最大行寬很多年了，它是一個很好的最大值。

80 個字元的限制有久遠且備受尊崇的歷史，但 24 行的限制呢？雖然兩者最終都是任意的，但都符合流行的 VT100 終端機的尺寸，它的顯示解析度為 80x24 個字元。

因此，一個 80x24 字元的方框重現了一個老式終端機的尺寸。這是否意味著我建議你應該在終端機上編寫程式？不，人們總是誤解這一點。那應該是一個方法的最大尺寸[4]。在更大的螢幕上，你將能夠同時看到多個小型方法。例如，你可以在分割畫面的配置中檢視一個單元測試和它的目標。

---

4 我覺得有必要強調一點：這個特定的限制是任意的。關鍵是要有一個門檻值 [97]。如果你的團隊對 120×40 的方框比較滿意，那也可以。不過，為了證明這一點，我用 80×24 的方框作為門檻值寫了本書附帶的整個範例源碼庫。這是有可能的，但我承認，這對 C# 來說塞得很緊湊。

確切的尺寸是任意的，但我認為與過去的這種連續性有其根本的正確性存在。

你可以在程式碼編輯器的幫助下保持你的行寬。大多數開發環境都有一個選項，可以在編輯視窗中畫出垂直線。舉例來說，你可以在第 80 個字元的位置畫一條線。

如果你一直想知道為什麼這本書中的程式碼是這樣的格式，其中一個原因就是它保持在 80 個字元的寬度限制之內。

列表 6.9 中的程式碼不僅有 7 的循環複雜度，而且正好是 24 行。這又是一個需要重構的理由：它正處於極限狀態，而且我認為它還沒有完成。

7.2 放得進你腦袋的程式碼

你的大腦只能同時追蹤七個項目。在設計源碼庫的架構時，考慮到這一點是個好主意。

7.2.1 六花圖

當你在看一段程式碼時，你的大腦會執行一個模擬器（emulator）。它試圖解釋執行這段程式碼時它會做些什麼。如果有太多的東西需要追蹤，程式碼就不再是可即刻理解的了，它塞不進你的短期記憶。取而代之，你必須煞費苦心地將程式碼的結構存入長期記憶。舊有程式碼（legacy code）近在咫尺了。

那麼，我提出以下規則：

> 一段程式碼中發生的事情不應超過七件。

衡量的方式不只一種，但有一個選擇是使用循環複雜度（cyclomatic complexity）。你可以像圖 7.3 那樣畫出你短期記憶的容量。

把這些圓圈中的每一個想像成一個「記憶插槽（memory slot）」或「暫存器（register）」。每一個都可以容納單一塊（chunk）[80] 的資訊。

如果你把上述的氣泡擠壓在一起，同時想像它們被其他氣泡所包圍，那麼最緊湊的表示方法就是像圖 7.4 那樣。

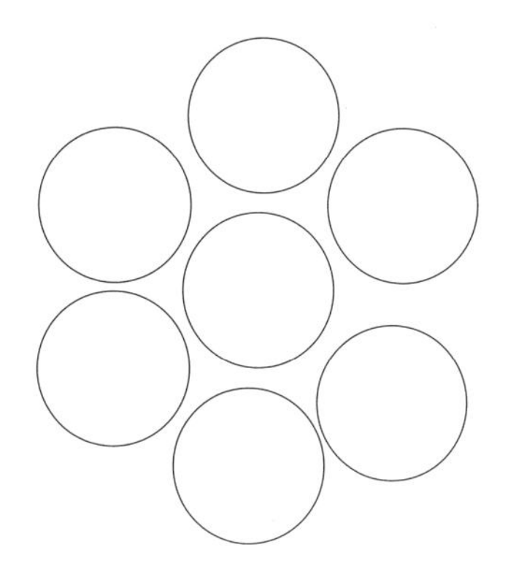

圖 7.3 人類短期記憶的容量以七個「暫存器」的形式展示。

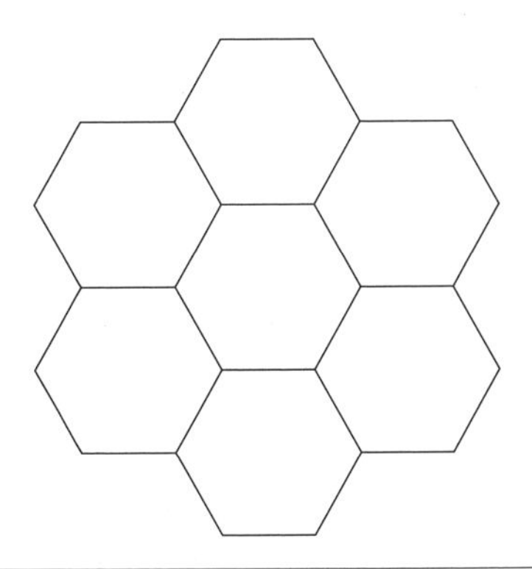

圖 7.4 七個「暫存器」以緊湊的形式排列。雖然六角形（hexagons）可以在無限的網格中這樣排列，但這種特殊的形狀看起來就像一朵有造型的花朵。為此，我把這種圖稱為「六花圖（hex flowers）」。

從概念上講，你應該能夠透過填寫該圖中的七個六角形來描述一段程式碼中正在發生的事情。列表 6.9 中的程式碼的內容會是什麼呢？

它看起來可能像圖 7.5。

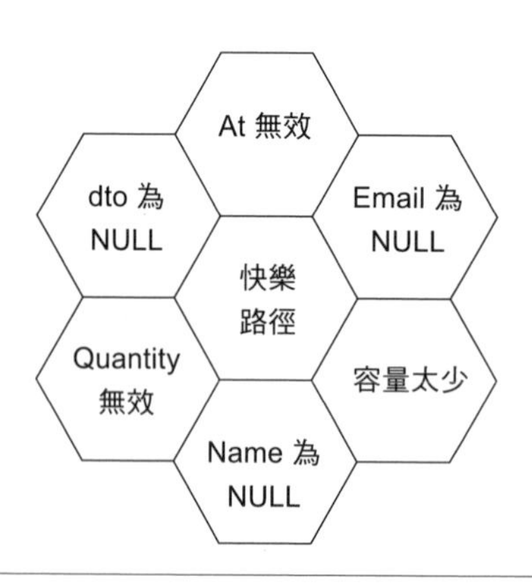

圖 7.5 列表 6.9 中 Post 方法的分支之六花圖。

在每個插槽中，我都繪製了與程式碼中的一個分支（branch）有關的結果。從循環複雜度指標來看，你知道列表 6.9 有七條通過程式碼的路徑，那些都是我填入六角形的區塊。

所有的「插槽」都被填滿了。如果你把七這個數字當作一個硬性限制[5]，那麼你就不能給 `Post` 方法增加更多的複雜性。問題是，在未來，你不得不新增更複雜的行為。舉例來說，你可能想拒絕日期在過去的所有預訂。另外，該業務規則只適用於有公共餐桌和單一用餐時段（single seatings）的時髦餐廳。一個更複雜的預訂系統應該能夠處理不同大小的桌子，第二段用餐時間（second seatings），等等。

你必須對 `Post` 方法進行分解（decompose）才能繼續前進。

5　七這個數字其實並不是一個硬性限制。在這裡提出的推理思路中，沒有任何東西依存於這個確切的數字，但另一方面，**視覺化**（*visualisation*）則仰賴該數字。

7.2.2 凝聚力

你應該如何，或在哪裡，分解列表 6.9 中的 Post 方法呢？

程式碼已經藉由一些空白行被組織成了幾個部分，或許會有幫助[6]。似乎有四個部分，第一部分是一連串的 Guard Clauses [7]。這一部分是重構的最佳候選。

你怎麼會知道呢？

第一部分沒有使用自有的 ReservationsController 類別的實體成員（instance members）。第二和第三部分都使用了 Repository 特性。第四部分只有一個回傳運算式（return expression），所以沒有什麼可改善的。

第二和第三部分使用了一個實體成員，這並不妨礙它們被提取為輔助方法（helper methods），但第一部分更引人注目。這與物件導向設計中的一個核心概念有關：**凝聚力**（*cohesion*）。我喜歡 Kent Beck 的說法：

> **「以相同速率變化的事物要放在一起；以不同速率變化的事物則要分開。」**[8]

考慮一下，一個類別的實體欄位（instance fields）是如何被使用的。最大凝聚力是當所有的方法都使用所有類別欄位（class fields）的時候。最小凝聚力是指每個方法都使用自己的類別欄位集合，與其他方法無交集。

那些根本不使用任何類別欄位的程式碼區塊在這種情況下顯得更加可疑了。這就是我發現最好的重構候選者是第一部分程式碼的原因。

---

6 本書並沒有深入探討關於如何以及為什麼要對一般原始碼進行佈局（lay out）的每一個小細節，包括應該如何使用空行。這在 *Code Complete* [65] 中已經有涵蓋。我認為我對空行的使用方式與它一致。

你的第一次嘗試可能類似於列表 7.1。這個小型方法只有六行程式碼，而循環複雜度為 3，根據我們到目前為止討論過的指標，它看起來不錯。

然而，請注意，它被標示為靜態（static）的。這是必要的，因為有個程式碼分析器規則（analyser rule）[7] 已經檢測到它沒有使用任何實體成員。那可能是一種不好的程式碼氣味。我們稍後再來討論這個問題。

列表 7.1 用來判斷一個預訂 DTO 是否有效的輔助方法。
（*Restaurant/f8d1210/Restaurant.RestApi/ReservationsController.cs*）

```
private static bool IsValid(ReservationDto dto)
{
    return DateTime.TryParse(dto.At, out _)
        && !(dto.Email is null)
        && 0 < dto.Quantity;
}
```

IsValid 輔助方法的引入是否改進了 Post 方法？列表 7.2 顯示了結果。

列表 7.2 使用新的 IsValid 輔助方法的 Post 方法。
（*Restaurant/f8d1210/Restaurant.RestApi/ReservationsController.cs*）

```
public async Task<ActionResult> Post(ReservationDto dto)
{
    if (dto is null)
        throw new ArgumentNullException(nameof(dto));
    if (!IsValid(dto))
        return new BadRequestResult();

    var d = DateTime.Parse(dto.At!, CultureInfo.InvariantCulture);

    var reservations =
        await Repository.ReadReservations(d).ConfigureAwait(false);
    int reservedSeats = reservations.Sum(r => r.Quantity);
```

7　CA1822：將成員標示為靜態的。

```
    if (10 < reservedSeats + dto.Quantity)
        return new StatusCodeResult(
            StatusCodes.Status500InternalServerError);
    var r =
        new Reservation(d, dto.Email!, dto.Name ?? "", dto.Quantity);
    await Repository.Create(r).ConfigureAwait(false);

    return new NoContentResult();
}
```

乍看之下，這似乎是一種改善。行數減少到 22，而循環複雜度減少到 5。

你對循環複雜度的下降感到驚訝嗎？

畢竟，當你考慮到 `Post` 方法以及 `IsValid` 輔助方法的綜合行為時，並沒有什麼變化。難道我們不應該把 `IsValid` 的複雜性計算為 `Post` 方法的複雜性嗎？

那是一個合理的問題，但這並非測量運作的方式。這種看待方法呼叫的方式既代表了一種危險，也代表了一種機會。如果你需要追蹤 `IsValid` 的行為細節，那就不算有任何收穫。另一方面，如果你能把它當作單一的運算，那麼相應的六花圖（圖 7.6）看起來就會更好。

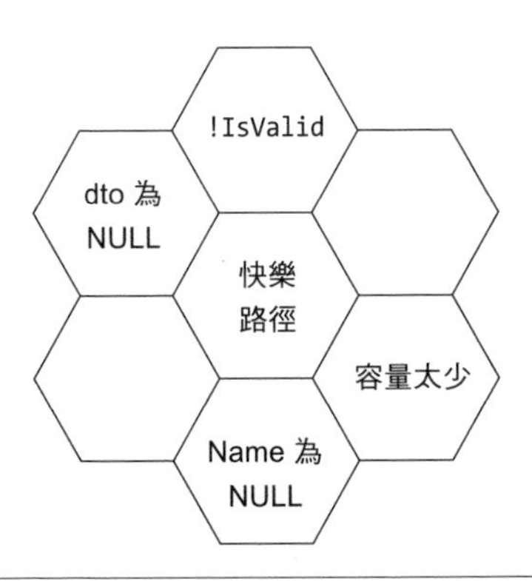

圖 7.6 這個六花圖描繪出了列表 7.2 的複雜性。兩個空的「暫存器」顯示了你短期記憶的額外空間。換句話說，這是放得進你大腦的程式碼。

三個細粒度（fine-grained）的**資訊塊**（*chunks*）已被單一個稍微大一點的資訊塊所取代了。

> 「**短期記憶是以資訊塊**（*chunks*）**為單位來度量的** [...]**，因為每個項目都可以是一個標籤**（*label*）**，指向長期記憶中更大型的資訊結構**」[80]

這種替換的關鍵是用一件事取代許多事的能力。如果你能**抽出**（*abstract*）事物的**本質**（*essence*），你就能做到這一點。這聽起來很熟悉嗎？

那就是 Robert C. Martin 對於**抽象**（*abstraction*）的定義：

> 「抽象是消除無關緊要的東西，並放大其本質」[60]

`IsValid` 方法放大了它對 Data Transfer Object 的驗證，同時消除了關於它是如何做到的具體細節。我們可以為它畫出另一個六角形的短期記憶佈局（圖 7.7）。

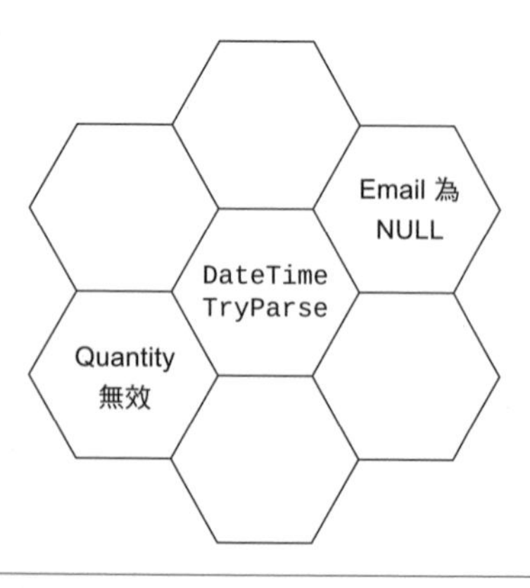

圖 7.7 描繪出列表 7.1 複雜性的六花圖。

當你查看 `IsValid` 的程式碼時，你不需要知道周圍環境的任何情況。除了向 `IsValid` 方法傳遞一個引數外，呼叫端的程式碼並不會影響到它。`IsValid` 和 `Post` 都放得進你的腦袋。

7.2.3 功能嫉妒

雖然透過上述的重構複雜度降低了，但這種變化也帶來了其他問題。

最明顯的問題是「`IsValid` 方法是 `static`」的程式碼不良氣味[8]。它接受一個 `ReservationDto` 參數，但沒有使用 `ReservationsController` 類別的實體成員。這是 Feature Envy（功能嫉妒）[34] 程式碼壞氣味的一種實例。正如 *Refactoring* [34] 所建議的，試著把這個方法移到它似乎在「嫉妒」的物件上。

列表 7.3 顯示該方法被移到了 `ReservationDto` 類別中。現在我決定保持它是 `internal` 的，但以後可能會考慮改變這個決定。

列表 7.3 `IsValid` **方法被移到** `ReservationDto` **類別中。**
(*Restaurant/0551970/Restaurant.RestApi/ReservationDto.cs*)

```
internal bool IsValid
{
    get
    {
        return DateTime.TryParse(At, out _)
            && !(Email is null)
            && 0 < Quantity;
    }
}
```

我還選擇將該成員實作為一個特性（property）[9] 而非方法。之前的方法嫉妒 `ReservationDto` 的功能，但現在該成員也是那個類別的一部分了，它

8 一個方法是 `static`（靜態）的並不一定是種問題，但在物件導向設計中，這可能是。對於 static 的使用要更加小心留意。

9 特性（property）只是 C# 用於「取值器（getter）」（或「設值器」，「setter」）方法的語法糖衣（syntactic sugar）。

就不再需要更多的參數。它本來可以是一個不需要輸入的方法，但在這種情況下，一個特性似乎是更好的選擇。

這是一個沒有先決條件的簡單運算，它不能擲出例外。這符合 .NET 框架指導方針中關於特性取值器（property getters）的規則 [23]。

列表 7.4 顯示了 Post 方法中檢查 dto 是否有效的部分。

列表 7.4 Post 方法的程式碼片段。這是它呼叫列表 7.3 中 IsValid 方法的地方。（*Restaurant/0551970/Restaurant.RestApi/ReservationsController.cs*）

```
if (!dto.IsValid)
    return new BadRequestResult();
```

所有測試都通過了。不要忘了把變更提交給 Git，並透過你的部署管線推送它們 [49]。

7.2.4 迷失於翻譯之中

即使是一個小型的程式碼區塊也可能顯現多種問題。解決了一個問題並不能保證沒有更多的問題了。這就是 Post 方法的情況。

C# 編譯器不再能看到 At 和 Email 被保證為非 null 的。我們必須使用能寬恕 null 的 ! 運算子來告訴它關閉對這些參考的靜態流程分析（static flow analysis）。否則，程式碼將無法編譯。你本質上是抑制了編譯器的 nullable-reference-types 功能，這並非朝著正確方向邁出的一步。

列表 7.2 的另一個問題是，它等同於剖析（parses）了 At 特性兩次：一次是在 IsValid 方法中，另一次是在 Post 方法中。

看起來似乎是在翻譯過程中丟失了太多的東西。事實證明，IsValid 畢竟不是一個好的抽象層。它消除了太多東西，放大的卻太少。

這是物件導向驗證（object-oriented validation）的一個典型問題。像 `IsValid` 這樣的成員會產生一個 Boolean 旗標（flag），但不是下游程式碼可能需要的所有資訊，例如剖析的日期。這迫使其他程式碼重複驗證，其結果就是程式碼的重複。

一個更好的選擇是捕獲驗證過的資料。你如何表示驗證過的資料？

回想第 5 章中關於封裝（encapsulation）的討論。物件應該保護其不變式（invariants），這包括先決條件和後置條件。一個正確初始化的物件保證處於有效的狀態，若非如此，封裝就被破壞了，因為建構器沒有檢查到某個先決條件。

這就是 Domain Model（領域模型）出現的動機。為領域建模的類別應該捕捉其不變式。這與 Data Transfer Objects（資料傳輸物件）形成鮮明對比，後者所建模的是，與世界其他地方進行的雜亂互動。

在餐廳預訂系統中，有效預訂的領域模型已經存在。它就是 `Reservation` 類別，最後一次是在列表 5.13 中出現。請改為回傳這樣的一個物件。

7.2.5 剖析，不要驗證

如果先決條件成立，就把 Data Transfer Objects [33] 翻譯成領域物件（domain objects），而非會回傳 Boolean 值的一個 `IsValid` 成員。列表 7.5 顯示了一個例子。

列表 7.5 Validate 方法回傳一個封裝好的物件。
（*Restaurant/a0c39e2/Restaurant.RestApi/ReservationDto.cs*）

```
internal Reservation? Validate()
{
    if (!DateTime.TryParse(At, out var d))
        return null;
    if (Email is null)
```

```
            return null;
        if (Quantity < 1)
            return null;

        return new Reservation(d, Email, Name ?? "", Quantity);
    }
```

Validate 方法使用 Guard Clauses [7] 來檢查 Reservation 類別的先決條件。這包括將 At 字串剖析成一個合適的 DateTime 值。只有當所有的先決條件都得到滿足時，它才會回傳一個 Reservation 物件。否則，它將回傳 null。

Maybe

注意到 Validate 方法的方法特徵式（method signature）：

```
internal Reservation? Validate()
```

當你閱讀不熟悉的程式碼時，方法的名稱（name）和型別（type）是你首先看到的。如果你能在特徵式中捕捉一個方法的**本質**，那麼這就是一個好的抽象層。

Validate 方法的回傳型別帶有重要的資訊。記得問號表示物件可能為 null。當你在編寫呼叫該方法的程式碼時，那會是重要的資訊。不僅如此，由於 C# 的 nullable reference types 功能被開啟了，如果你忘記處理 null 的情況，編譯器就會抱怨。

在物件導向語言的領域中，這是一個相對較新的功能。在以前的 C# 版本中，所有的物件永遠都可以為 null。對於其他物件導向語言（如 Java）來說，仍然還是如此。

另一方面，有些語言（如 Haskell）就沒有 null references，或者會努力假裝它們不存在（F#）。

在這些語言中，你仍然可以對值的存在（presence）和不存在（absence）進行建模。可以用一種叫作 `Maybe`（在 Haskell 中）或 `Option`（在 F# 中）的型別，明確地做到這一點。你可以很容易地將這個概念移植到 C# 或其他物件導向語言的早期版本中，只需要多型（polymorphism）和（最好要有的）泛型（generics）[94]。

這樣做之後就可以改為像這樣來建立 `Validate` 方法的模型：

```
internal Maybe<Reservation> Validate()
```

依照 Maybe API 的運作方式，呼叫者將被迫處理兩種情況：沒有預訂或正好有一個預訂。在 C# 8 的 nullable reference types 出現之前，我就已經教過一些組織使用 `Maybe` 物件而不是 null。開發人員很快就知道這會讓他們的程式碼變得多麼安全。

如果你不能使用 C# 的 nullable reference types 功能，那就宣告 null references 是非法的回傳值，當你想表明可能沒有回傳值時，就使用 Maybe 容器來代替。

呼叫端程式碼必須檢查回傳值是否為 null，並採取相應的行動。列表 7.6 顯示 `Post` 方法如何處理一個 null 值。

列表 7.6 Post 方法呼叫 dto 上的 Validate 方法，並根據回傳值是否為 null 進行分支。（*Restaurant/a0c39e2/Restaurant.RestApi/ReservationsController.cs*）

```
public async Task<ActionResult> Post(ReservationDto dto)
{
    if (dto is null)
        throw new ArgumentNullException(nameof(dto));

    Reservation? r = dto.Validate();
    if (r is null)
        return new BadRequestResult();
```

```
    var reservations = await Repository
        .ReadReservations(r.At)
        .ConfigureAwait(false);
    int reservedSeats = reservations.Sum(r => r.Quantity);
    if (10 < reservedSeats + r.Quantity)
        return new StatusCodeResult(
            StatusCodes.Status500InternalServerError);

    await Repository.Create(r).ConfigureAwait(false);

    return new NoContentResult();
}
```

注意，這解決了列表 7.1 中所示的靜態 IsValid 方法帶來的所有問題。Post 方法不需要抑制編譯器的靜態流程分析器，也不需要重複剖析日期，現在 Post 方法的循環複雜度降到了 4。這樣就放得進你的腦袋裡了，如圖 7.8 所示。

Validate 方法是一個更好的抽象層，因為它放大了「dto 是否代表一個有效的預訂？」這個本質。它透過將輸入資料**投射**（*projecting*）到相同資料更強大的表示法中來達成這點。

Alexis King 稱這種技巧為 *parse, don't validate*（剖析，不要驗證）。

> 「思考一下：什麼是剖析器（*parser*）？實際上，剖析器只是消耗較無結構的輸入並產生較有結構輸出的一種函式。就其本質而言，剖析器是一種部分函式（*partial function*），也就是說，其定義域（*domain*）中的某些值不會對應到其值域（*range*）中的任何值，所以剖析器都必須具備某種失敗處理的概念。通常，剖析器的輸入會是文字，但那絕不是一種必要條件」[54]

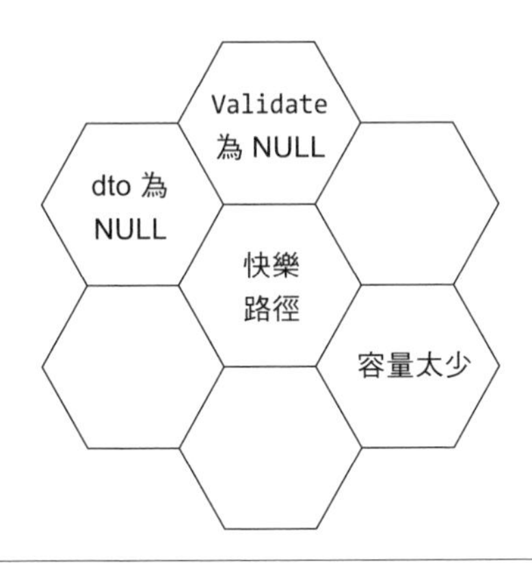

圖 7.8 列表 7.6 所示的 Post 方法之六花圖。

Validate 方法實際上就是一個剖析器：它接受較無結構的 ReservationDto 作為輸入，並產生較有結構的 Reservation 作為輸出。也許 Validate 方法應該被命名為 Parse，但我擔心這可能會讓對剖析（parsing）有更狹隘看法的讀者感到困惑。

7.2.6 碎形架構

考慮一個像圖 7.8 那樣的示意圖，它描繪的是 Post 方法。七個插槽中只有四個被資訊塊所佔據。

然而你知道，代表 Validate 方法的那塊放大了本質，同時也消除了一些複雜性。雖然你不需要考慮那個資訊塊所隱藏的複雜性，但它仍然存在，如圖 7.9 所示。

你可以拉近去看 Validate 那塊的內容。圖 7.10 顯示其結構是一樣的。

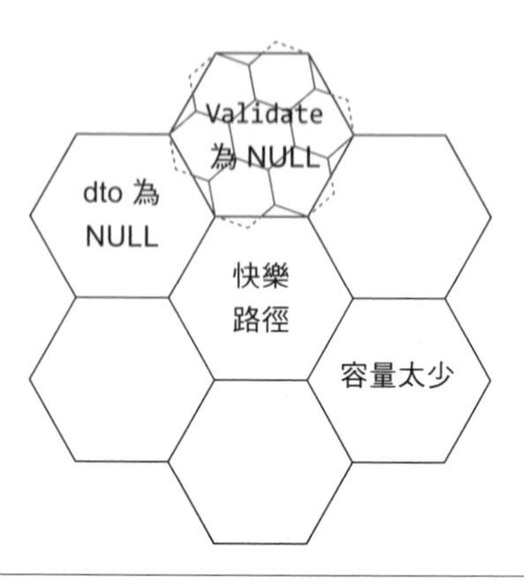

圖 7.9 暗示著每個資訊塊都可能隱藏其他複雜性的六角之花。

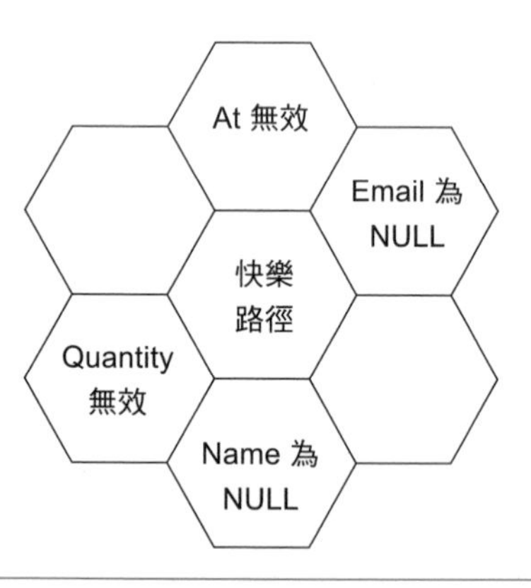

圖 7.10 列表 7.5 所示的 Validate 方法的六花圖。

Validate 方法的循環複雜度是 5，所以如果你用它作為衡量複雜性的標準，以資訊塊填入七個插槽中的五個是合理的。

現在你已經注意到，當你拉近放大一個細節時，它的六花形狀與呼叫者相同。如果你縮小，會發生什麼事呢？

Post 方法沒有任何直接的呼叫者。ASP.NET 框架會根據 Startup 類別中的組態來呼叫 Controller（控制器）方法。該類別衡量起來如何呢？

從列表 4.20 開始，它就沒有變化。**整個類別**的循環複雜度只有 5 這麼低。你可以很輕易地把它繪製成像圖 7.11 那樣的六角花。

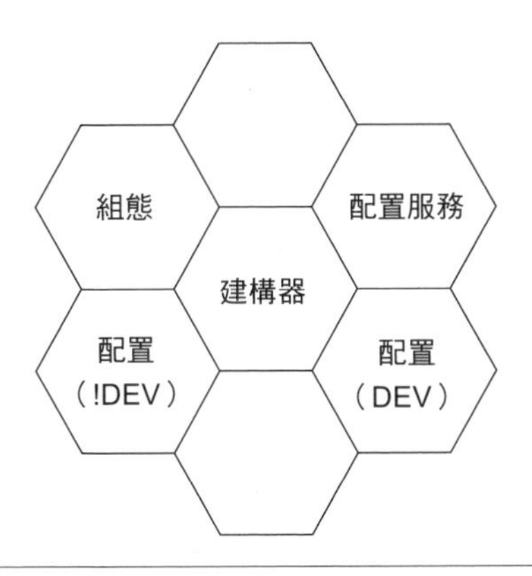

圖 7.11 Startup 類別的所有複雜度元素。大多數類別成員的循環複雜度為 *1*，所以它們只占一個六角形。Configure（配置）方法的循環複雜度為 2，所以它佔用了兩個六角形：一個是 IsDevelopment 為 true 的時候，另一個它為 false 的時候。

即使是應用程式的整體定義也放得進你的大腦。它應該保持那種狀態。

想像一下，你是團隊的一名新成員，而且是第一次看到源碼庫。如果你想了解這個應用程式是如何運作的，一個好的開始會是進入點（entry point）。那就是 `Program` 類別，它從列表 2.4 開始就沒有改變。如果你懂 ASP.NET，你很快就會意識到這裡沒有什麼意外的事情發生。要了解這個應用程式，你應該看一下 `Startup` 類別。

當你打開 `Startup` 類別，會驚喜地發現它放得進你的大腦。從 Configure 方法中你很快了解到，該系統使用了 ASP.NET 標準的 Model View Controller [33] 系統，以及它常規的路由引擎（routing engine）。

從 ConfigureServices 方法，你了解到該應用程式從其組態系統（configuration system）讀取了一個連線字串（connection string），並使用它在框架的 Dependency Injection Container（依存性注入容器）中註冊一

個 `SqlReservationsRepository` 物件 [25]。這應該讓你知道，該程式碼使用了 Dependency Injection 和關聯式資料庫。

這是對系統的高階看法。你沒有學到任何細節，但你知道如果對細節感興趣可以去哪裡找；如果你想了解資料庫的實作，可以前往 `SqlReservationsRepository` 的程式碼；如果你想看看一個特定的 HTTP 請求是如何處理的，可以找到相關的 Controller 類別。

瀏覽到源碼庫的這些部分時，你也會了解到每個類別或每個方法在那個層次的抽象之下，都能放入你的大腦。可以用「六花圖」來描繪程式碼區塊，正如你在本章中反復看到的那樣。

無論「縮放層級（zoom level）」如何，其複雜性結構（complexity structure）看起來都一樣，這種特質讓人聯想到數學上的碎形（fractals），這讓我把這種風格的架構命名為**碎形架構**（*fractal architecture*）。在所有的抽象層次上，程式碼都應該適合你的大腦。

相對於數學上的碎形，你不能在源碼庫中無限放大。遲早有一天，你會達到最高層級的解析度。那會是不呼叫你其他程式碼的那些方法。舉例來說，`SqlReservationsRepository` 類別中的方法（參閱列表 4.19）不呼叫任何其他使用者程式碼。

另一種說明這種架構風格的方法是以樹（tree）的形式呈現，子葉節點（leaf nodes）代表最高層級的解析度。

一般來說，你可以把放得進你大腦的架構描繪為一棵碎形樹，如圖 7.12。在樹幹上，你的大腦最多可以處理七個分塊（chunks），由七個分支（branches）代表。在每個分支處，你的大腦又可以處理另外七個分支，以此類推。一棵數學碎形樹在概念上是無限的，但繪製它時，你遲早要停止描繪分支。

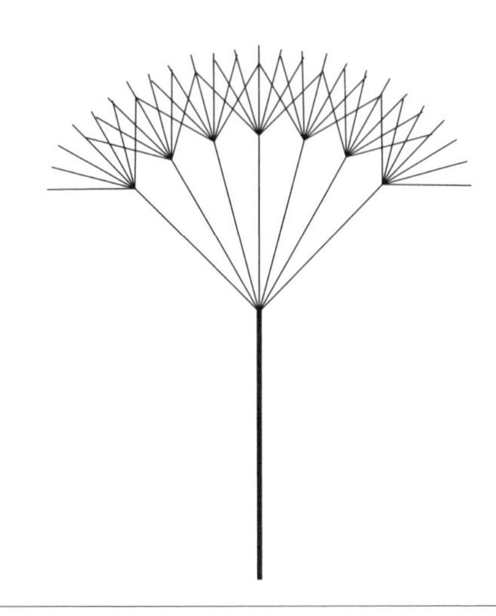

圖 7.12 七向碎形樹（seven-way fractal tree）

碎形架構是組織程式碼的一種方式，這樣無論你看哪裡，它都放得進你的大腦。低階的細節應該被表示為單一的抽象分塊，而高階的細節在該層級的縮放中應該是無關緊要的，或者以方法參數或注入依存關係的形式明確可見。請記住，**你所看到的就是全部** [51]。

碎形架構不會自己產生。必須明確地考慮你所寫的每個區塊程式碼的複雜性。你可以計算循環複雜度、關注程式碼行數，或者計算一個方法中涉及的變數數量。你到底要如何估算複雜性，不如讓它保持低值來得重要。

第 16 章會帶你參觀完成的範例源碼庫。完成的系統比你目前看到的要複雜，但它仍然符合碎形架構的要求。

7.2.7 計數變數

如上所述，你可以透過計算一個方法中的變數數量來獲得對複雜性的另一種看法。我有時會那樣做，只是為了獲得對事物的另一種觀點。

如果你決定那樣做，請確保你計數了所有涉入的物件。這包括區域變數（local variables）、方法引數（method arguments）和類別欄位（class fields）。

舉例來說，列表 7.6 中的 `Post` 方法涉及五個變數：`dto`、`r`、`reservation`、`Repository` 以及 `reservedSeats`。其中三個是區域變數，而 `dto` 是一個參數，`Repository` 則是一個特性（它由一個自動生成的隱含類別欄位支援）。這就是你必須追蹤的五件事。你的大腦可以做到這一點，所以這沒有問題。

我會這樣做，主要是在考慮是否可為一個方法新增另一個參數。四個參數是否太多？聽起來，四個參數完全在七的限制之內，但是如果那四個參數與五個區域變數和三個類別欄位有所互動，那麼可能就會發生太多的事情。解決這種問題的一個辦法是引入一個 Parameter Object（參數物件）[34]。

顯然，這種類型的複雜性分析對介面（interfaces）或抽象方法（abstract methods）不起作用，因為它們沒有實作。

7.3 結論

源碼庫並不是生來就是舊有程式碼（legacy code）。它們隨著時間的推移而退化，逐漸積累了一些殘渣，慢到很難被注意到。

正如 Brian Foote 和 Joseph Yoder 所指出的，高品質的程式碼就像一個不穩定的平衡（unstable equilibrium）：

> **「具有諷刺意味的是，可理解性（*comprehensibility*）可能不利於一個人工製品（*artifact*）的保存，因為它會比那些更難理解的人工製**

品變異得更快 [...] 一個具有清晰介面和難以理解的內部結構之物件可能會保持相對完整。」[28]

你必須積極防止程式碼腐敗。你可以透過測量各種指標來注意這種情況，比如說程式碼行數、循環複雜度，或者只是計數變數。

我對這些指標的通用性並不抱持幻想。它們可以成為有用的指引，但最終，你必須運用你自己的判斷力。然而，我發現，像這樣監測指標可以提高對程式碼腐敗的警覺性。

當你把指標和激進的門檻值結合起來時，你就建立了一種積極關注程式碼品質的文化。這告訴了你**何時**要把一個程式碼區塊分解成更小型的元件。

複雜性指標並不能告訴你應該分解哪些部分。那是一個很大的主題，已經被許多其他書籍所涵蓋 [60][27][34]，但要注意的幾件事是凝聚力、Feature Envy 和驗證（validation）。

你要鎖定的源碼庫架構應該是，無論你看哪裡，程式碼都能放入你的腦袋。在高層次上，有七件或更少的事情在進行。在低階程式碼中，最多只有七件事情需要你去追蹤。在中間層次上，這一點仍然成立。

在每個縮放層級上，程式碼的複雜性都保持在人性化的範圍內。這種在不同解析度層級下的自我相似性看起來足夠像碎形，我稱之為**碎形架構**（*fractal architecture*）。

它不會自行發生，但如果你能實現它，你的程式碼就會比舊有程式碼（legacy code）更容易理解幾個數量級，因為這主要涉及你的短期記憶。

在第 16 章中，你可以參觀一下「完成」的源碼庫，這樣你就可以看到碎形架構的概念如何在現實環境中發揮作用。

8
API 設計

當一個程式碼區塊變得過於複雜時，你應該將其分解，正如圖 8.1 所指出的那樣。第 7 章討論了**在什麼地方**（*where*）拆解東西。在這一章中，你將學習如何設計新的部分。

圖 8.1 當一個程式碼區塊變得過於複雜時，將其分解成更小的程式碼區塊。新的程式碼區塊應該是什麼樣子呢？你將在本章中學到一些 API 設計的原則。

你可以用很多方法來分解程式碼。沒有唯一的正確方法，但錯的方法比好的方法多。持續走在良好 API 設計的狹窄道路上需要技能和品味。幸運的是，這種技能是可以學習的。與本書的主題一致，你可以將啟發式方法（heuristics）應用於 API 設計，正如你會在本章中所看到的那樣。

8.1 API 設計的原則

API 是 *Application Programming Interface*（應用程式設計介面）的縮寫，也就是說：你可以使用這種介面來編寫客戶端程式碼。你必須小心對待這些詞，因為它們有多重含意。

8.1.1 預設用途

如何理解**介面**（*interface*）這個詞呢？你可以把它看作是一個語言關鍵字（language keyword），就像列表 6.5 中的那樣。在 API 的情境脈絡之下，我們會以一種更廣泛意義使用它。一個介面就是一種 *affordance*（預設用途，或「行動的可能性」）。這是你可以用它來與其他程式碼進行互動的一組方法、值、函式和物件。在良好的封裝之下，介面是一組運算（set of operations），它維持了所涉及物件的不變式（invariants）。換句話說，那些運算保證了物件的狀態都是有效的。

一個 API 能讓你與一個封裝好的程式碼套件進行互動，就像門的把手使你能夠與一扇門互動那樣。Donald A. Norman 用 *affordance* 這個詞來描述這種關係：

> 「預設用途（*affordance*）一詞指的是物體和人（或進行互動的任何操作者，無論是動物還是人類，甚至是機械或機器人）之間的關係。預設用途是物體的特性（*properties*）和操作者（*agent*）所具備的能力（*capabilities*）之間的一種關係，這種能力決定了操作者可以如何運用該物體。椅子提供了支撐的功能（或「可以用來支撐」），所以能夠承擔（*affords*）『坐上去（*sitting*）』。大多數椅子也可以由一個人搬動（它們能承擔『抬起來』），但有些椅子只能由一個強壯的人或一群人來搬動。如果年紀太小或相對體弱的人無法搬

> **動某張椅子，那麼對這些人來說，那張椅子就沒有該種預設用途，即不能承擔『抬起來（*lifting*）』。」**[71]

我發現這個概念可以很好地轉化到 API 設計中來用。像列表 6.5 中 `IReservationsRepository` 這樣的 API 能夠（affords）讀取與某個日期相關的預訂，也可以添加新的預訂。只有當你能提供所需的輸入引數時，你才能呼叫這些方法。客戶端程式碼和一個 API 之間的關係類似於呼叫者和一個正確封裝的物件之間的關係。該物件只向滿足了必要先決條件的客戶端程式碼提供（affords）其能力。如果你沒有 `Reservation`，你就不能呼叫 `Create` 方法。

正如 Norman 也寫道的：

> **「每天我們都會遇到數千種物體，其中不乏全新的事物。有許多新的物體與我們已經知道的物體相似，也有許多是獨特、完全沒見過的東西，但我們應付得還不錯。我們是如何辦到這點的？當我們遇到許多不尋常的自然物體時，為何我們知道如何與它們互動呢？為什麼我們對於碰到的許多人工造物也是如此呢？答案在於幾個基本的原則。這些原則中最重要的一些源自於對預設用途的考量。」**[71]

當你初次遇到一張椅子，從形狀上就能看出你可以如何使用它。辦公椅有額外的功能：你可以調整其高度，等等。對於某些型號，你可以很容易地找到合適的槓桿，而對於其他型號，這就比較難了。所有的槓桿看起來都一樣，你以為可以調整高度的槓桿卻是用來調整座椅的角度。

一個 API 如何宣傳它的預設用途？如果你用的是一種編譯式的靜態定型語言（compiled statically typed language），你可以使用型別系統（type system）。如圖 8.2 所示，開發環境可以在你打字的同時使用型別資訊來顯示一個給定的物件上可用的運算。

圖 8.2 IDE 可以在你輸入時顯示一個物件上的可用方法。在 Visual Studio 中，這被稱為 *IntelliSense*。

這提供了一定程度的可發現性（discoverability），這被稱為**點號驅動開發**（*dot-driven development*）[1]，因為只要你在一個物件後面輸入點號（句號），你就會看到一些可呼叫的方法。

8.1.2 Poka -Yoke（防範錯誤）

一種常見的錯誤是設計出一把瑞士刀（Swiss Army knife）。我遇到過很多開發者，他們認為一個好的 API 就是要能夠進行盡可能多的活動。就像瑞士刀一樣，這樣的 API 可能把很多種能力收集到了同一個地方，但每種能力都不如一個專門的工具那樣適合它們的用途（圖 8.3）。這條設計道路的盡頭等著你的是 God Class[2]。

1　我第一次聽到這個詞是在 2012 年哥本哈根（Copenhagen）的 GOTO 會議上 Phil Trelford 的一次演講中。我沒有找到這個詞更早出現的定義。

2　God Class（神類別）[15] 是一種反模式（antipattern），它描述的是，以幾千行程式碼實作在單一個檔案中帶有幾十個成員的類別。

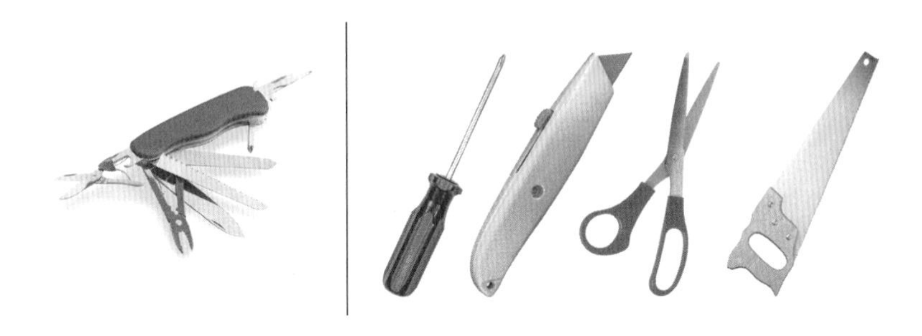

圖 8.3 瑞士刀在困境中可以派上用場，但不能完全取代適當的工具。本圖不按比例呈現。

好的介面設計不僅要考慮什麼是可能的，而且還要考慮什麼應該是刻意不可能的，也就是預設用途（affordances）。一個 API 對外開放的成員宣傳了它的能力，而**沒有**提供的運算則傳達了你不應該做的事情。

請把 API 設計成很難被濫用。精實軟體開發（lean software development）的一個重要概念是**內建品質**（*build quality in*）[82]：也就是說，要預先防範人造物和流程的錯誤，而不是等到最後才偵測到並修復缺陷。在精實生產（lean manufacturing）中，這個概念以日本術語 *poka-yoke* 為人所知，意思是**防範錯誤**（*mistake-proofing*）。它可以很好地轉化到軟體工程中來使用 [1]。

Poka-yoke 有兩種類型：主動（active）和被動（passive）。主動防錯包括在新的人造物出現時就對其進行檢查。測試驅動的開發就是最好的例子 [1]。你應該一直執行自動化測試。

然而，我對被動防錯的概念特別著迷。在實體世界中，你可以找到許多這樣的例子。纜線連接器（cable connectors），如 USB 和 HDMI，只能以正確的方式插入；高度限制屏障，如圖 8.4 所示，警告司機他們的車輛將無法通過。這樣的系統不需要主動檢查就可以運作。

圖 8.4 一個限制高度的障礙物。輕量化的板子掛在鏈條上。對於上方的板子而言太高的卡車會先撞上這些板子，那會產生很大的噪音，但損害不大。

同樣地，設計 API 時**要使非法狀態**（*illegal states*）**無法表達**（*unrepresentable*）[69]。如果一個狀態是無效的，最好是把 API 設計成不可能用程式碼表達它。

在 API 的設計中捕捉能力的缺乏，這樣一來，應該是不可能的事情甚至會無法編譯[3]。比起執行時期的例外，編譯錯誤能給你更快的回饋 [99]。

8.1.3 為讀者而寫

如果回憶起學生時代，你可能會記得撰寫文章的時候，老師堅持你應該考慮情境（context）、**傳意者**（*sender*）、**受意者**（*receiver*）等等。**傳意者**是表面上「撰寫」文章的人，而**受意者**是閱讀文章的人。老師指示你要明確考慮傳意者和受意者之間的關係。

3 這在具有**總和型別**（*sum types*）的程式語言中是很容易做到的。那些語言包括 Haskell 和 F#。在物件導向設計中，直接的等價物是較囉嗦的 Visitor 設計模式 [107]。

我見過不只一名軟體開發人員對那些日子充滿驗惡的回憶，他們為自己現在是程式設計師而感到高興，文學分析（literary analysis）已被他們遠遠拋在腦後。

我有壞消息要告訴你。

所有的這些在你的職業生活中仍然至關緊要。學校教授這些技能是有原因的。你在編寫電子郵件時，傳意者和受意者就很重要。這種關係在你編寫說明文件時也很重要。而你在撰寫程式碼時，它同樣重要。

程式碼被讀的機會多過於寫。

編寫程式碼時，請把未來的讀者放在心上，那可能是你自己。

8.1.4 偏愛命名良好的程式碼而非註解

你可能聽說過，你應該寫出潔淨的程式碼（clean code）而不是註解（comments）[61]。註解可能會隨著程式碼的發展而變質。隨著時間的流逝，曾經正確的註解會變成誤導。最終，你唯一可以信任的人造物是**程式碼**（*code*）。不是程式碼中的註解，而是被編譯成可運作軟體的實際指令（instructions）和運算式（expressions）。列表 8.1 顯示了一個典型的例子。

列表 8.1 解釋程式碼意圖的註解。不要那樣做。用一個命名良好的方法來代替它，如列表 8.2 所示。（*Restaurant/81b3348/Restaurant.RestApi/MaitreD.cs*）

```
// 如果在開放時間之外，就拒絕預訂
if (candidate.At.TimeOfDay < OpensAt ||
    LastSeating < candidate.At.TimeOfDay)
    return false;
```

如果可能的話，用一個名稱清楚表達意圖的的 [61] 的方法來代替註解，如列表 8.2 所示。

列表 8.2　一個方法呼叫取代了一個註解。與列表 8.1 做比較。
（*Restaurant/f3cd960/Restaurant.RestApi/MaitreD.cs*）

```
if (IsOutsideOfOpeningHours(candidate))
    return false;
```

並非所有的註解都是不好的 [61]，但請偏愛命名良好的方法而非註解。

8.1.5 X Out 名稱

不過，請別滿足於你的成就。就像註解會隨著時間的推移變得陳舊和誤導一樣，方法名稱也會如此。希望你對方法名稱的關注會比對註解還多，但還是會有人改了某個方法的實作，卻忘了更新其名稱。

幸運的是，在靜態定型的語言中，你可以使用型別來保持你的一致性。設計 API，使它們用型別來宣傳它們的契約。考慮一下列表 8.3 中更新過後的 `IReservationsRepository`。它有叫作 `ReadReservation` 的第三個方法。這是一個具描述性的名稱，但它是否能夠充分地自我說明呢？

當我探索一個不熟悉的 API 時，我經常會自問的一個問題是：**我是否應該檢查回傳值是不是** ***null*** **？**，你如何以一種持久和一致的方式來傳達這項資訊？

你可以嘗試用描述性的命名方式進行交流。舉例來說，你可以把該方法取名為 `GetReservationOrNull`。

列表 8.3　與列表 6.5 相比，多了一個 `ReadReservation` 方法的 `IReservationsRepository`。
（*Restaurant/ee3c786/Restaurant.RestApi/IReservationsRepository.cs*）

```
public interface IReservationsRepository
{
    Task Create(Reservation reservation);

    Task<IReadOnlyCollection<Reservation>> ReadReservations(
```

```
        DateTime dateTime);
    Task<Reservation?> ReadReservation(Guid id);
}
```

這很有效，但很容易受到行為變化的影響。你可能後來決定改變 API 的設計，使 null 不再是一個有效的回傳值，但卻忘記更改名稱。

然而，請注意由於 C# 的 nullable reference types 功能，那項資訊已經包含在該方法的型別特徵式（type signature）[4] 中了。它的回傳型別是 `Task<Reservation?>`。請回想一下，那個問號指出的是 `Reservation` 物件可以為 null。

作為 API 設計的一個練習，試著 *x out* **方法名稱**（用 x 取代方法名稱），看看你是否還能弄清楚它們的作用：

```
public interface IReservationsRepository
{
    Task Xxx(Reservation reservation);
    Task<IReadOnlyCollection<Reservation>> Xxx(DateTime dateTime);
    Task<Reservation?> Xxx(Guid id);
}
```

`Task Xxx(Reservation reservation)` 看起來像是在做什麼？它接受一個 `Reservation` 物件作為輸入，但它沒有回傳任何東西[5]。既然沒有回傳值，它一定是在執行某種有副作用（side effect）的動作。那可能是什麼？

4 如果你的語言沒有明確區分可為 null（nullable）和不可為 null（non-nullable）的參考類別型（reference types），你可以採用 7.2.5 小節描述的 Maybe 概念。在那種情況下，`ReadReservation` 方法的特徵式將會是 `Task<Maybe<Reservation>> ReadReservation(Guid id)`。

5 嚴格來說，它會回傳一個 `Task`，但該物件不包含任何額外的資料。請把 `Task` 看成是非同步（asynchronous）的 `void`。

可能是它儲存了該預訂。可以想像，它也可能將其轉化為一封電子郵件並發送出去。它可以記錄這些資訊。這就是定義物件開始發揮作用的地方。當你知道定義該方法的物件被稱為 `IReservationsRepository` 時，其隱含的情境是就是為了續存（persistence）。這使你能夠消除作為替代選擇的日誌和電子郵件。

不過，目前還不清楚那個方法是在資料庫中創建一個新的資料列（row），還是更新現有的一列，它甚至可能兩者都做。嚴格來說，它也有可能刪除一列，儘管刪除運算更好的候選特徵式應該是 `Task Xxx(Guid id)`。

那麼 `Task<IReadOnlyCollection<Reservation>> Xxx(DateTime dateTime)` 又如何呢？這個方法接受一個日期作為輸入，並回傳預訂的一個群集作為輸出。不需要太多的想像力就可以猜到這是一個基於日期的查詢動作（date-based query）。

最後，`Task<Reservation?> Xxx(Guid id)` 接受一個 ID 作為輸入，可能會，也可能不會回傳單一個預訂。這明顯是一個基於 ID 的查找動作（ID-based lookup）。

若是物件只承擔很少的互動，這種技巧就能發揮作用。這個例子只有三個成員，而且它們都有不同的型別。當你把方法的特徵式和類別或介面的名稱結合起來時，你通常可以猜到一個方法是做什麼的。

不過請注意，要推理出匿名化的 `Create` 方法，就需要更多的猜測了。因為實際上並沒有回傳型別，你必須完全根據其輸入型別來推理其意圖。在查詢中，有輸入型別和輸出型別可以為方法之意圖提供線索。

把方法名稱用 X 取代（X'ing out method names）可以是一種很有用的練習，因為它可以協助你與程式碼的未來讀者產生共鳴。你可能認為剛剛創造的方法名稱是具描述性且有幫助的，但是對於那些所處情境脈絡不同的人來說，可能就不是了。

名稱仍有幫助，但你不必重複型別已經說明的內容。這就給了你空間來告訴讀者一些他或她無法從型別中猜出的東西。

注意到所謂的「保持工具鋒利」之重要性。這是偏好專門 API 而非瑞士刀的另一個原因。當一個物件只對外開放了三到四個方法時，每個方法往往都會有一個與該情境中其他方法不同的型別。當你在同一個物件上有幾十個方法的時候，這就不太可能運作得很好。

當方法的型別本身就能將它們彼此區分開來時，其型別最有可能發揮作用。如果所有的方法都回傳 `string` 或 `int`，它們的型別就不太可能有幫助。這也是避免使用字串定型（stringly typed）[3] API 的另一個原因。

8.1.6 命令查詢分離

當你把名稱用 X 取代的時候，靜態型別所扮演的角色就會成為焦點。考慮一下像 `void Xxx()` 這樣的方法特徵式（method signature）。這幾乎沒有告訴你這個方法是做什麼的。你只能說它一定有某種副作用，因為它沒有回傳任何東西，那它還有什麼其他的存在理由呢？

顯然，如果你有為這個方法取個名字，就更容易猜到它的作用。它可能會是 `MoveToNextHoliday()` 或 `void Repaint()`。可能性無窮無盡。

對於像 `void Xxx()` 這樣的方法結構，你與讀者交流的唯一方式就是選擇一個好的名稱。隨著你新增型別，你會得到更多的設計選項。考慮一下像 `void Xxx(Email x)` 這樣的一個特徵式。我們仍然不清楚這到底對 `Email` 引數做了什麼，但一定涉及到某種副作用。那可能是什麼呢？

涉及到電子郵件（email）的一個明顯的副作用是發送（send）它，這幾乎是毫無疑義的。這個方法也可能會刪除該郵件。

什麼是副作用（side effect）呢？它是指一個程序（procedure）改變了某些東西的狀態（state），這可能是一種區域性的影響，比如改變一個物件的狀態，或者是一種全域性的影響，例如改變整個應用程式的狀態。這可能包括從資料庫中刪除一列、編輯磁碟上的一個檔案、重新繪製一個圖形化使用者介面，或發送一封電子郵件。

好的 API 設計目標是改造程式碼，使其適合我們的大腦。回顧一下，封裝（encapsulation）的目的是隱藏實作細節。因此，實作方法的程式碼可以利用區域性的狀態變化，而你不應該將那些視為副作用。考慮一下列表 8.4 中所示的輔助方法。

列表 8.4　一個有區域性狀態變化的方法，但沒有觀察得到的副作用。
（*Restaurant/9c134dc/Restaurant.RestApi/MaitreD.cs*）

```
private IEnumerable<Table> Allocate(
    IEnumerable<Reservation> reservations)
{
    List<Table> availableTables = Tables.ToList();
    foreach (var r in reservations)
    {
        var table = availableTables.Find(t => t.Fits(r.Quantity));
        if (table is { })
        {
            availableTables.Remove(table);
            if (table.IsCommunal)
                availableTables.Add(table.Reserve(r.Quantity));
        }
    }
    return availableTables;
}
```

這個方法建立了區域變數 `availableTables`，然後在回傳之前對其進行修改。你可能會認為這算是一種副作用，因為 `availableTables` 的狀態會改變。另一方面，`Allocate` 方法並沒有修改定義它的物件之狀態，而且

把 `availableTables` 作為一個唯讀的群集回傳[6]。

當你編寫會呼叫 `Allocate` 方法的程式碼時，你所需要知道的是，如果你提供給它一個預訂群集（a collection of reservations），你會收到資料表（tables）的一個群集。就你而言，沒有任何你能觀察到的副作用。

有副作用的方法不應該回傳資料。換句話說，它們的回傳型別應該是 `void`。這使得我們非常簡單就能識別出它們。

當你看到一個不回傳資料的方法時，你就知道它的**存在理由**（*raison d'être*）是為了執行某種副作用，這種方法被稱為 *Commands*（命令）[67]。

為了區分有副作用和無副作用的程序，那些確實有回傳資料的方法應該沒有副作用。因此，當你看到像 `IEnumerable<Table> Allocate(IEnumerable<Reservation> reservations)` 這樣的方法特徵式時，你應該意識到它沒有副作用，因為有一個回傳型別。這樣的方法被稱為 *Queries*（查詢）[67][7]。

如果你把 Commands（命令）和 Queries（查詢）分開，對 API 的推理就容易多了。不要從帶有副作用的方法中回傳資料，也不要在會回傳資料的方法中引起副作用。如果遵循這個規則，你就可以分辨這兩種類型的函式，而不需要閱讀實作程式碼。

---

6 `IEnumerable<T>` 是 Iterator（迭代器）[39] 設計模式的標準 .NET 實作。

7 請留意：Query 並不一定是資料庫查詢（database query），儘管它可以是。命令和查詢之間的區別是由 Bertrand Meyer 在 1988 年或之前所做出的 [67]。那時，關聯式資料庫（relational databases）並不像現在這樣普遍，所以**查詢**（*query*）這個詞並不像今天這樣與資料庫運算有著緊密的關聯。

這被稱為 *Command Query Separation*（*CQS*[8]，**命令查詢分離**）。和本書中大多數其他技巧一樣，這不是會自動發生的事情。編譯器不需要也不會強制執行這項規則[9]，所以這是你的責任。如果需要的話，你可以把這個規則做成一個檢查表。

正如你在 8.1.5 小節中所看到的，推理查詢比對命令進行推理更容易，所以請偏好查詢而非命令。

其實在技術上要寫出一個既有副作用又會回傳資料的方法是很容易的。那既不是一個 Command 也不是一個 Query，編譯器並不會在意，但是當你遵循 Command Query Separation 原則時，這種組合就是不合法的。

你可以一直套用這個原則，但在你弄清楚如何處理各種棘手的情況之前，可能需要一些練習[10]。

8.1.7 溝通的階層架構

就像註解會變質一樣，名稱也會變質。似乎有一個可概括的規則：

> 不要用註解（comment）解釋你可以用方法名稱（method name）說明的任何東西。不要用方法名稱解說任何你可以用型別（type）表達的東西。

---

8 請注意不要將 CQS 與 CQRS（Command Query Responsibility Segregation，「命令查詢責任分離」）混淆。那是一種**架構風格**（*architectural style*），其術語取自 CQS（因此縮寫相似），但在概念上更進一步。

9 除非那個編譯器是 Haskell 或 PureScript 的編譯器。

10 通常，人們遇到最棘手的問題是如何向資料庫添加一個資料列並將所產生的 ID 回傳給呼叫者。這也可以透過遵守 CQS [95] 來解決。

按照優先順序，從最重要到最不重要：

1. 賦予 API 不同的型別來引導讀者。
2. 為方法取個有幫助的名稱來引導讀者。
3. 撰寫良好的註解來引導讀者。
4. 提供作為自動化測試的說明性範例來引導讀者。
5. 在 Git 中編寫實用的提交訊息（commit messages）來引導讀者。
6. 撰寫優良的說明文件（documentation）來引導讀者。

這些型別是編譯過程的一部分。如果你在 API 的型別上犯了錯誤，你的程式碼很可能就無法編譯了。與讀者溝通的其他替代方案都不具備這種品質。

良好的方法名稱仍然是源碼庫的一部分，你每天都會看到。它們也是向讀者傳達你意圖的一種好辦法。

有些事情無法輕易地用好的命名方式來傳達。這些可能包括你決定以特定方式編寫實作程式碼的**理由**。那仍然會是包含註解的一個合理原因 [61]。

同樣地，也有一些與你對程式碼所做的特定**變更**有關的考量存在。這些應該被記錄為提交訊息（commit messages）。

最後，少數幾個高層次的問題最好由說明文件來回答。這些問題包括如何設置開發環境，或源碼庫的整體任務為何。你可以在 readme 檔案或其他類型的說明文件中記錄這些東西。

請注意，雖然我並不否定老式說明文件的好處，但我認為它是與其他開發者溝通最不有效的方式。程式碼永遠不會變質。顧名思義，這是唯一會始終保持最新狀態的人工製品。其他的東西（名稱、註解、說明文件）都很容易停滯不前。

8.2 API 設計範例

你如何將這樣的 API 設計原則應用到程式碼中？用來解決一個不簡單的問題時，它會是什麼樣子？你將在本節中看到一個範例。

到目前為止，在 `ReservationsController` 中實作的邏輯並不怎麼實際。請考慮列表 7.6。該餐廳有一個寫定的空間容量為十個座位。決策規則沒有考慮到每一群客人的數量，所以暗示著所有客人都將坐在同一張餐桌上。時髦餐廳的典型配置是酒吧式座位，可以看到廚房的那種。

列表 7.6 中的邏輯也沒有考慮到預訂的時間。其含義是，每天只有一個用餐時段（single seating）。

確實，我也曾在那樣的餐廳用餐過，但它們很罕見。大多數地方都有一張以上的餐桌，而且它們可能有第二段用餐時間（second seatings）。這是指客人被分配了一段的時間來享用他們的餐點：如果你預訂了 18:30 的座位，其他人可能預訂了 21:00 同樣的餐桌，你就有 2.5 小時來吃完你的餐點。

預訂系統也應考慮到開店時間（opening hours）。如果餐廳在 18:00 開店，那麼 17:30 的預訂就應該被拒絕。同樣地，系統也應拒絕日期在過去的預訂。

所有這些（餐桌的配置、第二段用餐時間和開店時間）都應該是可設定的。這些要求顯然足夠複雜，你必須改造程式碼才能將它的複雜性控制在本書建議的限制範圍內。循環複雜度（cyclomatic complexity）應該是七或更少，方法不應該太大，或者涉及太多的變數。

你需要把這個商業決策委派給一個單獨的物件。

8.2.1 Maître D'

列表 7.6 中只有兩行程式碼處理業務邏輯。為了清楚起見，這兩行程式碼在列表 8.5 中重複出現。

列表 8.5 列表 7.6 中唯一的兩行程式碼，實際上是做出了一個業務決定。（*Restaurant/a0c39e2/Restaurant.RestApi/ReservationsController.cs*）

```
int reservedSeats = reservations.Sum(r => r.Quantity);
if (10 < reservedSeats + r.Quantity)
```

有了這個新的需求，決策過程將明顯變得更加複雜。這時定義一個 Domain Model（領域模型）[33] 就是合理的。你應該怎麼稱呼這個類別呢？如果你想採用領域專家（domain experts）在使用的某種無處不在的語言（ubiquitous language）[26]，你可以稱它 *maître d'*（**餐廳領班**）。在正式的餐廳中，*maître d'hôtel* 是監督餐廳客人區域的服務員主管（相對於管理廚房的 *chef de cuisine*，即「廚師長」）。

接受預訂和指定餐桌是領班的職責之一。新增一個 `MaitreD` 類別聽起來像是適當的領域驅動設計（domain-driven design）[26]。

相對於前幾章，我將跳過反覆修訂的開發過程，而向你展示結果。如果你對我寫的單元測試和我採取的小步驟感興趣，它們都能在本書所附的 Git 儲存庫中以 commits 的形式被看見。你可以在列表 8.6 和 8.7 中看到我得出的 `MaitreD API`。花點時間思考一下吧。你得到了哪些結論？

列表 8.6 和 8.7 只顯示了公開可見的 API。我向你隱藏了實作程式碼。這就是封裝的重點所在。

列表 8.6 `MaitreD` 建構器。也存在另一個重載（overload），接受一個 `params` 陣列。（*Restaurant/62f3a56/Restaurant.RestApi/MaitreD.cs*）

```
public MaitreD(
    TimeOfDay opensAt,
```

```
    TimeOfDay lastSeating,
    TimeSpan seatingDuration,
    IEnumerable<Table> tables)
```

列表 8.7 MaitreD 上 WillAccept 實體方法的特徵式。
(*Restaurant/62f3a56/Restaurant.RestApi/MaitreD.cs*)

```
public bool WillAccept(
    DateTime now,
    IEnumerable<Reservation> existingReservations,
    Reservation candidate)
```

你應該能與 MaitreD 物件互動而無須知道其實作細節。你能夠做到嗎？

如何創建一個新的 MaitreD 物件呢？如果你開始鍵入 new MaitreD(，那麼在你鍵入左括弧的瞬間，你的 IDE 就會顯示需要什麼才能繼續，如圖 8.5 所示。你需要提供 opensAt、lastSeating、seatingDuration 和 tables 等引數。所有的這些都是必要的，全都不可以為 null。

```
var maitreD = new MaitreD()
              ▲ 1 of 2 ▼ MaitreD(TimeOfDay opensAt, TimeOfDay lastSeating, TimeSpan seatingDuration, params Table[] tables)
```

圖 8.5 基於靜態型別資訊，IDE 會顯示建構器的需求。

你能想出這裡該怎麼做嗎？應該用什麼來代替 opensAt？必須是一個 TimeOfDay 值。這是一個為此目的而建立的自訂型別，我希望我為它取了一個很不錯的名稱。如果你想知道如何創建 TimeOfDay 的實體，你可以看一下它公開的 API。lastSeating 參數的運作方式與此相同。

你能弄清楚 seatingDuration 是用來做什麼的嗎？我希望這一點也有充分地自我說明。

你認為 tables 參數是用來做什麼的？你以前從未見過 Table 類別，所以你也得學習該類別的公開 API 才行。我將跳過進一步的詮釋。重點不是讓**我**為你講解 API 的內容。重點是讓你對於 API 的推理有個概觀。

你可以為列表 8.7 中的 `WillAccept` 方法進行同樣的分析。如果我做得不錯，你應該很清楚如何與它互動。如果你給它所需的引數，它就會告訴你是否會接受 `candidate`（候選的）預訂。

該方法是否有執行任何副作用呢？它回傳一個值，所以它看起來像一個 Query（查詢）。那麼根據 Command Query Separation（命令查詢分離），它必定沒有副作用。情況確實如此，這意味著你可以呼叫這個方法而不用擔心會發生什麼。唯一會發生的事情是，它將使用一些 CPU 週期並回傳一個 Boolean 值。

8.2.2 與封裝好的物件互動

你應該能夠在不知道實作細節的情況下與一個設計良好的 API 進行互動。你對 `MaitreD` 物件能做到這一點嗎？

`WillAccept` 方法需要三個引數。請參考列表 8.7 中的方法特徵式。你會需要 `MaitreD` 類別的一個有效實體，以及一個代表 `now`（現在）的 `DateTime`，一個 `existingReservations` 群集和 `candidate` 預訂。

假設 `ReservationsController` 已經有了一個有效的 `MaitreD` 物件，你可以用對 `WillAccept` 的一次呼叫來取代列表 8.5 中的兩行程式碼，如列表 8.8 中所示。儘管整個系統的複雜性增加了，但 `Post` 方法的大小和複雜性仍然很低。所有的新行為都在 `MaitreD` 類別中。

列表 8.8 你可以用對 `WillAccept` 的單次呼叫來替換列表 8.5 中的兩行業務邏輯。（*Restaurant/62f3a56/Restaurant.RestApi/ReservationsController.cs*）

```
if (!MaitreD.WillAccept(DateTime.Now, reservations, r))
```

`ReservationsController` 的 `Post` 方法使用 `DateTime.Now` 來提供 `now` 引數。它已經有一個來自其注入的 `Repository` 的現成 `reservations` 群集

了，還有經過驗證的候選預訂 `r`（參閱列表 7.6）。該條件運算式使用了一個 Boolean 否定（!），因此當 `WillAccept` 回傳 `false` 時，`Post` 方法會拒絕預訂。

列表 8.8 中的 `MaitreD` 物件是如何定義的？它是一個透過 `ReservationsController` 建構器初始化的唯讀特性，如列表 8.9 所示。

列表 8.9 `ReservationsController` **建構器。**
（*Restaurant/62f3a56/Restaurant.RestApi/ReservationsController.cs*）

```
public ReservationsController(
    IReservationsRepository repository,
    MaitreD maitreD)
{
    Repository = repository;
    MaitreD = maitreD;
}

public IReservationsRepository Repository { get; }
public MaitreD MaitreD { get; }
```

除了 `MaitreD` 不是一個多型的依存關係（polymorphic dependency）以外，這看起來就像 Constructor Injection（建構器注入）[25]。為什麼我決定這樣做呢？對 `MaitreD` 採取正式的依存關係是個好主意嗎？這不就是一個實作細節嗎？

考慮另一種方法：透過 `ReservationsController` 的建構器逐一傳遞所有的組態值，正如你在列表 8.10 中看到的那樣。

這看起來似乎是一種奇怪的設計。確實，`ReservationsController` 不再對 `MaitreD` 有公開可見的依存關係，但它仍然存在。如果你變更 `MaitreD` 的建構器，你也必須改變 `ReservationsController` 的建構器。列表 8.9 中的設計抉擇導致了較低的維護成本，因為如果你改變了 `MaitreD` 的建構器，你只需要編輯注入的 `MaitreD` 物件被創建的地方就行了。

列表 8.10 ReservationsController 建構器，帶有滿滿的 MaitreD 組態值。與列表 8.9 相比，這似乎不是一個更好的選擇。
（*Restaurant/0bb8068/Restaurant.RestApi/ReservationsController.cs*）

```
public ReservationsController(
    IReservationsRepository repository,
    TimeOfDay opensAt,
    TimeOfDay lastSeating,
    TimeSpan seatingDuration,
    IEnumerable<Table> tables)
{
    Repository = repository;
    MaitreD =
        new MaitreD(opensAt, lastSeating, seatingDuration, tables);
}
```

這發生在 Startup 類別的 ConfigureServices 方法中，如列表 8.11 所示。MaitreD 是一個不可變的類別（immutable class），一旦創建出來就不能改變。設計上就是這樣。這種無狀態服務的許多好處之一是，它具有執行緒安全性（thread-safe），所以你可以用 Singleton 生命週期（lifetime）[25] 註冊它。

列表 8.11 從應用程式組態載入餐廳設定並註冊包含那些值的一個 MaitreD 物件。ToMaitreD 方法顯示在列表 8.12 中。（*Restaurant/62f3a56/Restaurant.RestApi/Startup.cs*）

```
var settings = new Settings.RestaurantSettings();
    Configuration.Bind("Restaurant", settings);
    services.AddSingleton(settings.ToMaitreD());
```

你可以在列表 8.12 中看到 ToMaitreD 方法。OpensAt、LastSeating、SeatingDuration 和 Tables 特性屬於一個封裝不良的 RestaurantSettings 物件。由於 ASP.NET 的組態系統之運作方式，你被預期以這種方式來定義組態物件（configuration objects），即它們能用從檔案中讀取的值來進行充填。從某種意義上說，這種物件就像是 Data Transfer Objects [33]（DTO，資料傳輸物件）。

相對於服務執行時以 JSON 文件形式抵達的 DTO，如果組態值的剖析失敗，你幾乎無能為力。在那種情況下，應用程式無法啟動。由於這個原因，ToMaitreD 方法並不會檢查它傳遞給 MaitreD 建構器的值。

列表 8.12 ToMaitreD 方法會把從應用程式組態中讀取的值轉換為一個 MaitreD 物件。（*Restaurant/62f3a56/Restaurant.RestApi/Settings/RestaurantSettings.cs*）

```
internal MaitreD ToMaitreD()
{
    return new MaitreD(
        OpensAt,
        LastSeating,
        SeatingDuration,
        Tables.Select(ts => ts.ToTable()));
}
```

如果這些值是無效的，建構器將擲出一個例外，而應用程式會當掉，並在伺服器上留下一個日誌條目。

8.2.3 實作細節

知道你可以使用一個像 MaitreD 這樣的類別而不必知道所有的實作細節是件好事。然而，有時候，你的任務涉及到改變一個物件的行為。如果那是你的任務，你就得在碎形架構（fractal architecture）中更深入一個層次。你將不得不閱讀其程式碼。

列表 8.13 顯示了 WillAccept 的實作。它維持在人性化程式碼的範圍內，循環複雜度為 5，有 20 行程式碼，寬度保持在 80 個字元以內，並啟動了 7 個物件。

這並不是全部的實作。要保持在「放得進你大腦的程式碼」之範圍內，就得積極地將實作的各片段委派給其他部分。花點時間檢視程式碼，看看你是否理解了它的要旨。

你以前從未見過 **Seating** 類別。你不知道 **Fits** 方法是做什麼的。不過，希望你能依據你查看程式碼的動機，對於下一步該看哪裡有些感覺。如果你需要改變方法配置資料表的方式，你會去哪裡找？如果在座次重疊檢測（seating overlap detection）功能中存在一個錯誤，你接下來要往哪裡去？

你可能會決定看一下 **Allocate** 方法。你已經見過它了，它就在列表 8.4 中。你在看那段程式碼時，可以忘記 **WillAccept** 方法。

列表 8.13 WillAccept 方法。(*Restaurant/62f3a56/Restaurant.RestApi/MaitreD.cs*)

```
public bool WillAccept(
    DateTime now,
    IEnumerable<Reservation> existingReservations,
    Reservation candidate)
{
    if (existingReservations is null)
        throw new ArgumentNullException(nameof(existingReservations));
    if (candidate is null)
        throw new ArgumentNullException(nameof(candidate));
    if (candidate.At < now)
        return false;
    if (IsOutsideOfOpeningHours(candidate))
        return false;

    var seating = new Seating(SeatingDuration, candidate);
    var relevantReservations =
        existingReservations.Where(seating.Overlaps);
    var availableTables = Allocate(relevantReservations);
    return availableTables.Any(t => t.Fits(candidate.Quantity));
}
```

查看 **Allocate** 是在碎形架構中的另一次放大運算（zoom-in operation）。記住，**你所看到的就是全部**（*what you see is all there is*）[51]。你需要知道的東西應該就在程式碼中。

Allocate 方法在這方面做得很好。它啟動了六個物件。除了物件特性 Tables 之外，全都是在該方法中宣告和使用的。這意味著你不需要在你的頭腦中記住會影響該方法運作方式的任何其他背景。它放得進你的大腦。

它仍然會把一些實作委託給其他物件。它在 table 上呼叫 Reserve，而 Fits 方法也再次出現。如果你對 Fits 方法感到好奇，可以去看一下。你能在列表 8.14 中看到它。

這甚至還算不上接近我們大腦容量的極限，但它仍然將兩個大的資訊塊（Seats 與 quantity）抽象化為一個。它代表在碎形架構中又一次的放大運算。

列表 8.14 Fits 方法。Seats 是一個唯讀的 int 特性。
（*Restaurant/62f3a56/Restaurant.RestApi/Table.cs*）

```
internal bool Fits(int quantity)
{
    return quantity <= Seats;
}
```

閱讀 Fits 的原始碼時，你只需要追蹤 Seats 和 quantity，不必在意呼叫 Fits 方法的程式碼，就能了解它的工作原理。它放得進你的大腦。

我沒有給你看 Reserve 方法或是 Seating 類別，但它們都遵循同樣的設計原則。所有的實作都有考慮到我們的認知限制。這些全都是 Queries（查詢）。如果你對那些實作細節感興趣，可以查閱本書附帶的 Git 儲存庫。

8.3 結論

為讀者撰寫程式碼。正如 Martin Fowler 所說的：

> **「任何傻瓜都能寫出電腦能理解的程式碼。好的程式設計師寫的程式碼則是人類可以理解的。」**[34]

顯然，程式碼必須產生可以運作的軟體，但那是低標。這就是 Fowler 所說的「電腦可以理解的程式碼」。這不是一個夠高的標準。為了使程式碼具有可持續發展性，你必須把它寫得讓人類能夠理解。

封裝是這項工作的一個重要部分。它涉及到設計 API，以使實作細節無關緊要。回想一下 Robert C. Martin 對於**抽象**（*abstraction*）的定義：

> **「抽象就是消除無關緊要的東西，並放大其本質」**[60]

實作細節在你真的需要改變它們之前，都應該是無關緊要的。因此，請設計好 API，使其能夠承受從外部對其進行的推理。本章介紹了一些基本的設計原則，這些原則有助於推動 API 設計朝著那個方向發展。

9 團隊合作

我年輕的時候，厭惡團隊合作。通常，我自己做會比在小組中更快完成學校的作業。我覺得其他小組成員搶了我的風頭，我討厭在「知道」自己是對的情況下還要為自己的做事方式爭辯。

我不認為我會很喜歡年輕的自己。

回想起來，我可能是自我選擇了一個對社交興趣有限的人來說看起來很有前景的職業。我想我和其他相當多的程式設計師都有這個共同點。

壞消息是，身為一名軟體開發人員，你很少單獨作業。

你在軟體開發團隊中，會與其他程式設計師、產品所有人、經理、營運專家、設計師等一起工作。這與 1.3.4 小節中討論的「真正的」工程師沒有兩樣，他們也在團隊中工作。

作為一名工程師，主要的工作就是要遵循各種流程。在本章中，你將了解到一些對軟體工程有益的流程。利用這些流程來幫助自己和你的隊友更輕易理解程式碼。

一句警言：不要把流程（process）和結果（outcome）混為一談。就像檢查表一樣，遵循一個流程可以提高成功機率。然而，任何流程中最重要的部分都是了解它底層的動機。當你了解為什麼一個特定的流程是有益的，你就知道什麼時候應該遵循它，什麼時候應該偏離。歸根究柢，重要的是結果。

但是，請記住，結果可以是正面或負面的。正如 3.1.2 小節所討論的，要衡量你行動的直接結果是不切實際的。他們現在可能會有直接的正面影響，但在六個月後會只會有負面影響。舉例來說，技術債（technical debt）是隨著時間的推移而累積的。

一個流程可以作為你所追求的實際效果之代表。它不能保證一切都會順利，但會有所幫助。

9.1 Git

現在大多數軟體開發機構都使用 Git，而不是其他的版本控制系統（version control systems），例如 CVS 或 Subversion。儘管它的分散式本質，你通常會透過一個集中式的服務來使用它，比如 GitHub、Azure DevOps Services、Stash、GitLab 等。

這種服務帶有額外的功能，如工作項目管理（work item management）、統計或自動備份。管理人員往往認為這些服務是必不可少的，但卻沒有多加考慮實際的源碼控制功能。

同樣地，我見過的大多數軟體開發者都認為 Git 是將他們的程式碼與團隊其他源碼庫整合起來的一種方式。他們很少考慮到自己如何與之互動。

以這種方式使用，Git 幾乎只是一種事後追加的東西。這是一種浪費掉的機會，請有策略地運用 Git。

9.1.1 提交訊息

進行提交（commit）時，你應該撰寫一條提交訊息（commit message）。大多數程式設計師都希望這是一個越容易清除越好的障礙。你必須寫一**些東西**，雖然 Git 拒絕空的提交訊息，但它會接受其他任何東西。

人們通常會寫下提交中有什麼，然後就沒有了。例子包括「**添加了** *FirstName*」、「**不能有空的** *saga*」或「**新增了** *Handle CustomerUpdated*」[1]。這並不如實際能做到的那樣有幫助。

考慮第 8.1.7 小節中描述的溝通階層架構（hierarchy of communication）。你撰寫並儲存下來的任何東西都是給未來的訊息，要傳達給你和團隊成員。另一方面，專注於**溝通**（*communication*）而不是寫作。你不需要花太多時間來解釋提交中變更了什麼，提交差異（commit diff）已經包含了那些資訊。

注重**溝通**而非寫作。

信不信由你，Git 提交訊息有一個標準存在，稱為「*50/72* **法則**」，它並非官方標準，而是以該工具的使用經驗為基礎的一個業界標準 [81]。

- 寫出一個摘要，寬度不超過 50 個字元。
- 如果你添加了更多的文字，第二行就留空。
- 你可以隨心所欲地添加額外的文字，但請進行格式化，讓其寬度不超過 72 個字元。

1 這些是稍微匿名化之後的真實例子。

這些規則的基礎是 Git 各項功能的工作原理。舉例來說，如果你想看到一個提交清單（list of commits），你可以使用 **git log --oneline**：

```
$ git log --oneline
8fa3e47 (HEAD) Make /reservations URL segment lowercase
fbf74ae Return IDs from database in range query
033388a Return 404 Not Found for non-guid id
0f97b34 Return 404 Not Found for absent reservation
ee3c786 Read existing reservation
62f3a56 Introduce TimeOfDay struct
```

這樣的清單會顯示每個提交的摘要行，但不會顯示提交訊息的其他部分。即使**你**沒有在命令列上使用 Git，別人也可能會那樣做。此外，一些使 Git 更加友善的圖形化使用者介面實際上會與 Git 的命令列 API 交互作業。如果你遵循 50/72 法則，就會減低溝通阻力。

摘要可作為標題或章節名稱，讓你能夠瀏覽儲存庫（repository）的歷史。因此，它是「你不需要解釋提交中**什麼**改變了」規則的一個例外。

用命令式語氣（imperative mood）撰寫摘要。雖然這個特定規則背後並沒有強大的力量存在，但它是一種慣例。多年來，我在遵循 50/72 格式化法則的同時，也用過去式書寫我的提交訊息，這沒有為我帶來任何問題。我這樣做是因為覺得用過去式來描述我進行過的工作更為自然，而且沒有人告訴過我要使用命令式語氣的規則。知道這一規則後，我就不情願地改變了我的做法，也沒有什麼不良後果。

通常，命令形式會比過去形式短。舉例來說，「return」比「returned」還要短。至少，這在你努力要將摘要塞入 50 個字元的空間時，提供了一點優勢。

不必寫出比摘要更多的內容，而且一般情況下，如果提交的內容不多而且能夠自我說明，我就只會寫那些。

正確的散文

撰寫電子郵件、程式碼註解、對錯誤報告的回覆、例外訊息或提交備註時，你不再需要按照編譯器或直譯器的規則行事。取而代之，我認為你應該按照文法規則來撰寫。

太多的程式設計師似乎認為，只要不是程式碼，那就無所謂了，涉及到散文時，怎麼寫都可以。這裡有幾個例子：

- "*if we needed it back its on source control. but I doubt its comming back it is a legal issue.*"（「如果我們需要它回來，它就在源碼控制系統上，但我很懷疑它會回來，這是一個法律問題。」）
  這對基本標點符號的漠視令人感到驚嘆。
- "*Thanks Paulo for your incite!*"（「感謝 Paul 的煽動！」）
  Paul 煽動了什麼樣的非法行為？
- "*To menus open at the same time*"（「給同時開啟的選單」）
  如果同時開啟的選單有三或四個，那會發生什麼事？

有些人有閱讀障礙，或者英語不是他們的第一語言，他們可以被原諒。但如果你**可以**做到，請寫出正確的散文。

你有沒有試過在電子郵件、問題追蹤系統（issue-tracking system）或甚至在提交的訊息中進行基於文字的搜尋，但卻找不到你**知道**應該在那裡的東西？在浪費了很多時間之後，你發現找不到那個東西的原因是你要搜尋的那個詞拼錯了。

除了這樣的時間浪費外，粗製濫造的散文也顯得不專業，拖慢了讀者的速度。它還會給讀者一種印象，即你的智慧和能力不如實際的你。不要造成這種溝通阻力，請好好寫。

什麼時候一個提交是自我說明的？頻率就和程式碼一樣，也就是說，比你想像的要少。若有疑問，請添加更多的背景資訊。

提交差異（commit diff）中已經包含「**有什麼改變了**」的相關資訊，而程式碼本身是控制軟體行為的人造物。沒有理由在提交訊息中重複這些資訊。

雖然你可以在其他地方找到關於「**什麼**（*what*）」和「**如何**（*how*）」的問題之答案，但提交訊息往往是解釋**為什麼**（*why*）要做某項改變，或者為什麼採取那種形式的最好地點。這裡有一個簡短的例子：

```
Introduce TimeOfDay struct

This makes the roles of the constructor parameters to MaitreD clearer.
A large part of the TimeOfDay type was autogenerated by Visual Studio.
```

（引進 TimeOfDay 結構使得 MaitreD 的 constructor 參數之角色更為清楚。TimeOfDay 型別的很大部分是由 Visual Studio 所自動產生的。）

此訊息回答了兩個問題：

- 為何要引進 `TimeOfDay` 型別？
- 為什麼大部分的程式碼看起來都不是由測試所驅動的？

你可以在本書所附的程式碼儲存庫（code repository）中找到許多其他的提交訊息範例，那些提交訊息回答了**為什麼**（*why*）的問題。

掙扎於理解程式碼背後的動機可能是軟體開發中排名最高的問題 [24]，所以清楚表達它是很重要的。

9.1.2 持續整合

Continuous Integration（持續整合）看似好像是在大多數軟體開發組織中都已經確立的東西，但實際上並非如此。

雖然每個人似乎都「知道」持續整合是一種正確的軟體工程實務做法，但大多數人都把它與擁有 Continuous Integration 伺服器混為一談。這樣的伺服器是很好的東西，但並不能保證你能進行持續整合。

Continuous Integration 是一種**實踐**（*practice*）。它是一種工作方式。你要做的就是它字面上所說的：**持續不斷地**將你的程式碼與同事正在處理的程式碼進行**整合**。

整合（*integration*）意味著**合併**（*merging*），你不應該把**持續**（*continuous*）這個詞看得太重。其重點在於，要經常與其他人分享你的程式碼。要多頻繁呢？作為一個經驗法則，至少每四小時一次[2]。

我見過不少開發者，他們告訴我，Git 之所以如此偉大，是因為它解決了「合併地獄（merge hell）」的問題。諷刺的是，它並沒有。雖然，它確實鼓勵了一種不同於集中式源碼控制系統工作流程的作業方式。

合併地獄的根本問題與共用資源（shared resource）上任何其他類型的共時性工作（concurrent work）都相同。這和資料庫交易（database transactions）的問題是一樣的。你有一個以上的客戶希望修改一項共用的資源。在源碼控制中，這個資源會是程式碼而不是資料列（database rows），但問題是相同的。

2 更頻繁的整合會更好。在極限情況下，你可以在每次做完更動並且所有測試都通過的情況下進行整合。

你可以透過幾種方式來解決這個問題。資料庫的發展史中提出了交易（transactions）作為一種解決方案。這涉及到在資源上加鎖的問題。Visual SourceSafe 也是這樣運作的。只要你在一個檔案中改變了一點東西，SourceSafe 就會把那個檔案標示為 checked out，在它再次 checked in 之前，其他人都不能編輯它。

有時，人們下班回家，留下處於 checked out 狀態的檔案。這有效地防止了在其他時間段工作的人對該檔案做任何修改。悲觀鎖定（pessimistic locking）的規模擴充性並不是很好。

只要不發生資源競爭（contention），樂觀鎖定（optimistic locking）往往是一種更可擴充的策略 [55]。在你開始修改一個資源之前，你先拍下它的快照（snapshot）[3]，然後再編輯它。當你想儲存你的變更時，你就把當前狀態與快照進行比較，如圖 9.1 所示。如果你能判斷出該項資源從你開始修改它之後都沒有變化，你就可以安全地儲存你的變更。

即使資源被編輯了，你也可以合併那兩個變化。如果一個資料列（database row）被編輯了，但變更的是不同的資料欄（columns），你仍然可以套用你的更改。假設你在編輯一個程式碼檔案，如果你的同事修改了該檔案的不同部分，沒有跟你重疊，那麼合併就是可能的[4]。

但是，如果你們同時編輯同一行程式碼，你們就會發生合併衝突（merge conflict）。如何避免這種情況呢？就像你用樂觀鎖定的方法時一樣。你無法**保證**它永遠不會發生，但你可以讓它變得不太可能。你編輯程式碼的時間越短，別人在同一時間對同一部分進行修改的可能性就越小。

3　你也可以使用一個雜湊（hash）值或資料庫產生的資料列版本。

4　雖然不能保證合併後的結果是有意義的。

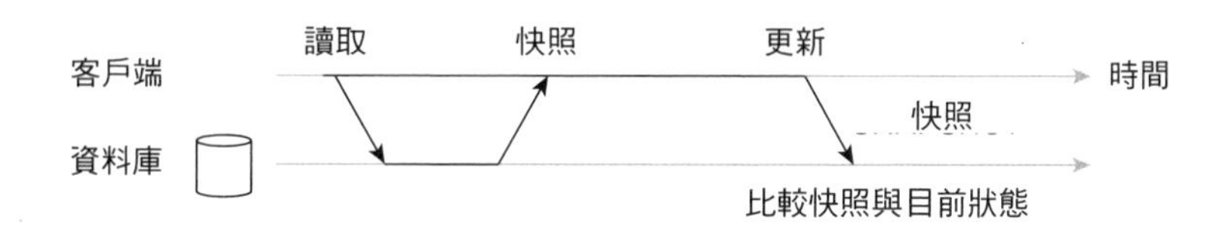

圖 9.1 樂觀鎖定。客戶端首先從資料庫中讀取一項資源的當前版本。當它編輯該資源時，也保留了一份快照的副本。當它想更新資源的時候，也會把快照副本一起發送出去。資料庫會將快照與資源目前的狀態進行比較。只有當快照與當前狀態匹配時，更新才會完成。

你可能聽說過 Continuous Integration 意味著「running on trunk（在主幹上執行）」。有些人似乎太取其字面意義了，以致於他們不在 Git 中創建分支（branches）。取而代之，他們把所有東西都寫在 *master*（主幹）上。

你這樣做唯一的效果是，證明你還沒有理解問題所在。問題是**共時性**（*concurrency*），而不是你正在處理的 Git 分支的名稱。除非你和所有的同事一起做 mob programming（動員程式設計）[5]，否則總有一種風險存在，就是你的某位同事正在編輯跟你同一行的程式碼。

請減少這種風險。做出小型變更，並盡可能頻繁地進行合併。我建議你**至少**每四個小時整合一次。這是一個有點隨意的頻率，我選擇它是因為這代表了大約半天的工作量。你不應該在某個東西上待了超過半天才與團隊其他成員分享。否則，你的本地 Git 儲存庫就會出現分歧，結果就會變成合併地獄。

如果你無法在四個小時內完成一個功能，那麼就把它藏在一個功能旗標（feature flag）[6] 後面，並無論如何都把程式碼整合起來 [49]。

5　關於 mob programming 的細節，請參閱 9.2.2 小節。

6　更多細節，請參閱第 10.1 節。

9.1.3 小型提交

在程式設計中，有很多變異存在。有時，你可以在四個小時內產生大量的程式碼。其他時候，半天時間過去了，卻連一行有效的程式碼都沒有出現。試圖重現或理解一個臭蟲可能需要幾個小時的時間。

學習如何使用一個不熟悉的 API 可能需要好幾天的研究。有時，結果是你不得不刪掉你花了幾個小時編寫的程式碼。所有這些都是正常的。

Git 主要的一個好處是它所提供的**機動性**（*manoeuvrability*），即它使你能夠進行實驗，如圖 9.2 所示。試用一些程式碼，如果行得通，就提交它；如果不行，就重來。如果你做了很多小型的提交，效果會更好。如果你最後一次的提交是一個小型的提交，這意味著丟棄它只會丟掉你真正想除去的程式碼。

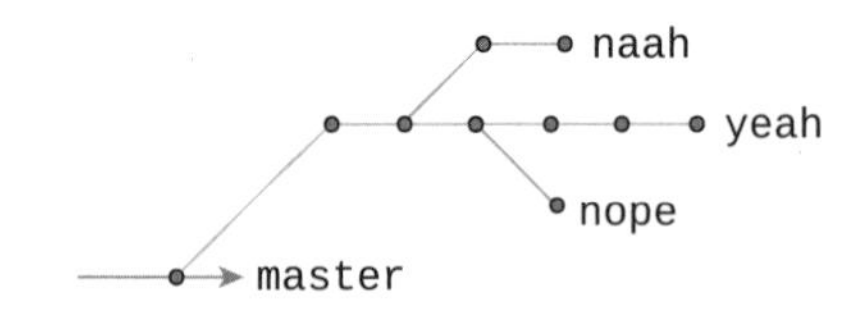

圖 9.2　當你做很多小型的提交時，犯錯的成本就很低。你甚至可以提交那些錯誤，然後將它們遺棄在側邊分支上，萬一後來你發現其實需要它們的話，就知道去哪裡找。yeah 分支看起來很有希望。一旦你在那個分支上到達一個好的檢查點（checkpoint），就把它和 master 分支整合起來。

> **機動性**
>
> 你的環境越不穩定，對無法預見的事件做出回應的能力就越珍貴。Git 使你具有戰術上的機動性（manoeuvrability）。
>
> 機動性是來自航空作戰的一個軍事概念，它反映了你能多快地交換動能（kinetic）和位能（potential energy）、能多快地獲得和消除動量（momentum）[74]。你多擅長快速且靈活的轉彎。

這不僅是指速度快，還講究改變方向和加速的能力。這在軟體開發中也很有用。

在戰術層面上，Git 給了你很好的機動性。如果你某件事情做到一半，但你意識到實際上需要做別的事情，你可以很容易地把你的修改貯藏起來，然後重新開始。如果你對某個重構是否會改進程式碼有疑問，那麼就試一下。如果你認為這個更動能改善情況，就提交它；如果不能，就重置[a]。

它不僅僅是一個版本控制系統，它是一種戰術優勢。

a　或者，更好的是，把它提交到一個新的分支。你不需要與任何人分享這個分支，它將只是留存在你的硬碟上。誰知道呢，今天看起來沒什麼用的東西，將來可能會很有用。就算不是這樣，將來有人建議採用你剛剛嘗試過的重構方法時，你可以隨時向他們展示：「**我已經試過了，這裡是結果**」。

Git 是一種分散式的版本控制系統。在你與其他人或系統分享你的變更之前，提交的內容只存在於你的本地硬碟上。這意味著你可以在推送之前編輯你的提交歷史（commit history）。

我很喜愛在推送前編輯本地 Git 分支的能力。這並不是說我覺得有必要掩蓋我的錯誤，或者看起來有超自然的預知能力，而是因為這讓我可以自由地進行實驗，並且仍然能夠留下有條理的提交軌跡。

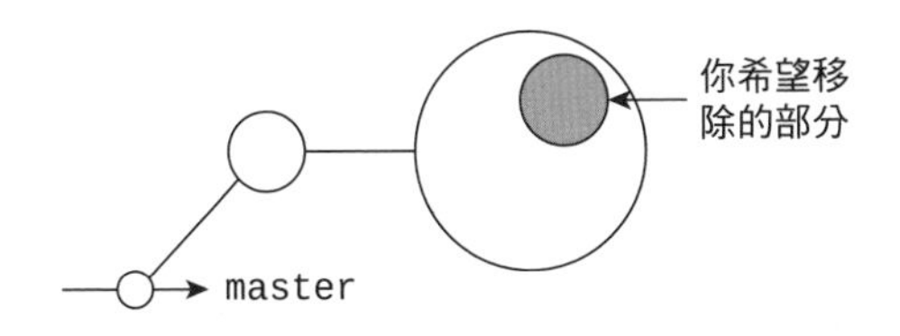

圖 9.3　當你做出粒度粗的提交，以後可能很難只撤銷其中的一部分。在此，一個提交包含了一些你想撤回的程式碼，但它是那個 Death Star（死星）般大型提交的一個組成部分，而其中也包含你想要保留的程式碼。

如果你做的是粒度粗（coarse-grained）提交，你就無法輕易地操作你程式碼的歷史。你可能會對你所做的某些改動感到後悔，但當那些變更與不相關的編輯動作捆綁在一起，如圖 9.3 所示，你就無法輕易地只撤銷你想擺脫的改變。

你的提交歷史應該是可運作軟體的一系列快照。不要提交無法運作的程式碼。另一方面，每當你的程式碼成功建置後，就提交它。進行微提交（micro-commits）[78]。

- 重命名一個符號，提交
- 抽取出一個方法，提交
- 將一個方法置於行內（inline），提交
- 添加一個測試並使其通過，提交
- 新增一個 Guard Clause，提交
- 修正程式碼的格式，提交
- 添加一個註解，提交
- 刪除多餘的程式碼，提交
- 修正一個錯別字，提交

在實務上，你不可能讓所有的提交都變得很小。本書所附的 Git 儲存庫範例中有很多微提交的例子，但你也能找到偶爾的大型提交。

你的小型提交越多，要改變心意就越容易。

幾個小時後，你可能已經嘗試了很多後來放棄的東西。結果可能只剩下少數幾個小型的良好提交。清理你的本地分支，並將其與 *master* 分支整合。

9.2 共同程式碼所有權

你的源碼庫中是否有一部分是只有 Irina 在負責維護的？當她去度假時會發生什麼事？她生病的時候會怎樣呢？如果她辭職了又會怎樣？

你可以用多種方式組織程式碼所有權（code ownership），但如果一個人「擁有」源碼庫的一部分，你就很容易受到團隊變化的影響。每位所有者都會成為一個關鍵資源，即單一故障點（a single point of failure）。這也使得重構變得更加困難。如果一位開發者擁有一個方法，而另一名程式設計師擁有呼叫該方法的程式碼，那麼你就不能輕易地重新命名該方法 [30]。

透過分享程式碼，你提高了公車係數（bus factor）。理想情況下，源碼庫中不應該存在著只有一個人敢去動的地方。

公車係數（Bus Factor）

多少團隊成員被公車撞到之後，開發才會停下來？

你希望這個數字越高越好。如果是 *1*，那意味著就算只有一名團隊成員不在，發展就會陷入困境。

有些人不喜歡這個詞的病態內涵，而比較喜歡問：如果 Vera 贏得樂透並辭職，團隊能否生存下去？這個概念隨後被命名為**樂透係數**（*lottery factor*），但背後的想法是一樣的。

無論你怎麼稱呼它，重點是要提高對環境變化的警覺。團隊成員來來去去，除了贏得樂透，或被公車撞到、人員調動，或由於無數可能的原因，他們就是辭職了。

重點不是要實際測量任何係數，而是要組織工作，使得沒有一個人是不可或缺的。

當一個團隊擁有不只一名程式設計師，人們就會傾向於專業化。一些開發人員喜歡使用者介面的程式設計（user-interface programming），而另一些人則在後端開發（back-end development）中蓬勃發展。共同的程式碼所有權並不禁止專業化，但正如圖 9.4 所示，它偏好責任的重疊。

如果可以的話，我會避免使用者介面的開發，但如果我的團隊中只有另一名使用者介面程式設計師，那我也應該對源碼庫的這一部分負責。只要有一位以上的團隊成員處理使用者介面，我就會判斷它在良好的掌控之中。這使我能夠專注於更貼近我內心的部分。

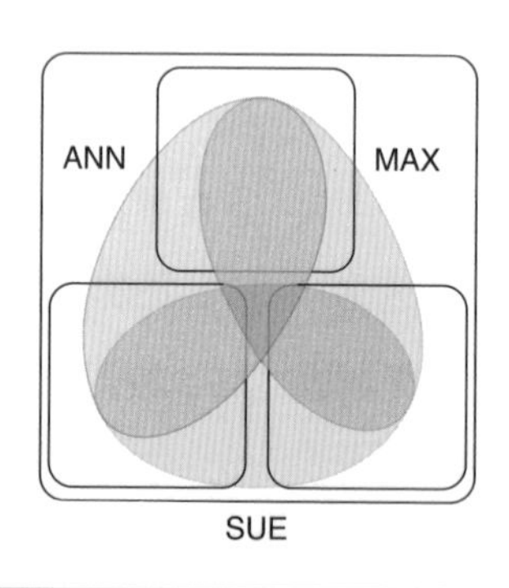

圖 9.4　三名開發者（Ann、Max 和 Sue）同在一個源碼庫工作。Ann 更喜歡在左邊和上面的模組中工作（例如 HTTP API 和 Domain Model）。Max 喜歡頂部和右側的模組，而 Sue 最喜歡底部的兩個模組。所有人都與另一名團隊成員共享源碼庫的一部分。

正如第 3 章所論證的，程式碼是唯一重要的人工製品（artefact）。那麼，共同的程式碼所有權意味著你必須不斷地以肯定的答案回答下列問題：

團隊中是否有一個以上的人可以輕鬆自在地處理程式碼的某一部分？

換句話說，應該至少有兩個活躍的源碼庫維護者來批准這些修改。

你可以透過正式或非正式的途徑來這麼做，包括結對程式設計（pair programming）和程式碼審查（code reviews）。關鍵在於，任何的程式碼變更都涉及到一個以上的人。

9.2.1 結對程式設計

結對程式設計（pair programming）[5] 涉及到兩名軟體開發人員在同一問題上的即時合作。有幾種結對程式設計的方式存在 [12]，但它們都有一個共同的特點，即合作是即時（in real time）進行的。

這個流程包括隨行的連續程式碼審查 [12]。由成對的兩個人所產生的程式碼代表了對實作細節的一致意見。由此產生的提交已經包含了至少兩個人都能接受的程式碼。作為審批流程，沒有比這更非正式的了。

我見過一些團隊認為這樣做太不正式。他們在提交訊息中或在將修改合併到 `master` 時添加關於共同作者的說明，這完全是選擇性的。

結對程式設計可以是達成共同程式碼所有權的一種有效手段。

> **「一致的配對確保每一行程式碼都至少被兩個人接觸過或看過。這提高了團隊中任何一個人都能自在地修改程式碼的機會。這也使得源碼庫比只有單名程式設計師的情況下更加前後一致。**
>
> **單是結對程式設計並不能保證達成共同的程式碼所有權。你需要確保你也在不同的結對和程式碼區域中輪調人員，以防止知識孤島（*knowledge silos*）的出現。」**[12]

這幾乎就像結對程式設計附帶了即時程式碼審查和非正式批准程序作為副作用一樣。這是一種低延遲（low-latency）的審查。因為你已經有兩個團隊成員在處理程式碼，所以你不必等待其他人在之後批准這些修改。

即便如此，並不是每個人都喜歡結對程式設計。身為一名典型的內向者 [16]，我個人認為這種活動很累。它也沒有給人留下什麼沉思的空間，而且需要行程表的同步。

我並不堅持所有的團隊都要進行結對程式設計，但很難反對上述的好處 [7]。不管怎麼說，一直這樣做是不切實際的，也不是我們所想要的 [12]。你可以將結對程式設計與本章中的其他流程混合起來，以達到適合你特定組織的混合程序。

9.2.2 動員程式設計

如果兩位程式設計師一起解決一個問題是好的，那麼三位開發人員一起工作一定更好。那麼四個人呢？五個？

如果你能劫持一間會議室或其他空間，讓一群人合作寫程式碼，你就可以從事動員程式設計（mob programming，或稱「暴民」程式設計 [8]）。

要說服管理層（甚至是你的同事）相信結對程式設計是有生產力的，就已經很困難了。不經思索的回應會是，兩個人在同一個問題上工作，其生產力一定是兩個人同時在兩個獨立問題上作業的一半。要說服持反對意見的人相信三個或更多人在同一個問題上工作並不代表生產力的下降，那就更難了。

我希望，既然你已經在這本書中看到這裡了，你應該已經被說服，認為生產力與某人在鍵盤上的打字速度無關。

可能存在有一個收益遞減（diminishing returns）的點。想像一下，試圖用 50 個人進行動員程式設計，大多數人不會有什麼貢獻，或者說，如果你必須達成團體共識，那就什麼也做不了。

7　也有一些證據表明這是一種高效率的工作方式 [116]。

8　我不喜歡**暴民程式設計**（*mob programming*）這個詞，因為對我來說，**暴民**（*mob*）是沒有思想的一夥人。**集體程式設計**（*ensemble programming*）[84] 可能是一個更好的術語。

不過，對於小型團體而言，似乎有一個甜蜜點（sweet spot）存在。

動員程式設計（mob programming，或稱「暴民程式設計」）並不是我預設的動作模式（modus operandi，或稱「犯罪手法」），但我發現在某些情況下它很有用。

作為一名程式設計教練，我已經用它取得了巨大的成功。在一次工作中，我每週花兩到三天的時間與其他幾個程式設計師一起，幫助他們將測試驅動開發實務套用到他們的生產源碼庫。幾個月後，我就去度假了，與此同時，那些程式設計師繼續進行測試驅動開發。動員程式設計對於知識的傳遞是非常好的。

由於它涉及到一個以上的人在單一組程式碼變更上的合作，你可以從動員程式設計中得到審查和批准的所有好處，也就是結對程式設計（pair programming）能帶來的那些。

如果可能的話，試試吧。如果你喜歡，就使用它。

9.2.3 程式碼審查延遲

正如 Laurent Bossavit 令人信服地指出的那樣，軟體開發中的大多數「常識（common knowledge）」都是迷思而非現實 [13]。只有少數實務做法有被記錄下來的成效。程式碼審查就是這樣一種實務做法 [20]。

這是發現程式碼中缺陷最有效的方法之一 [65]，然而大多數組織並不使用它。一個普遍的原因是，人們覺得它拖慢了開發速度。

誠然，程式碼審查會為開發過程帶來延遲，但相信「大多數錯誤直到很晚才被發現，開發就會更有效率」顯然是一種錯誤。

在我幫助過的大多數組織中，一項工作（通常稱為**功能**，*feature*）由單一名開發人員負責。當這名程式設計師宣佈該項工作**完成**後，就不會再進行進一步的審核。

不同的組織對「**完成**（*done*）」有不同的定義。有些人用「*done done*（**完成的完成**）」這個口號來暗示，只有當功能完整發展並可在生產系統中使用時，工作才算完成。

正如你在 3.1.2 小節中所了解到的，過於短視地關注交付「價值」，可能會忽略將一項搖搖欲墜、不穩定又站不住腳的功能推向生產所衍生的問題。

圖 9.5 說明了一種情況，即你宣佈一項功能已經完成。後來，有個缺陷被發現了。那時，你正在做別的事情，修復那個臭蟲並不是計畫的一部分。你的團隊可能會決定補救這種情況，但由於這是計畫外的工作，它會使你更加費勁。要麼你得加班，要麼你會錯過其他功能的最後期限。

圖 9.5　許多組織都不進行程式碼審查。當開發人員宣佈一個功能完成後，可能過了很久才有錯誤被發現，這就導致了計畫之外的工作。

錯過了最後期限，就會促使人們採取緊縮模式（crunch mode）：長時間工作和週末不斷救火的組合。從來沒有時間把事情做「對」，因為總是有一個新的意外問題需要你去處理。這是一種惡性循環。

藉由程式碼審查，你可以在宣佈工作完成之前有效地發現問題。防止缺陷成為流程的一部分，而是問題的一部分。

圖 9.6 說明了典型做法的問題。一名開發者提交了一份工作供審查。然後，在審查發生之前，過了很長的一段時間。

圖 9.6 如何不做程式碼審查：讓一個功能的完成和審查之間間隔很長時間（審查右邊的小方框表示基於初始審查的改進，以及對改進的後續審查）。

圖 9.7 說明了該問題的一個明顯的解決方案。縮短等待時間。讓程式碼審查成為組織的日常節奏的一部分。

圖 9.7 縮短功能完成和程式碼審查之間的等待時間。審查通常會觸發一些改進，以及針對那些改進的更小型的審查。這些活動由審查右邊的小方框表示。

大多數人都有他們遵循的例行公事。你應該讓程式碼審查成為這種慣例的一部分。你可以在個人層面上做到這一點，或者你能以日常節奏為中心來組織你的團隊。許多團隊都有每日的站立會議（daily stand-up）。這樣一個定期發生的事件創造了一個錨，讓一天的行程都圍繞著它打轉。一般情況下，午餐時間是工作中的另一個自然休息時段。

舉例來說，可以考慮每天早上保留半小時，以及午餐後留出半小時[9]，用於審查。

請記住，你應該只做幾組小型的變更，一組代表不到半天的工作量。如果你這樣做，而且所有團隊成員每天審查這些小型的變化兩次，那麼最長的等待時間將是四個小時左右。

9 你也可以在午餐**前**留出半小時的時間，以及在你下班回家之前，但你更有可能跳過這些活動，因為你正在做其他事情。

9.2.4 駁回一個變更集

我曾經幫助一個開發組織從開發人員在獨立的孤島上工作，幾乎沒有合作可言，過渡到達成共同程式碼所有權。我當時想教他們的一個做法是採取小步驟。

很快，我就收到了一名幾週內沒有消息的遠端開發者的 pull request（拉取請求）。那是一個巨大的請求，有幾千行要審查，分佈在超過五十個檔案中。

我並沒有審查它。我立即拒絕了它，理由是太大了[10]。然後我和整個團隊一起工作，向他們示範如何進行小型的修改。然後我再也沒有收到過那種規模的 pull request 了。

每次進行程式碼審查時，說「不」應該是一個實際的選項。如果程式碼審查只是一個橡皮圖章，那麼它就毫無價值。

我經常看到人們提交一個大型的更動要進行審查。一個大型的變更集（change set）代表了幾天（或幾週）的工作。審查一個大型變更集需要很長的時間 [78]，這樣的審查往往會拖上好幾天，同時作者則要試圖解決你無數的考量。

要麼那樣做，不然就是你得放棄並接受這些變化，因為你還有其他工作要做。

別那樣做。請駁回大型的變更集。

審查員通常不願意駁回一個代表數天工作量的變更集。這是一個常見的

10 我得到了管理階層的支持來做這件事。有時，顧問被允許做普通員工不能做的事情。不公平，是的，但卻是事實。

問題，被稱為**沉沒成本謬論**（*sunk cost fallacy*）[51]。的確，你的同事已經花了很多時間來做修改，但如果你認為你將不得不浪費更多的時間來維護一個糟糕的設計，那麼選擇就很清楚了：減少你的損失。你的同事所浪費的時間已經失去了，不要在組織不良的程式碼上浪費更多的時間。

駁回幾天或幾週的工作量很傷人。拒絕幾個小時的工作量則更容易讓人接受。這也是「最好做出代表半天工作量的小型改變」的另一個原因。

此外，花費超過一個小時的程式碼審查並不有效 [20]。

9.2.5 程式碼審查

程式碼審查應該回答的最基本問題是這個：

我來維護這個會沒事嗎？

真的就是這樣[11]。我想，你可以假設，作者會很樂意維護他或她自己的程式碼。如果你也準備好維護它，那麼你們就有兩個人了，你們就在通往共同程式碼所有權的路上。

在程式碼審查中你應該注意什麼呢？

最重要的標準是程式碼是否**可讀**。它放得進你的大腦嗎？

請記住，說明文件（如果它存在的話）通常是過時的，註解可能是誤導的，等等。歸根究柢，你唯一可以信任的人工製品是程式碼。當你不得不維護它的時候，作者可能已經不在了。

11 為了公平起見，你不應該忘記一個更重要和更基本的問題：**這一變更是否解決了一個實際的問題？**有時，你會誤解你的任務，我就做過那種事，我們都會那樣。在程式碼審查過程中，值得把這個問題放在心上。它**可以**成為駁回某項變更的一個理由，但我不認為它是程式碼審查的主要焦點。

有些人坐在一起進行審查。作者引導審查者了解變更，這是不可取的：

- 審查員無法根據程式碼本身的品質判斷其是否可讀。
- 作者可能會講得很快，讓審閱人忽略有問題的做法。

程式碼審查應該由審查者以他或她自己的速度**閱讀**程式碼。作者剛寫好那些程式碼，所以他或她沒有資格去評估程式碼是否可讀。這就是他或她不應該積極參與到程式碼閱讀中的原因。

雖然拒絕應該是一個實際的選項，但作為一位審查員，你的工作不是要傷害作者或證明你自己的優越，而是要就如何繼續前進達成共識。

吹毛求疵通常沒有幫助，所以不要太擔心程式碼的格式或變數的名稱 [12]。考慮程式碼是否適合你的大腦。方法是否太長或太複雜？

Cory House 建議要注意的事項 [47]：

- 程式碼是否按預期工作？
- 意圖清楚嗎？
- 是否存在不必要的重複？
- 現有的程式碼可以解決這個問題嗎？
- 這還能更簡單嗎？
- 測試是否全面且清楚？

這並不是一份詳盡的清單，但它讓你知道應該尋找什麼。

程式碼審查的結果通常不是二元的接受或拒絕（accept/reject）決定。取而代之，審查會產生一個建議清單，作者和審查者可以利用這個清單來

12 你總是可以在之後改變格式，或者修正變數名稱中的錯別字。只要一個修正本身不構成破壞性的變更，就不要讓它拖累審查。另一方面，公開 API 中的錯別字**應該**被解決，因為修復它們會構成破壞性的變更。

進行對話。雖然作者應該不參與實際的程式碼閱讀，但友好的人際互動可以幫忙加速其餘的程序。

你們通常會同意一些改善方式，作者回去實作那些改進，並提交新的修改，以便重複審查，如圖 9.7 所示。這是一個迭代的流程（iterative process），隨後的審查往往會更快。很快，你們就會達成共識，並整合那些修改。

所有的團隊成員都應該是作者，所有的團隊成員都應該審查其他團隊成員的程式碼。作為審查員，既不是特權，也不是只留給少數人的負擔。

這不僅促發了共同程式碼所有權，而且還鼓勵大家以文明的方式進行審查。

9.2.6 Pull Requests

線上的 Git 服務，例如 GitHub、Azure DevOps Services 等等，都支援 GitHub flow[13]，這是一種輕量化的團隊工作流程（team workflow），其中你會在本地機器上創建分支，但使用中央化的服務來處理合併（merges）工作。

當你希望將一個分支合併到 `master`（主幹）時，你可以發出一個 pull request（拉取請求），這代表你呼籲將你的修改整合到 `master` 分支。

在許多團隊配置中，你通常有足夠的許可權自己完成合併。然而，你應該把它作為一種團隊政策，即必須由其他人來審查和批准變更。這只是執行程式碼審查的另一種方式。

13 不要與 *Git flow* 搞混了。

當你**創建**一個 pull request 時，請牢記使用 Git 的規則。具體來說就是 [91]：

- 讓每個 pull request 都盡可能的小。那比你想像的還要小。
- 在每個 pull request 中只做一件事。如果你想做多件事情，就把它們放在不同的 pull requests 中。
- 避免重新格式化，除非那是該 pull request 所做的唯一事情。
- 確保程式碼能夠建置。
- 確保所有的測試都通過。
- 添加新行為的測試。
- 撰寫適當的提交訊息（commit messages）。

當你**審查**一個 pull request 時，所有關於執行程式碼審查的要點都適用。此外，GitHub flow 是一種非同步的工作流程（asynchronous workflow），所以你通常會透過寫作來進行審查。請記住，寫出來的文字很容易喪失語氣和意圖，你的某個特定措辭可能沒有惡意，但收件人可能會以一種會造成傷害的方式來閱讀它。要特別有禮貌，使用表情符號來表示你的友好態度。

身為一名審查員，你應該花時間去做好審查的工作。請記住，如果 pull request 太大，最好是駁回它 [14]，而不是習慣性地批准它。

如果你決定承擔審查工作，請與作者一**起**合作，使程式碼得到改善。不要只是指出你不喜歡的東西，提供具體的替代方案。看到你喜歡的東西時，記得加以讚賞。下載程式碼並在你自己的機器上執行它 [113]。

14　初學者經常提交體積過大的 pull requests，因為他們不知道如何將他們的工作拆分成較小的部分。這就是 *code that fits in your brain*（適合你大腦的程式碼）的主旨，但這並不是每個人從第一天起就知道該如何做的事情。請幫助你的同事解決這種問題。

9.3 結論

每位團隊成員都有一些強大的技能。你很容易會被源碼庫中最適合你的部分所吸引，這很自然。如果每個人都那樣做，可能會產生一種所有權的感覺。只要這仍然是**弱程式碼所有權**（*weak code ownership*）[30]，那就沒有問題，這是指一段程式碼有一位「自然」的所有者或主要開發者，但每個人都被允許對其進行修改。

你應該透過一些流程來促進共同程式碼所有權，對於源碼庫的每一個變化，這些流程都要求不只一個人負責。你可以透過結對程式設計或動員程式設計非正式地做到這一點，或透過程式碼審查更正式地達成這一目標。

正如 1.3.4 小節所討論的，「真正」的工程師是在團隊中工作的，他們互相簽字確認對方的工作 [40]。在軟體開發中，有一雙以上的眼睛盯著發生的所有事情，是你可以採用的最像工程的實務做法之一。

第 II 部
永續發展性

第一部分是關於儘快趕上進度。其結構圍繞著一個範例源碼庫，從零（無程式碼）開始進展到一個已部署的功能。

一旦你有一個部署好的功能，你就有一個可運作的系統。然而，一個功能是遠遠不足的，你將不得不新增更多的功能。在這一過程中，你會發現，儘管你盡了最大努力，軟體還是會有缺陷。

從零加速到很快的速度，只是為了撞到高牆，這可不是什麼好玩的事。一旦你取得了速度，你就想加以維持。

第二部分的重點是保持一個良好的「巡航速度（cruising speed）」。你如何在現有的源碼庫中添加新的功能？如何排除故障？如何處理跨領域的問題？效能又如何呢？

第二部分討論了這類主題，重點是增強現有的程式碼。這些例子來自於與第一部分相同的源碼庫，但從更廣泛的提交（commits）中取樣。

如果你想在 Git 儲存庫裡跟著研讀，我有讓這部分內容更加地誠實，也就是說，沒那麼多修飾。我沒有試圖掩蓋錯誤，所以你會看到撤銷先前提交之工作的提交，諸如此類。

每當我覺得某個提交包含了值得指出的東西時，我都寫有大量的提交訊息。如果你想要的話，其日誌記錄（log）本身就可以當作一個小故事來讀。它可能值得作為一種附錄來閱讀。

10 擴增程式碼

專業軟體開發的現實是，你大部分時間所處理的，都是現有的程式碼。前幾章對起始一個新的源碼庫有很多論述，以及如何盡可能有效地從零開始發展成為一個可運作的系統。綠地開發（greenfield development）有自己的挑戰存在，但它們與修改現有源碼庫通常會出現的問題有所不同。

你主要會做的事情是編輯生產程式碼。即使你做的是測試驅動開發，你也大多是在**添加**新的測試，然而你經常還是會需要**更改**現有的生產程式碼。

改變現有程式碼的結構而不改變其行為的流程被稱為**重構**（*refactoring*）。其他資源 [34][53][27] 已經涵蓋了那些內容，所以我不打算在這裡重述。取而代之，我將專注於如何在源碼庫中添加新的行為。

非正式地，我傾向於認為行為的添加大致可分為三種：

- 全新的功能
- 對現有行為的加強
- 修補錯誤

你將在第 12 章中學習修復錯誤，而本章涵蓋了其他兩種情況。在許多方面，全新的行為是最容易做出的改變，所以讓我們從那開始。

10.1 功能旗標

當你的任務是增加一個全新的功能，你所寫的大部分程式碼將會是新的程式碼，是你添加到源碼庫中的程式碼，而不是對現有源碼庫的修改。

也許你可以利用現有的程式碼基礎建設，也許你必須在添加新功能之前對其進行修改，但在大多數情況下，添加一項新功能的工作都會是很順利的。你可能會遇到的最大挑戰[1]是如何堅持 Continuous Integration（持續整合）的做法。

正如你在第 9.1.2 小節中所學到的，作為一種經驗法則，你每天應該至少將你的程式碼與 *master* 合併兩次。換句話說，你最多可以在某個東西上工作四個小時，然後就應該把它整合起來。那麼如果你無法在四個小時內完成整個功能呢？

大多數人對於把不完整的功能合併到 *master* 感到不舒服，特別是當他們的團隊也在實踐 Continuous Deployment（持續部署）之時。這意味著不完整的功能會被部署到生產系統中。當然，那是不可取的。

解決方案是區分功能本身和實作它的程式碼。你可以將「不完整的程式碼」部署到你的生產系統中，只要它所實作的行為是無法取用的，就行了。請將功能隱藏在功能旗標（feature flag）[49] 後面。

10.1.1 行事曆旗標

下面是餐廳源碼庫中的一個例子。當我完成了預訂的功能後，我想在系統中添加一個行事曆（*calendar*）功能。

1　當然，除了這個功能本身可能難以實作之外。

這應該能讓客戶瀏覽某一個月或某一天，查看還有多少剩餘的座位。這可以被一個使用者介面所使用，以顯示某個日期是否還開放額外的預訂，諸如此類的。

添加行事曆是一項複雜的工作。你需要啟用從一個月到另一個月的瀏覽動作、計算一個時段的最大剩餘座位數，等等。你不太可能在四個小時內完成所有的這些工作。我就做不到[2]。

在我開始這項工作之前，REST API 的「home」資源以列表 10.1 中所示的 JSON 表示法進行回應。

列表 10.1 與 REST API 的「home」資源的 HTTP 互動範例。當你 GET「index」頁面 / 時，你會收到一個由連結組成的 JSON 陣列。如同你可以從 URL 的 localhost 部分看出的，這個例子是在我的開發機器上執行該系統所得。從部署的系統請求資源時，URL 會識別出一個正確的主機名稱。

```
GET / HTTP/1.1

HTTP/1.1 200 OK
Content-Type: application/json
{
    "links": [
      {
        "rel": "urn:reservations",
        "href": "http://localhost:53568/reservations"
      }
    ]
}
```

2 如果你有檢視範例源碼庫，你可以比較開始這項工作的提交和結束這項工作的提交。這兩個提交之間相隔將近兩個月！好吧，在這中間，我有為期四週的夏日假期，為付費客戶做了一些其他工作，等等。不過，粗略估計，整個工作可能仍然代表了一到兩週的工作。這絕對不是在四個小時內完成的！

該系統是一個真正的 RESTful API，使用超媒體控制項（hypermedia controls，即**連結**）[2]，而非 OpenAPI（之前的 Swagger）或類似東西。希望進行預訂的客戶端向該 API 有記錄的唯一一個 URL（「home」資源）發出請求，並尋找一個關係類型（relationship type）為 `"urn:reservations"` 的連結。實際的 URL 對客戶端來說應該是不可見的。

在我開始研究行事曆功能之前，產生列表 10.1 中回應的程式碼看起來就像列表 10.2 中那樣。

列表 10.2 負責產生列表 10.1 所示輸出的程式碼。`CreateReservationsLink` 是一個 `private` 的輔助方法。(*Restaurant/b6fcfb5/Restaurant.RestApi/HomeController.cs*)

```
public IActionResult Get()
{
    return Ok(new HomeDto { Links = new[]
    {
        CreateReservationsLink()
    } });
}
```

當我開始研究行事曆功能時，我很快就意識到這將花費我不只四個小時，所以我引入了一個功能旗標（feature flag）[49]。它使我能夠寫出如列表 10.3 所示的 `Get` 方法。

列表 10.3 行事曆連結的產生隱藏在一個功能旗標後面。預設情況下，`enableCalendar` 旗標為 false，這導致輸出會與列表 10.1 所示相同。與列表 10.2 中的程式碼相比，凸顯出來的程式行實作了這個新功能。(*Restaurant/cbfa7b8/Restaurant.RestApi/HomeController.cs*)

```
public IActionResult Get()
{
    var links = new List<LinkDto>();
    links.Add(CreateReservationsLink());
    if (enableCalendar)
    {
        links.Add(CreateYearLink());
        links.Add(CreateMonthLink());
        links.Add(CreateDayLink());
```

```
    }
    return Ok(new HomeDto { Links = links.ToArray() });
}
```

enableCalendar 變數是一個 Boolean 值（一個**旗標**），最終的來源是一個組態檔案。在列表 10.3 的情境中，它是透過 Controller 的建構器所提供的一個類別欄位（class field），如列表 10.4 所示。

列表 10.4 HomeController **建構器接收一個功能旗標。**
（*Restaurant/cbfa7b8/Restaurant.RestApi/HomeController.cs*）

```
private readonly bool enableCalendar;

public HomeController(CalendarFlag calendarFlag)
{
    if (calendarFlag is null)
        throw new ArgumentNullException(nameof(calendarFlag));

    enableCalendar = calendarFlag.Enabled;
}
```

CalendarFlag 類別只是一個 Boolean 值外的包裹器（wrapper）。這個包裹器在概念上是多餘的，但因為一個技術細節而需要它：內建的 ASP.NET Dependency Injection Container 負責將類別與它們的依存關係組合起來，而它拒絕將一個值型別（value type）[3] 視為一個依存關係。作為這個問題的變通方法，我引入了 CalendarFlag 包裹器 [4]。

3 在 C# 中被稱為一個 struct。

4 我可以接受這種變通方法，因為我知道這只是暫時的。一旦功能完全實作，你就可以刪除其功能旗標。為原始依存關係引入包裹器類別的另一種方法是，完全放棄內建的 Dependency Injection Container。如果我必須維護一個源碼庫多年，我會傾向於這樣做，但我承認這有其自身的優勢和缺點。我不想在此爭論這個問題，但你可以在 Steven van Deursen 和我的書 *Dependency Injection Principles, Practices, and Patterns* 中讀到如何在 ASP.NET 中做到這一點 [25]。

當系統啟動時，它從其組態系統中讀取各種值。它使用那些值來配置適當的服務。列表 10.5 顯示了它如何讀取 `EnableCalendar` 值並設定 `CalendarFlag`「服務（service）」。

列表 10.5　根據功能旗標的設定值配置它。
（*Restaurant/cbfa7b8/Restaurant.RestApi/Startup.cs*）

```
var calendarEnabled = new CalendarFlag(
    Configuration.GetValue<bool>("EnableCalendar"));
services.AddSingleton(calendarEnabled);
```

如果缺少 `"EnableCalendar"` 組態值，`GetValue` 方法就會回傳預設值，對於 .NET 中的 Boolean 值來說，那會是 `false`。所以我乾脆不設置這個功能，這意味著我可以繼續合併和部署到生產中而不對外開放該行為。

然而，在自動化整合測試中，我覆寫了該設定以開啟那個功能。列表 10.6 顯示了這一點。這意味著，我仍然可以使用整合測試來驅動新功能的行為。

列表 10.6　為測試目的覆寫功能旗標的設定。與列表 4.22 相比，凸顯出來的幾行是新的。
（*Restaurant/cbfa7b8/Restaurant.RestApi.Tests/RestaurantApiFactory.cs*）

```
protected override void ConfigureWebHost(IWebHostBuilder builder)
{
    if (builder is null)
        throw new ArgumentNullException(nameof(builder));

    builder.ConfigureServices(services =>
    {
        services.RemoveAll<IReservationsRepository>();
        services.AddSingleton<IReservationsRepository>(
            new FakeDatabase());

        services.RemoveAll<CalendarFlag>();
        services.AddSingleton(new CalendarFlag(true));
```

```
    });
}
```

此外，當我想透過一種更特定的方式與新的行事曆功能進行互動，以進行一些探索性的測試時，我可以在本地組態檔中把 `"EnableCalendar"` 旗標設定為 `true`，然後該行為也會被啟用。

有一次，經過幾週的作業，我終於能夠完成該功能並在生產環境中開啟它。我刪除了 `CalendarFlag` 類別。這使得仰賴該旗標的所有條件程式碼不再能夠編譯。在那之後，基本上就是**依靠編譯器**（*leaning on the compiler*）[27] 來簡化用到該旗標的所有地方了。刪除程式碼總是那麼令人感到滿足，因為這意味著有更少的程式碼需要維護。

現在「home」資源的回應輸出如列表 10.7 所示。

列表 10.7 與 REST API 的「home」資源的 HTTP 互動範例，現在有行事曆連結了。與列表 10.1 做比較。

```
GET / HTTP/1.1

HTTP/1.1 200 OK
Content-Type: application/json
{
    "links": [
        {
            "rel": "urn:reservations",
            "href": "http://localhost:53568/reservations"
        },
        {
            "rel": "urn:year",
            "href": "http://localhost:53568/calendar/2020"
        },
        {
            "rel": "urn:month",
            "href": "http://localhost:53568/calendar/2020/10"
```

```
        },
        {
            "rel": "urn:day",
            "href": "http://localhost:53568/calendar/2020/10/20"
        }
    ]
}
```

在這個例子中，你已經看到如何使用功能旗標來隱藏一個功能，直到它被完全實作為止。這個例子以一個 REST API 為基礎，其中很容易隱藏不完整的行為：只要不讓新的能力作為一個連結浮現出來就可以了。在其他類型的應用程式中，你可以使用旗標來隱藏相應的使用者介面元素，諸如此類的。

10.2 絞殺者模式（Strangler Pattern）

你要增添一個新的功能時，你通常可以透過向現有的源碼庫添加新的程式碼來達成。加強現有的功能則是另一回事。

我曾經領導過一次「**重構以獲得更深刻洞察力**（*refactor towards deeper insight*）」的工作 [26]。我和同事發現，實作一項新功能的關鍵是修改我們源碼庫中的一個基本類別。

雖然這樣的洞見很少在合適的時候出現，但我們想做出改變，而我們的經理也允許那樣做。

一週後，我們的程式碼仍然無法編譯。

我希望我可以對有關的類別進行修改，然後**依靠編譯器** [27] 來識別出需要修改的呼叫地點。問題是，有大量的編譯錯誤出現，修復它們並不是簡單的搜尋並取代動作就能解決。

經理最後把我拉到一邊，讓我知道他對這種情況並不滿意，我只能表示同意。

經過一番溫和的勸說，他允許我繼續工作，又經過幾天的英勇[5]努力，工作終於完成。

這是我不打算重複的失敗。

正如 Kent Beck 所述：

> **「對於想要的每一個改變，使該更動變得容易（警告：這可能很難），然後就去進行那個簡單的變更。」**[6]

我確實試圖讓這個改變變得簡單，但沒有意識到那會是多麼困難。不過，它不一定有那麼難。請遵循一個簡單的經驗法則：

對於任何重大的變更，不要就地進行，要並排進行。

這也被稱為 Strangler（絞殺者）模式 [35]。儘管其名稱如此，它與暴力並無關聯，但它是根據**絞殺者無花果**（*strangler fig*）來命名的，這種藤蔓圍繞著「宿主」樹生長，多年間可能透過偷光和偷水來扼殺它。

這時，這種藤蔓已經長得足夠強壯，可以支撐自己。如圖 10.1 所示，左邊是一棵新的空心樹，大小和形狀與死去的舊樹差不多。

5　必須說清楚的是，英雄主義並不是一種工程實踐。它太不可預測了，而且還刺激了沉沒成本謬論的發展。請儘量不要那麼做。

圖 10.1　絞殺者無花果生命週期的各個階段。左邊是一棵樹，中間原本的樹已被絞殺者無花果所圍繞，而右邊則是只剩下絞殺者無花果。

Martin Fowler 最初是在大規模架構的背景之下描述這種模式的，作為用較新的系統逐步取代舊有系統的一種途徑。我發現幾乎在任何規模下它都是有用的。

在物件導向的程式設計中，你可以在方法層面和類別層面套用這種模式。在方法層面，你首先添加一個新的方法，逐步將呼叫者轉移過去，最後刪除舊的方法。在類別層面上，你會先新增一個類別，逐步將呼叫者轉移過去，最後刪除舊的類別。

你會看到這兩者的例子，先從方法層面開始。

10.2.1 方法層面的絞殺者

當我在實作第 10.1 節中討論的行事曆功能時，我需要一種方式來讀取多個日期的預訂。然而，IReservationsRepository 介面當前的化身看起來就像列表 10.8。ReadReservations 方法接受單一個 DateTime 作為輸入，並回傳那個日期的所有預訂。

列表 10.8 IReservationsRepository 介面有一個專注於單個日期的 ReadReservations 方法。(*Restaurant/53c6417/Restaurant.RestApi/IReservationsRepository.cs*)

```
public interface IReservationsRepository
{
```

```
    Task Create(Reservation reservation);

    Task<IReadOnlyCollection<Reservation>> ReadReservations(
        DateTime dateTime);

    Task<Reservation?> ReadReservation(Guid id);

    Task Update(Reservation reservation);

    Task Delete(Guid id);
}
```

我需要一個方法來回傳某一日期範圍內的預訂。對於這樣的需求，你的回應可能是添加一個新的方法重載（method overload），然後就不去管它了。從技術上講，這是有可能的，但是想想維護的成本。當你添加更多的程式碼，你就有更多的程式碼需要維護。介面上額外的一個方法意味著你也必須在所有的實作者上維護它。

我更傾向於用一個新的方法來取代舊的 `ReadReservations` 方法。這是有可能的，因為讀取一個日期範圍而非單一個日期的預訂實際上削弱了先決條件。你可以把目前的方法看作是一個特例，其範圍只是單一日期。

然而，如果你的大部分程式碼都有呼叫當前的方法，那麼一下子就做出改變可能不切實際。取而代之，先添加新方法，逐步遷移呼叫點，最後刪除舊方法。列表 10.9 顯示添加了新方法的 `IReservationsRepository` 介面。

當你添加一個這樣的新方法時，程式碼就會變得無法編譯，除非你把它添加到實作該介面的所有類別中。餐廳預訂源碼庫只有兩個實作者：`SqlReservationsRepository` 和 `FakeDatabase`。我在同一提交中為這兩個類別添加了實作，我所需要做的就只有這樣了。即使是 SQL 的實作，大概也只是五到十分鐘的工作量。

列表 10.9 IReservationsRepository 介面有一個額外的 ReadReservations 方法，專注於一個範圍的日期。與列表 10.8 相比，凸顯出來的幾行是新的。
(*Restaurant/fa29d2f/Restaurant.RestApi/IReservationsRepository.cs*)

```
public interface IReservationsRepository
{
    Task Create(Reservation reservation);

    Task<IReadOnlyCollection<Reservation>> ReadReservations(
        DateTime dateTime);

    Task<IReadOnlyCollection<Reservation>> ReadReservations(
        DateTime min, DateTime max);

    Task<Reservation?> ReadReservation(Guid id);

    Task Update(Reservation reservation);

    Task Delete(Guid id);
}
```

又或者，我也可以在 SqlReservationsRepository 和 FakeDatabase 中添加新的 ReadReservations 重載，但讓它們擲出一個 NotImplementedException。然後，在接下來的提交中，我就能使用測試驅動開發來實現想要的行為。在這個過程中的每一個點，我都會有一組提交，能與 *master* 合併。

然而，另一種選擇是，先在具體的類別中新增具有相同特徵式的方法，然後只在所有的那些都到位之後，才將該方法添加到介面中。

在任何情況下，你都可以**漸進式地**開發新的方法，因為此時並沒有程式碼在使用它。

當新的方法牢固到位後，你就可以編輯呼叫地點，**一次一個**。這樣一來，你就可以要花多少時間，就花多少時間。在這個過程中，你可以隨

時與 *master* 合併，即使那意味著部署到生產中。列表 10.10 顯示的程式碼片段現在會呼叫新的重載。

列表 10.10 呼叫新的 ReadReservations 重載的程式碼片段。前面凸顯的兩行是新的，而最後凸顯的那一行被編輯為呼叫新方法而不是原來的 ReadReservations 方法。
（*Restaurant/0944d86/Restaurant.RestApi/ReservationsController.cs*）

```
var min = res.At.Date;
var max = min.AddDays(1).AddTicks(-1);
var reservations = await Repository
    .ReadReservations(min, max)
    .ConfigureAwait(false);
```

我逐個呼叫地點去修改呼叫端程式碼，並在每次變更後提交給 Git。幾次提交之後，就完成了，不會再有程式碼呼叫原來的 `ReadReservations` 方法。

最後，我可以刪除原來的 `ReadReservations` 方法，留下如列表 10.11 所示的 `IReservationsRepository` 介面。

列表 10.11 在 Strangler 程序完成後，IReservationsRepository 介面的樣子。原來的 ReadReservations 方法已經消失，只剩下新的版本。與列表 10.8 和 10.9 做比較。
（*Restaurant/bcffd6b/Restaurant.RestApi/IReservationsRepository.cs*）

```
public interface IReservationsRepository
{
    Task Create(Reservation reservation);

    Task<IReadOnlyCollection<Reservation>> ReadReservations(
        DateTime min, DateTime max);

    Task<Reservation?> ReadReservation(Guid id);

    Task Update(Reservation reservation);

    Task Delete(Guid id);
}
```

當你從一個介面刪除一個方法時，記得也要從所有實作類別中刪除它。如果你讓它們留下來，編譯器是不會抱怨沒錯，但那是一種你不需要承受的維護重擔。

10.2.2 類別層面的絞殺者

你也可以在類別的層面上套用 Strangler（絞殺者）模式。如果你有一個想重構的類別，但你擔心就地修改它需要太長的時間，你可以添加一個新的類別，把呼叫者逐個移過去，最後刪除舊的類別。

你可以在線上餐廳預訂源碼庫中找到一些這樣的例子。在一個案例中，我發現有項功能過度設計了[6]。我需要為在給定時間將預訂分配給餐桌的動作建立模型，所以我新增了一個泛用的 `Occurrence<T>` 類別，它可以將**任何**型別的物件與時間聯繫起來。列表 10.12 顯示了它的建構器和特性，讓你對它有個初步了解。

列表 10.12 `Occurrence<T>` **類別的建構器和特性。這個類別將任何型別的物件與時間聯繫起來。然而，事實證明，這是種過度工程（over-engineered）。**
（*Restaurant/4c9e781/Restaurant.RestApi/Occurrence.cs*）

```
public Occurrence(DateTime at, T value)
{
    At = at;
    Value = value;
}

public DateTime At { get; }
public T Value { get; }
```

6　是的，即使盡力遵循我在本書中介紹的所有實務做法，我仍然也會犯錯。儘管被告誡說，要做可能行得通的最簡單的事情 [22]，但我偶爾還是會把事情弄得太複雜，因為有著「以後肯定會需要它」的這種想法。然而，為自己的錯誤而懲罰自己，並沒有什麼效果。意識到你犯下錯誤時，只需承認並改正它。

在我實作了需要 Occurrence<T> 類別的功能後，我意識到真的沒必要讓它是泛用（generic）的。所有使用該物件的程式碼都包含帶有相關預訂的一個資料表群集。

泛型（generics）確實使程式碼變得稍微複雜。雖然我發現它們在正確的情況下很有用，但它們也使事情變得更加抽象。舉例來說，我有一個方法，其特徵式如列表 10.13 所示。

列表 10.13 這個方法回傳內嵌了三層的一個泛用型別。太抽象了嗎？（*Restaurant/4c9e781/Restaurant.RestApi/MaitreD.cs*）

```
public IEnumerable<Occurrence<IEnumerable<Table>>> Schedule(
    IEnumerable<Reservation> reservations)
```

考慮一下 8.1.5 小節的建議。透過觀察這些型別，你能想出 Schedule 方法的作用嗎？

你如何看待像 IEnumerable<Occurrence<IEnumerable<Table>>> 的這種型別？

如果這個方法有列表 10.14 中的特徵式，不是更容易理解嗎？

列表 10.14 回傳一個 TimeSlot 物件群集的方法。它與列表 10.13 中的方法相同，但有一個更具體的回傳型別。（*Restaurant/7213b97/Restaurant.RestApi/MaitreD.cs*）

```
public IEnumerable<TimeSlot> Schedule(
    IEnumerable<Reservation> reservations)
```

IEnumerable<TimeSlot> 似乎是一個更容易接受的回傳型別，所以我想從 Occurrence<T> 類別重構到像這樣的一個 TimeSlot 類別。

已經有不少程式碼在使用 Occurrence<T> 了，我沒有信心在足夠短的時間內完成這樣的重構。取而代之，我決定使用 Strangler 模式：首先添加新的 TimeSlot 類別，然後逐個遷移呼叫者，最後刪除 Occurrence<T> 類別。

我首先將 `TimeSlot` 類別添加到源碼庫中。列表 10.15 顯示了它的建構器和特性，讓你可以大略知道它的樣子。

一旦我添加了這個類別，我就可以把它提交給 Git，並與 *master* 分支合併，這並沒有破壞任何功能。

然後我就可以逐步將程式碼從使用 `Occurrence<T>` 改為使用 `TimeSlot`。我從一些輔助方法開始著手，比如列表 10.16 中的方法。

列表 10.15 `TimeSlot` **類別的建構器和特性。**
（*Restaurant/4c9e781/Restaurant.RestApi/TimeSlot.cs*）

```
public TimeSlot(DateTime at, IReadOnlyCollection<Table> tables)
{
    At = at;
    Tables = tables;
}

public DateTime At { get; }
public IReadOnlyCollection<Table> Tables { get; }
```

列表 10.16　一個接收 `Occurrence` **參數的輔助方法的特徵式。與列表 10.17 做比較。**
（*Restaurant/4c9e781/Restaurant.RestApi/ScheduleController.cs*）

```
private TimeDto MakeEntry(Occurrence<IEnumerable<Table>> occurrence)
```

我想把它改為接受一個 `TimeSlot` 參數，而不是接受一個 `Occurrence<IEnumerable<Table>>` 參數，如列表 10.17 所示。

列表 10.17　接受一個 `TimeSlot` **參數的輔助方法之特徵式。與列表 10.16 做比較。**
（*Restaurant/0030962/Restaurant.RestApi/ScheduleController.cs*）

```
private static TimeDto MakeEntry(TimeSlot timeSlot)
```

呼叫這個 `MakeEntry` 輔助方法的程式碼本身就是接收 `IEnumerable<Occurrence<IEnumerable<Table>>>` 引數的一個輔助方法，而我想逐步遷移呼叫者。我意識到，如果我添加列表 10.18 中的暫時轉換方法，我就可以做到這一點。這個方法支援舊類別和新類別之間的轉換。一旦完成了這種 Strangler 遷移，我就把它和該類別本身一起刪除。

我還得把列表 10.13 中的 Schedule 方法遷移為列表 10.14 中的版本。由於有多個呼叫者，我想分別遷移每個呼叫者，在每次改動之間都進行對 Git 的提交。這意味著我需要讓這兩個版本的 `Schedule` 在一段有限的時間內並存。這在嚴格意義上是不可能的，因為它們只在回傳型別上有所不同，而 C# 不支援回傳型別重載（return-type overloading）。

列表 10.18 從 `Occurrence` 到 `TimeSlot` 的暫時轉換方法。
（*Restaurant/0030962/Restaurant.RestApi/Occurrence.cs*）

```
internal static TimeSlot ToTimeSlot(
    this Occurrence<IEnumerable<Table>> source)
{
    return new TimeSlot(source.At, source.Value.ToList());
}
```

為了解決這個問題，我首先使用了 Rename Method[34] 重構，將原來的 `Schedule` 方法重命名為 `ScheduleOcc`[7]。然後我複製貼上了它，改變了回傳型別，並將新方法的名稱改回 `Schedule`。現在我有了叫作 `ScheduleOcc` 的原始方法和具有較佳回傳型別的新方法，但沒有呼叫者。同樣地，這也是你可以提交你的修改並與 *master* 合併的地方。

有了這兩個方法，我現在就可以逐個遷移呼叫者，並將我對每個方法的改動提交到 Git 中。同樣地，這是一項可以逐步進行的工作，不會影響到你或你團隊成員的其他工作。一旦所有的呼叫者都呼叫新的 `Schedule` 方法，我就刪除 `ScheduleOcc` 方法。

---

7 *Occ* 代表 *Occurrence*

Schedule 並不是其回傳資料會用到 Occurrence<T> 的唯一方法，但我可以用同樣的技巧將其他方法遷移到 TimeSlot。

最終完成遷移後，我刪除了 Occurrence<T> 類別，包括列表 10.18 中的轉換輔助方法。

在這個過程中，我從來沒有超過五分鐘不提交，而且所有的提交都使系統處於一致的狀態，可以進行整合和部署。

10.3 版本控制

幫你自己一個忙。閱讀 Semantic Versioning 規格 [83]。是的，全都要讀。這花不到十五分鐘的時間。簡而言之，它使用的是 *major.minor.patch* 方案。

只有當你引入突破性的變化時，你才會增加 *major*（主）版號；增加 *minor*（次）版號表示引進了一項新功能，而一個 *patch*（補丁）版號的增加則代表修復了一個錯誤。

即使你決定不採用 Semantic Versioning（語意版本控制），我相信它還是能幫助你更清楚地思考破壞性和非破壞性的改變。

如果你正在開發和維護一個沒有 API 的單體應用程式，破壞性的變化可能就不重要，但只要其他程式碼依存於你的程式碼，就會有所影響。

無論那些依存程式碼在哪裡，這點都成立。顯然，如果有依存你 API 的外部付費客戶，回溯相容性（backwards compatibility）就是至關緊要的。但是，即使依存你程式碼的系統「只是」你組織中的另一個源碼庫，仍然需要考慮相容性問題。

每次你破壞了相容性，就需要與你的呼叫者進行協調。有時，這種情況是作為一種反應發生的，如「你最新的變更破壞了我們的程式碼！」。如果你能提前給客戶發出警告，那就更好了。

不過，如果你能夠避免破壞性的變化，事情就會執行得更順利。在 Semantic Versioning 中，這意味著要在同一個主要版本（major version）上停留很長時間。這可能需要一點時間來習慣。

我曾經維護過一個開源程式庫，它在主要版本 *3* 上停留了四年多的時間！版本 3 的最後一次發行是 *3.51.0*。顯然，在那四年裡，我們增加了 51 個新功能，但由於我們沒有破壞相容性，所以我們沒有增加主版號。

10.3.1 預先警告

如果你**必須**破壞相容性，就要慎重以對。如果可以的話，請提前警告使用者。考慮 8.1.7 小節中討論的溝通階層架構，以弄清哪種溝通管道最有效。

舉例來說，有些語言能讓你用注釋（annotation）來廢除方法。在 .NET 中，這被稱為 `[Obsolete]`，在 Java 中稱為 `@Deprecated`。列表 10.19 顯示了一個例子。這將導致 C# 編譯器對所有呼叫該方法的程式碼發出一個編譯器警告。

列表 10.19 廢棄的方法。[Obsolete] **特性標誌著該方法已被棄用，並給出了關於替代做法的一個提示。**（*Restaurant/4c9e781/Restaurant.RestApi/CalendarController.cs*）

```
[Obsolete("Use Get method with restaurant ID.")]
[HttpGet("calendar/{year}/{month}")]
public Task<ActionResult> LegacyGet(int year, int month)
```

如果你意識到必須破壞相容性，請考慮是否可以將一個以上的破壞性變化捆裝在單一個發行版中。這並不一定是好主意，但有時是可行的。每當你引入一個破壞性的變化，就迫使客戶的開發人員去處理它。如果你有多個較小型的破壞性變化，那麼把它們都捆裝在一個版本中，可能會使客戶那邊開發人員的生活更輕鬆一點。

另一方面，如果每次都會迫使客戶的開發人員進行大規模的修改，那麼發行多個破壞性的變更可能不是一個好主意。運用一些判斷力，畢竟這是軟體工程的**藝術**所在。

10.4 結論

你在現有的源碼庫中工作。當你添加新的功能，或增強既有的功能，或修復錯誤時，你都會對現有的程式碼進行修改。請注意你有以小步驟進行。

如果你正在開發一個需要很長時間才能實作的功能，你可能會想在一個功能分支（feature branch）上開發它。不要這樣做，那會導致合併地獄（merge hell）。取而代之，將該項功能隱藏在一個功能旗標（feature flag）後面，並經常進行整合 [49]。

當你想進行大規模的重構時，考慮使用 Strangler（絞殺者）模式。不要在原地進行編輯，而是讓新和舊的方式共存一段時間以更改程式碼。

這使你能夠每次一點，逐步遷移呼叫者。你甚至可以把它作為一項維護任務，與其他工作交錯進行。只有當遷移完成後，你才能刪除舊的方法或類別。

如果該方法或類別是已公開發佈的物件導向 API 的一部分，那麼刪除一個方法或類別可能會構成破壞性的改變。在那種情況下，你需要明確地考慮版本控制的問題。首先廢止舊的 API 以警告使用者即將發生的變化，然後只有在發佈新的主要版本時，才刪除棄用的 API。

11
編輯單元測試

很少有源碼庫是透過本書第一部分所涵蓋的實務做法引導成形的。它們有冗長的方法、複雜度很高、差勁的封裝，自動化測試的覆蓋率也很低。我們稱這樣的源碼庫為**舊有程式碼**（*legacy code*）。已經有一本關於有效處理舊有程式碼的好書了：*Working Effectively with Legacy Code* [27]，所以我不打算在這裡重複它的教訓。

11.1 重構單元測試

如果你有一個值得信賴的自動化測試套件，你可以應用 *Refactoring* [34] 中的許多經驗。那本書討論了如何改變現有程式碼的結構而不改變其行為。書中描述的許多技術都內建在現代 IDE 中了，例如重新命名、提取輔助方法、到處移動程式碼等等。我也不想在這個話題上花費太多時間，因為其他來源也都有更深入的介紹 [34]。

11.1.1 變更安全網

有了自動化測試套件的安全網，*Refactoring* [34] 解釋如何改變生產程式碼的結構，而 *xUnit Test Patterns* [66] 的副標題則是 *Refactoring Test Code*

（重構測試程式碼）[1]。

測試程式碼是你寫來確認生產程式碼能運作的程式碼，用以增強你對此的信心。正如我在本書中所論證的，編寫程式碼時很容易犯錯。那麼，要如何知道你的測試程式碼是沒有錯誤的呢？

你無法知道，但前面概述的一些做法提高了你的機會。當你使用測試作為生產程式碼的驅動力時，你就進入了某種複式記帳法（double-entry bookkeeping）[63]，其中測試使生產程式碼就定位，而生產程式碼提供關於測試的回饋。

另一個應該灌輸信任的機制是你一直在遵循的紅綠重構檢查表（Red Green Refactor checklist）。看到一個測試失敗時，你就知道它實際上驗證了你想要驗證的東西。如果你從來沒有編輯過該測試，就能相信它一直都會這樣做。

如果你編輯測試程式碼會怎樣呢？

你編輯的測試程式碼越多，就越不能信任它。然而，重構的骨幹是測試套件：

> **「要進行重構，最基本的先決條件就是 [...] 可靠的測試」**[34]

那麼嚴格來講，你就不能重構單元測試。

實務上，你將不得不編輯單元測試程式碼。然而，你應該意識到，相較於生產程式碼，這裡沒有安全網保護。請小心地修改測試，慎重地行動。

1　雖然持平來說，它更像是一本關於設計模式的書，而不是關於重構的書。

11.1.2 加入新的測試程式碼

在測試程式碼中，你能做的最安全的編輯是追加新程式碼。很明顯，你可以添加全新的測試，這並不會減少現有測試值得信賴的程度。

顯然，添加一個全新的測試類別可能是你能做的最獨立的編輯動作，但你也可以將新的測試方法附加到現有的測試類別。每個測試方法都應該獨立於所有其他測試方法，所以添加一個新方法不應該影響現有的測試。

你也可以把測試案例附加到一個參數化的測試（parametrised test）中。舉例來說，如果你有列表 11.1 中所示的測試案例，你可以新增另一行程式碼，如列表 11.2 中所示。這稱不上危險。

列表 11.1 有三個測試案例的參數化測試方法。列表 11.2 顯示我添加了一個新的測試案例後的新程式碼。（*Restaurant/b789ef1/Restaurant.RestApi.Tests/ReservationsTests.cs*）

```
[Theory]
[InlineData(null, "j@example.net", "Jay Xerxes", 1)]
[InlineData("not a date", "w@example.edu", "Wk Hd", 8)]
[InlineData("2023-11-30 20:01", null, "Thora", 19)]
public async Task PostInvalidReservation(
```

列表 11.2 與列表 11.1 相比，添加了一個新測試案例的測試方法。增加的那一行有被凸顯出來。（*Restaurant/745dbf5/Restaurant.RestApi.Tests/ReservationsTests.cs*）

```
[Theory]
[InlineData(null, "j@example.net", "Jay Xerxes", 1)]
[InlineData("not a date", "w@example.edu", "Wk Hd", 8)]
[InlineData("2023-11-30 20:01", null, "Thora", 19)]
[InlineData("2022-01-02 12:10", "3@example.org", "3 Beard", 0)]
public async Task PostInvalidReservation(
```

你也可以在現有的測試中添加斷言（assertions）。列表 11.3 顯示了一個單元測試中的單一個斷言，而列表 11.4 則顯示我新增了兩個斷言後的同一個測試。

列表 11.3 測試方法中的單一斷言。列表 11.4 顯示我添加了更多斷言後的新程式碼。（*Restaurant/36f8e0f/Restaurant.RestApi.Tests/ReservationsTests.cs*）

```
Assert.Equal(
HttpStatusCode.InternalServerError,
response.StatusCode);
```

列表 11.4 與列表 11.3 相比，我又在驗證階段新增了兩個斷言。添加的程式行有被凸顯出來。（*Restaurant/0ab2792/Restaurant.RestApi.Tests/ReservationsTests.cs*）

```
Assert.Equal(
    HttpStatusCode.InternalServerError,
    response.StatusCode);
Assert.NotNull(response.Content);
var content = await response.Content.ReadAsStringAsync();
Assert.Contains(
    "tables",
    content,
    StringComparison.OrdinalIgnoreCase);
```

這兩個例子取自一個測試案例，它驗證如果你試圖超額預訂餐廳會發生什麼事。在列表 11.3 中，該測試只驗證了 HTTP 回應是 `500 Internal Server Error`[2]。那兩個新的斷言驗證 HTTP 回應包括什麼可能出錯了的線索，例如 `No tables available` 訊息。

我經常遇到這樣的程式設計師：他們學到的是一個測試方法只能包含一個斷言，擁有多個斷言被稱為 Assertion Roulette（斷言輪盤）。我覺得這太過簡化了。你可以把追加新的斷言看作是對後置條件的強化。就列表 11.3 中的斷言來說，任何 `500 Internal Server Error` 的回應都會通過測試。那可能包含一個「真正的」錯誤，比如缺少的連線字串。這可能會導致「偽陰性（false negative）」，因為一般的錯誤可能不會被注意到。

2　仍然是一個有爭議的設計抉擇。更多細節請參閱 6.2.1 節的備註。

添加更多的斷言，加強了後置條件。任何舊有的 `500 Internal Server Error` 都不再適用了。HTTP 回應也必須帶有內容，而且其內容至少必須包含 `"tables"` 這個字串。

這讓我想起了 Liskov Substitution Principle（Liskov 替換原則）[60]。它有很多種表達方式，但在其中一個變體中，我們說子型別（subtypes）可能削弱先決條件，並強化後置條件，但不能反過來。你可以把子型別的衍生看作是一種排列順序（ordering），你也可以用同樣的方式來思考時間，如圖 11.1 所示。就像一個子型別依存於它的超型別（supertype）一樣，一個時間點也「依存於」之前的時間點。在時間上向前推進，你被允許增強系統的後置條件，就像子型別也被允許增強超型別的後置條件一樣。

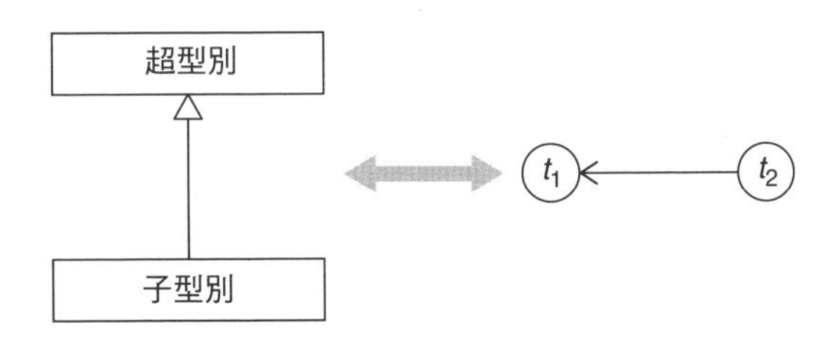

圖 11.1 一個型別的階層架構形成一個有向圖（directed graph），如從子型別到超型別的箭頭所示。時間也形成了一個有向圖，如從 t_2 到 t_1 的箭頭所示。兩者都提供了對元素進行排序的一種方式。

換個角度想，增加新的測試或斷言是可行的，刪除測試或斷言則會削弱系統的保證。你可能不希望那樣，因為隱藏著導致衰退的臭蟲和破壞性變化。

11.1.3 分別重構測試和生產程式碼

如果你正確執行它們，許多程式碼修改都是「安全的」。在 *Refactoring* [34] 中描述的一些重構方式現在都已經包含在現代 IDE 中了。最基本的是各種重新命名動作，如 *Rename Variable*（變數更名）和 *Rename Method*（方法更名）。其他的包括 *Extract Method*（擷取方法）或 *Move Method*（移動方法）。

這樣的重構往往是「安全」的，因為你可以確信它們不會改變程式碼的行為。這也適用於測試程式碼。在你的生產和測試程式碼中，都可以安心地使用這些重構。

其他變更的風險就比較大了[3]。在生產程式碼中進行這樣的修改時，一個良好的測試套件會提醒你注意所發生的任何問題。如果你在測試程式碼中做這樣的更動，就沒有安全網了。

或者說，這並不完全正確 ....

測試程式碼和生產程式碼是相互耦合的，如圖 11.2 所示。如果你在生產程式碼中引入一個錯誤，**但沒有改變測試**，那些測試可能就會提醒你那個問題。不能保證這種情況一定會發生，因為你可能沒有任何測試案例來揭露你剛剛引入的缺陷，但你可能很幸運。此外，如果該缺陷是一種衰退，你就應該已經有了為那種情況準備的測試。

圖 11.2　測試程式碼和生產程式碼是耦合的。

同樣地，如果你在**不改變生產程式碼**的情況下編輯測試程式碼，一個錯誤可能會以測試失敗的形式表現出來。同樣地，也不能保證這種情況一定會發生。舉例來說，你可以先使用 *Extract Method*，將一組斷言變成一個輔助方法。這本身就是一種「安全」的重構。然而，想像一下，你現

3　例如 *Add Parameter*（新增一個參數）。

在去尋找那組斷言其他的出現位置，並用對新輔助方法之呼叫來替換它們，這就不那麼安全了，因為你可能會犯錯誤。也許你用對輔助方法的呼叫替換了斷言集的一個小型**變體**。然而，如果這個變體代表著一組更強大的後置條件，那麼你就無意中削弱了該測試。

雖然這樣的錯誤很難防範，但其他的錯誤則會立即顯現出來。如果你沒有削弱後置條件，而是不小心把它們增強了太多，測試可能會失敗。然後，你可以檢視失敗的測試案例，並意識到你犯了一個錯誤。

出於這個原因，你需要重構測試程式碼**的時候**，請儘量不要碰到生產程式碼。

你可以把這一規則看作是從生產程式碼跳到測試程式碼，再跳回生產程式碼，如圖 11.3 所示。

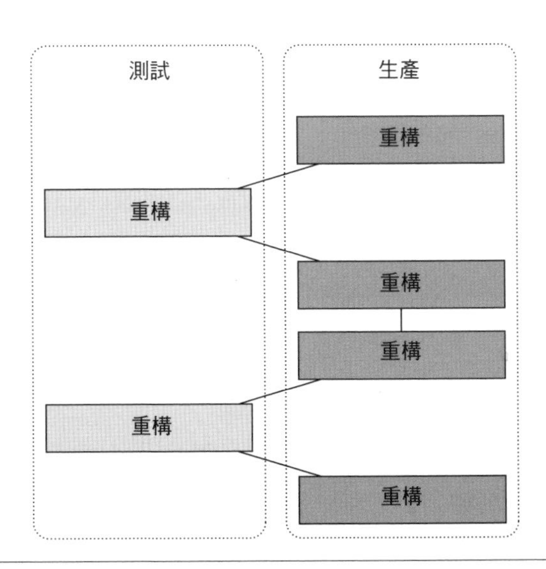

圖 11.3 將測試程式碼與生產程式碼分開進行重構。每次重構都要單獨提交。重構生產程式碼是比較安全的，所以你可以比測試程式碼更頻繁地重構它。其他更安全的改動，例如重新命名一個方法，可能同時觸及測試和生產程式碼，那些種類的更動沒有在本圖中顯示。

舉個例子，我負責在餐廳的源碼庫中加入電子郵件功能。我已經實作了這樣的行為：進行預訂時，系統應該向你發送一封確認郵件。

與外部世界的互動最好用多態型別（polymorphic type）來建模，我更喜歡像列表 11.5 中所示的介面而不是基礎類別。

為了對系統是否有在正確的情況下發送電子郵件進行單元測試，我添加了列表 11.6 中的 Test Spy（測試間諜）[66]，以監視間接的輸出 [66]。

列表 11.5 第一版的 IPostOffice 介面。
（*Restaurant/b85ab3e/Restaurant.RestApi/IPostOffice.cs*）

```
public interface IPostOffice
{
    Task EmailReservationCreated(Reservation reservation);
}
```

列表 11.6 SpyPostOffice 的初始版本，實作了列表 11.5 中所示的 IPostOffice。
（*Restaurant/b85ab3e/Restaurant.RestApi.Tests/SpyPostOffice.cs*）

```
public class SpyPostOffice : Collection<Reservation>, IPostOffice
{
    public Task EmailReservationCreated(Reservation reservation)
    {
        Add(reservation);
        return Task.CompletedTask;
    }
}
```

請注意，SpyPostOffice 繼承自一個群集（collection）基礎類別。這使得該實作可以把 reservation（預訂）Add（加）到自己身上。測試可以使用這個行為來驗證系統是否調用了 EmailReservationCreated 方法，也就是說，它發送了一封電子郵件。

一個測試可以創建一個 SpyPostOffice 的實體，把它傳遞給接受 IPostOffice 引數的建構器或方法，讓 System Under Test（被測系統）活動起來 [66]，然後檢查它的狀態，正如列表 11.7 所示的。

列表 11.7 斷言預期的 reservation 在 postOffice 群集中。postOffice 變數是一個 SpyPostOffice 物件。（*Restaurant/b85ab3e/Restaurant.RestApi.Tests/ReservationsTests.cs*）

```
Assert.Contains(expected, postOffice);
```

有了這種行為之後，我開始發展一個相關的功能。當你刪除一個預訂時，系統也應該發送一封電子郵件。我為 IPostOffice 介面添加了一個新方法，如列表 11.8 所示。

列表 11.8 IPostOffice 介面的第二次修訂。與列表 11.5 相比，凸顯的一行表示新的方法。（*Restaurant/1811c8e/Restaurant.RestApi/IPostOffice.cs*）

```
public interface IPostOffice
{
    Task EmailReservationCreated(Reservation reservation);

    Task EmailReservationDeleted(Reservation reservation);
}
```

由於我為 IPostOffice 介面添加了一個新的方法，我也必須在 SpyPostOffice 類別中實作那個方法。因為 EmailReservationCreated 和 EmailReservationDeleted 方法都接受一個 Reservation 引數，所以我可以直接把那個 reservation 新增到 Test Spy [66] 本身。

不過開始為新的行為撰寫單元測試時，我意識到雖然可以寫一個類似列表 11.7 中的斷言，但我只能驗證 Test Spy [66] 包含預期的 reservation。我無法驗證它是如何到達那裡的，不管 spy 是透過 EmailReservationCreated 還是 EmailReservationDeleted 方法添加它。

我不得不提高 SpyPostOffice 的「靈敏度（sensitivity）」，以便做到這一點。

我已經開始了一系列涉及到生產程式碼的修改。IPostOffice 介面是生產程式碼的一部分，而且還有它的一個生產實作（稱為 SmtpPostOffice）。我正在對生產程式碼進行修改，突然，我意識到必須重構測試程式碼。

這就是 Git 有能力改變遊戲規則的眾多原因之一，即使對於個別的開發來說也是如此。這是說明它所提供的**機動性**（*manoeuvrability*）的一個例子。我單純把我的修改藏了[4]起來，獨立地編輯了 SpyPostOffice 類別。你可以在列表 11.9 中看到結果。

列表 11.9　重構後的 SpyPostOffice（片段）。Observation 類別是一個內嵌的類別（nested class），並沒有顯示出來。它單純持有一個 Event 和一個 Reservation。
（*Restaurant/b587eef/Restaurant.RestApi.Tests/SpyPostOffice.cs*）

```
internal class SpyPostOffice :
    Collection<SpyPostOffice.Observation>, IPostOffice
{
    public Task EmailReservationCreated(Reservation reservation)
    {
        Add(new Observation(Event.Created, reservation));
        return Task.CompletedTask;
    }

    internal enum Event
    {
        Created = 0
    }
```

4　git stash 會將你的髒檔案（dirty files）保存在一個「隱藏」的提交中，並將該儲存庫（repository）重置為 HEAD。一旦完成了你想做的其他事情，就可以用 git stash pop 取回該提交。

我引入了一個內嵌的 Observation 類別來同時追蹤互動的類型和預訂本身。我還把基礎類別改成了觀察值的一個群集（a collection of observations）。

這破壞了我的一些測試，因為像列表 11.7 中所示的斷言會在 Observation 物件的群集中尋找一個 Reservation 物件。那並沒有做型別檢查，所以我也不得不適當地修改測試。

我設法在不觸及生產程式碼的情況下做到了這一點。當我完成後，所有的測試仍然會通過。這並不能保證我在重構時沒有犯錯，但至少它消除了一整類的錯誤[5]。

一旦重構好了測試程式碼，我就 pop 那些 stash 起來的變更，然後繼續我的工作。列表 11.10 顯示了更新後的 SpyPostOffice。

雖然這些改動也涉及到編輯測試程式碼，但它們更安全，因為它們只是添加了一些內容。我不需要重構現有的測試程式碼。

列表 11.10 更新過後的 SpyPostOffice。它現在實作了列表 11.8 中所示的 IPostOffice 版本。(*Restaurant/1811c8e/Restaurant.RestApi.Tests/SpyPostOffice.cs*)

```
internal class SpyPostOffice :
    Collection<SpyPostOffice.Observation>, IPostOffice
{
    public Task EmailReservationCreated(Reservation reservation)
    {
        Add(new Observation(Event.Created, reservation));
        return Task.CompletedTask;
    }

    public Task EmailReservationDeleted(Reservation reservation)
    {
```

5 對測試的修改無意中強化了一些先決條件。

```
        Add(new Observation(Event.Deleted, reservation));
        return Task.CompletedTask;
    }

    internal enum Event
    {
        Created = 0,
        Deleted = 1
    }
```

11.2 看到測試失敗

如果你**必須**同時編輯測試和生產程式碼，可以考慮故意讓測試失敗以驗證它們，哪怕只是暫時的。

寫出同義且重複的斷言（tautological assertions）[105] 出乎意料地容易。那些是永遠不會失敗的斷言，即使生產程式碼有問題也一樣。

不要相信一個你沒有看過它失敗的測試。如果你變更了一個測試，你可以暫時改變 System Under Test（被測系統），使測試失敗。也許是註解掉一些生產程式碼，或者回傳一個寫定的值，然後執行你編輯過的測試，並驗證在暫時遭到破壞的情況下，測試是否失敗。

再一次，Git 提供了機動性。如果你必須同時修改測試和生產程式碼，你可以分階段進行你的修改，然後再破壞被測系統。一旦你看到測試失敗，你就可以丟棄工作目錄中的修改，提交階段性的變更。

11.3 結論

編輯單元測試程式碼時要小心，安全網並不存在。

有些改變相對安全。添加新的測試、新的斷言，或新的測試案例，往往是安全的。套用你 IDE 中的重構通常也是安全的。

對測試程式碼的其他修改則不太安全，但可能仍然是可取的。測試程式碼是你必須維護的程式碼。它跟生產程式碼一樣，必須放得進你的大腦，這點也是很重要的。有時，你應該重構測試程式碼以改善其內部結構。

舉例來說，你可能想透過提取出輔助方法（helper methods）來解決重複的問題。那樣做時，要確保你只編輯測試程式碼，而不去碰生產程式碼。把對測試程式碼的修改作為單獨的提交送到 Git。這並不能保證你在測試程式碼中沒有犯錯，但可以提高正確的機會。

12 疑難排解

專業的軟體開發不僅僅包括功能開發，還包括會議、時間報告、合規活動（compliance activities）和 ... 缺陷（defects）。

你總是會遇到錯誤和問題。你的程式碼沒辦法編譯、軟體無法做到它應該做的事、執行得太慢，等等。

你解決問題的能力越強，生產力就越高。你大部分的疑難排解技能（troubleshooting skills）可能是以「搖擺不定的個人經驗（the shifting sands of individual experience）」[4] 為基礎的，但**確實存在**一些你可以應用的技巧。

本章介紹其中的一些。

12.1 理解

我能想到的最好的建議是：

> 嘗試理解發生了什麼事。

如果你不明白為什麼有些東西無法運作[1]，那就把「理解它」當作優先事項。我目睹了相當多的「巧合程式設計（programming by coincidence）」[50]：把足夠多的程式碼扔到牆上，看看有什麼黏得住的。當程式碼看起來行得通時，開發者就會繼續下一項任務。他們要麼不明白為什麼程式碼可以運作，要麼他們可能無法理解為何它行不通，真的會這樣。

如果你從一開始就了解程式碼，那麼很有可能會更容易排除故障。

12.1.1 科學方法

有問題顯現出來時，大多數人都會直接跳入疑難排解模式。他們想要**解決**問題。對於那些依靠巧合來程式設計 [50] 的人來說，解決一個問題通常涉及嘗試可能曾經在類似問題上發揮效用各種「咒語」。如果第一個「魔咒」不起作用，他們就會轉向下一個。這可能涉及到重啟服務、重新開機、提高權限來執行工具、變更一小段程式碼、呼叫難以理解的常式等等。當問題看起來已經消失的時候，他們就收工了，而不去試著了解原因 [50]。

不用說，這不是處理問題的有效方法。

你對待問題的第一反應應該是了解問題發生的原因。如果你完全沒有頭緒，請尋求幫助。不過，通常你會對問題可能是什麼，已經有了一些想法。在那種情況下，就採用科學方法的某種變體 [82]：

- 做出一個預測（prediction）。這被稱為**假說**（*hypothesis*）。
- 進行實驗（experiment）。
- 將結果與預測做比較。重複這個過程，直到你理解發生了什麼事。

1　又或者，你不明白為什麼有些東西**確實**有效。

不要被「科學方法（scientific method）」這個詞嚇到。你不必穿上實驗室的白色外衣或設計一個隨機對照的雙盲試驗。但是要試著提出一個可證偽（falsifiable）的假設。這可能只是一個預測，例如「**如果我重新啟動機器，問題就會消失**」或者「**如果我呼叫這個函式，回傳值將是** *42*」。

這種技巧與「巧合程式設計」的區別在於，執行這些動作的目的不是為了解決問題。目標是理解問題。

一個典型的實驗可以是帶有一個假說的單元測試，如果執行，它就會失敗。更多細節請參閱 12.2.1 小節。

12.1.2 簡化

考慮一下，**移除**一些程式碼是否可以使問題消失。

對一個問題最常見的反應是添加更多的程式碼來解決它。沒有明說的推理路線似乎是系統「可以運作」，而問題只是一種異常情況。因此，這種推理認為，如果問題是一種特殊情況，那就應該用更多的程式碼來解決那個特例。

偶爾會有這種情況，但更有可能的是，問題是底層實作錯誤的一種表現形式。你會驚訝地發現，很多時候都可以透過**簡化**（*simplifying*）程式碼來解決問題。

在我們的行業中，我已經見過很多這樣的「行動偏誤（action bias）」的例子。那些人解決了我從未遇到過的問題，因為我努力保持我的程式碼簡單：

- 人們開發複雜的 Dependency Injection Containers（依存關係注入容器）[25]，而不是僅僅在程式碼中組成物件圖（object graphs）。
- 人們開發複雜的「模擬物件程式庫（mock object libraries）」，而不是把大部分的時間花在編寫純函式。

- 人們建立了精心設計的套件還原方案（package restore schemes），而不是單純把依存關係提交到源碼控制系統。
- 人們使用先進的 diff 工具，而非更頻繁地進行合併。
- 人們使用複雜的物件對關聯式映射器（object-relational mappers，ORM）而不是學習（和維護）一點 SQL。

我可以一直列下去。

持平來說，要想出一個更簡單的解決方案，是很**困難**的。舉例來說，我花了十年的時間在物件導向的程式碼中建立了越來越複雜的奇特裝置，在那之後才找到更簡單的解決方案。事實證明，許多在傳統的物件導向程式設計（object-oriented programming）中很困難的事情，在函式型程式設計（functional programming）中卻很簡單。一旦學會了其中的一些概念，我也找到了在物件導向背景下使用它們的方法。

問題在於，像 KISS[2] 這樣的口號本身是沒有用的，因為到底要**如何**讓事情保持簡單呢？

你往往要**很聰明**才有辦法保持簡單[3]，但無論如何，都還是要尋求簡單性。考慮是否有辦法透過**刪除**程式碼來解決問題。

12.1.3 橡皮鴨除錯法

在我們討論一些具體的問題解決實務做法之前，我想分享一些通用的技巧。在一個問題上被卡住是很正常的。你如何擺脫困境呢？

---

2 Keep It Simple, Stupid（維持簡單，笨蛋）。

3 Rich Hickey 在 *Simple Made Easy* [45] 中討論過簡單性．我對簡單性的看法很大程度上歸功於那次演講。

你可能正盯著一個問題，不知道該怎麼做。正如上面的建議，你的首要任務應該是了解問題。如果你完全沒有想法的話，你該怎麼做？

如果沒有管理好時間，你可能會被一個問題困住很長時間，所以請一定要管理你的時間。對過程進行時間限制。舉例來說，留出 25 分鐘來研究這個問題。如果時間到了，你還沒有取得任何進展，就休息一下。

你休息的時候，請在物理上跟電腦保持距離，去喝杯咖啡。從椅子站起，遠離螢幕時，你的大腦會發生一些變化。在離開問題幾分鐘後，你可能會開始思考其他事情。也許你在走動時遇到了一名同事；也許你發現咖啡機需要再充填了。不管是什麼，它都能讓你暫時忘掉問題。這經常足以為你帶來一個嶄新的視角。

我已經數不清有多少次在散步後回到一個問題時，才意識到我一直在用錯誤的方式思考問題。

如果走動幾分鐘還不夠，可以試著尋求幫助。如果你有同事可以打擾，就那麼做。

我經常遇到這樣的情況：我開始解釋問題，但說到一半，就停了下來跟對方說：「**沒關係了，我剛剛有了一個靈感！**」。

僅僅是解釋一個問題的行為，往往就能產生新的見解。

如果你沒有同事，你可以試著向一隻橡皮鴨解釋問題，例如圖 12.1 所示的那種。

圖 12.1 一隻橡皮鴨子。請和它說話，它能解決你的問題。

它不一定非得是一隻橡皮鴨子，但這種技巧被稱為 *rubber ducking*（橡皮鴨除錯法），因為確實曾有程式設計師使用了一隻橡皮鴨子 [50]。

我通常不使用橡皮鴨，而是在 Stack Overflow Q&A 網站上開始寫下問題。更多的時候，我在寫完問題描述之前就已經意識到了關鍵在哪裡[4]。

如果那種靈感沒出現，至少我有一個寫好的書面問題，可以發問。

12.2 缺陷

我曾經在一家小型軟體新創公司開始新的工作。我很快就問同事，是否願意使用測試驅動開發（test-driven development）。他們之前沒有使用過，但很想學習新東西。我向他們展示了實際上如何進行之後，他們覺得喜歡。

在我們採用測試驅動開發的幾個月後，CEO 來找我談話。他順便提到，有注意到自從我們開始使用測試後，不受控的缺陷明顯減少。

這至今仍讓我感到自豪。品質的轉變是如此之大，以致於 CEO 都注意到了。不是透過計算數字或做複雜的分析，而單純因為那是如此重大的進展，以致於引起了人們的注意。

你可以減少缺陷的數量，但你無法消除它們。請幫你自己一個忙：不要讓它們累積起來。

理想的缺陷數量是零。

4　這種情況發生時，我**不會**屈服於沉沒成本謬論（sunk cost fallacy）。即使我花了時間來寫這個問題，通常也會刪除它，因為我認為它畢竟不具有普遍意義。

零缺陷並不像它聽起來的那麼不切實際。在精實軟體開發（lean software development）中，這被稱為**內建品質**（*building quality in*）[82]。不要把你面前的缺陷推開，想著「以後再處理它們」。在軟體開發中，**以後**（*later*）就是**永不**（*never*）。

有缺陷出現時，把它當作優先事項來解決。停下你正在做的事情[5]，轉而修復這個缺陷。

12.2.1 以測試形式重現缺陷

起初，你可能甚至不明白問題是什麼，但當你認為你搞懂了，就進行一次實驗：這種理解應該使你能夠提出一個假說，而那又能使你設計出實驗。

這樣的實驗可能是一個自動化的測試。假說是，你執行這個測試時，它會**失敗**。實際執行測試時，如果它**確實**失敗了，你就驗證了這個假說。作為額外獎勵，你也會有一個失敗的測試，它重現了缺陷，這將作為以後的迴歸試驗（regression test）。

另一方面，如果測試成功，則實驗失敗，這意味著你的假說是錯誤的。你需要修改它，才能設計出一個新的實驗。你可能需要重複這個流程不止一次。

當你最終得到一個失敗的測試時，你所要做的就是讓它通過。這偶爾會很困難，但根據我的經驗，通常不會那樣。解決缺陷的困難部分是理解和重現它。

我舉一個來自線上餐廳預訂系統的例子。在做一些探索性的測試時，我

5 有了 Git，你可以很輕易地把你目前的工作 stash（藏）起來，這不是很好嗎？

注意到更新一個預訂時，會有一些奇怪的現象發生。列表 12.1 顯示了這個問題的一個例子，你能看出問題所在嗎？

問題在於，email 特性存有 name，反過來也是。似乎是我不小心在某個地方調換了它們。這是最初的假說，但可能要花點時間調查才能弄清楚在**哪裡**。

難道我沒有遵循測試驅動開發？怎麼會發生這種情況呢？

列表 12.1 用一個 PUT 請求更新一個預訂。在這個互動中顯現了一個缺陷，你能發現它嗎？

```
PUT /reservations/21b4fa1975064414bee402bbe09090ec HTTP/1.1
Content-Type: application/json
{
    "at": "2022-03-02 19:45",
    "email": "pan@example.com",
    "name": "Phil Anders",
    "quantity": 2
}

HTTP/1.1 200 OK
Content-Type: application/json; charset=utf-8
{
    "id": "21b4fa1975064414bee402bbe09090ec",
    "at": "2022-03-02T19:45:00.0000000",
    "email": "Phil Anders",
    "name": "pan@example.com",
    "quantity": 2
}
```

這之所以會發生，可能是因為我把 SqlReservationsRepository[6] 實作為一個 Humble Object [66]。那是一種非常簡單的物件，你可以決定不對

6　請參閱列表 4.19。

它進行測試。我經常使用這樣的經驗法則：如果循環複雜度（cyclomatic complexity）是 *1*，那麼測試（循環複雜度也是 *1*）可能就沒有必要了。

即便如此，就算循環複雜度為 *1*，你仍然可能犯錯。列表 12.2 顯示了造成問題程式碼，你能找出問題所在嗎？

鑒於你已經知道了問題所在，你可能會猜到 `Reservation` 建構器預期 `email` 引數在 `name` 之前。不過由於這兩個參數都被宣告為 `string`，如果你不小心把它們對調了，編譯器也不會抱怨。這是字串定型程式碼（stringly typed code）的另一個例子 [3]，我們應該避免這種情況 [7]。

列表 12.2 導致列表 12.1 中所示缺陷的違規程式碼片段。你能發現這名程式設計師的錯誤嗎？（*Restaurant/d7b74f1/Restaurant.RestApi/SqlReservationsRepository.cs*）

```
using var rdr =
    await cmd.ExecuteReaderAsync().ConfigureAwait(false);
if (!rdr.Read())
    return null;

return new Reservation(
    id,
    (DateTime)rdr["At"],
    (string)rdr["Name"],
    (string)rdr["Email"],
    (int)rdr["Quantity"]);
```

解決缺陷很容易，但如果我可能犯一次錯誤，就可能再犯。因此，我想防止衰退的發生。在修復程式碼之前，寫一個失敗的測試來重現這個錯誤。列表 12.3 顯示了我寫的測試。這是一個整合測試，它驗證了如果

7 避免字串定型程式碼的一個方法是引入 `Email` 和 `Name` 類別，以包裹它們各自的 `string` 值。這可以防止某些情況下這兩個引數的意外對調，但正如我所做過的那樣，這並不是完全萬無一失。如果你對細節感興趣，可以查閱範例程式碼的 Git 儲存庫。底線是我覺得有必要進行整合測試的時候。

你在資料庫中更新一個預訂並在隨後讀取它，你應該收到一個與你所儲存的預訂相同的預訂。那是一個合理的期望，它再現了錯誤，因為 `ReadReservation` 方法對調了 `name` 與 `email`，如列表 12.2 所示。

那個 `PutAndReadRoundTrip` 測試是一個整合測試，涉及到資料庫。這是新的東西。在本書中，到目前為止，所有的測試都是在沒有外部依存關係的情況下執行的。把資料庫牽扯進來是值得一行的繞道。

12.2.2 緩慢的測試

在程式語言對資料的觀點和關聯式資料庫之間架起橋樑是很容易出錯的[8]，那為何不測試這樣的程式碼呢？

在本小節中，你會看到如何做到這一點的綱領，但有一個問題存在：這種測試往往很緩慢，它們通常比行程內的測試（in-process tests）要慢上幾個數量級。

列表 12.3 `SqlReservationsRepository` **的整合測試。**
（*Restaurant/645186b/Restaurant.RestApi.SqlIntegrationTests/SqlReservationsRepositoryTests.cs*）

```
[Theory]
[InlineData("2032-01-01 01:12", "z@example.net", "z", "Zet", 4)]
[InlineData("2084-04-21 23:21", "q@example.gov", "q", "Quu", 9)]
public async Task PutAndReadRoundTrip(
    string date,
    string email,
    string name,
    string newName,
    int quantity)
```

8　物件對關聯式映射器（ORM）的擁護者可能會爭辯說，這就為該種工具提供了存在理由。正如我在本書其他地方所說的，我認為 ORM 是在浪費時間：它們製造的問題比解決的問題多。如果你不同意，請隨意跳過本小節。

```
{
    var r = new Reservation(
        Guid.NewGuid(),
        DateTime.Parse(date, CultureInfo.InvariantCulture),
        new Email(email),
        new Name(name),
        quantity);
    var connectionString = ConnectionStrings.Reservations;
    var sut = new SqlReservationsRepository(connectionString);
    await sut.Create(r);

    var expected = r.WithName(new Name(newName));
    await sut.Update(expected);
    var actual = await sut.ReadReservation(expected.Id);

    Assert.Equal(expected, actual);
}
```

執行測試套件所需的時間很重要，特別是對於你會持續執行的開發者測試。當你用測試套件作為安全網進行重構時，如果執行所有的測試需要半小時，那就沒有用了。遵循測試驅動開發的 Red Green Refactor 流程時，如果執行測試需要花費五分鐘，那也是不行的。

這樣一個測試套件所用的最長時間應該是十秒鐘。如果超過這個時間，你會無法專注。你會想在測試執行時看一下你的電子郵件、Twitter 或 Facebook。

如果涉及到資料庫，你可以很容易地吃掉這樣的十秒預算。因此，請把這樣的測試移到第二階段的測試中。有很多方法可以做到這一點，但一個務實的方法是單純建立**第二個** Visual Studio 解決方案，與日常的解決方案並列存在。這樣做的時候，記得也要更新建置指令稿（build script）以改為執行這個新的解決方案，如列表 12.4 所示。

列表 12.4 執行所有測試的建置指令稿。Build.sln 檔案包含使用資料庫的單元及整合測試。與列表 4.2 做比較。(*Restaurant/645186b/build.sh*)

```
#!/usr/bin/env bash
dotnet test Build.sln --configuration Release
```

`Build.sln` 檔案包含生產程式碼，單元測試程式碼，以及用到資料庫的整合測試。我在另一個名為 `Restaurant.sln` 的 Visual Studio 解決方案中進行不涉及資料庫的日常作業。那個解決方案只包含生產程式碼和單元測試，所以在該情境中執行所有測試要快得多。

列表 12.3 中的測試是整合測試程式碼的一部分，所以只在我執行建置指令稿時才會執行，或是當我明確選擇在 `Build.sln` 解決方案中工作，而不是在 `Restaurant.sln` 中作業的時候。如果我需要進行涉及資料庫程式碼的重構，這樣做有時很實用。

我不想過多地討論列表 12.3 中的測試是如何運作的，因為它是專門針對 .NET 與 SQL Server 的互動來進行的。如果你對這些細節感興趣，它們都可以在附帶的範例源碼庫中找到，但簡單地說，所有的整合測試都裝飾有一個 `[UseDatabase]` 特性。這是一個自訂特性，它掛接到 xUnit.net 單元測試框架，會在每個測試案例前後執行一些程式碼。因此，每個測試案例都會被這樣的行為所包圍：

1. 創建一個新的資料庫並針對它執行所有的 DDL[9] 指令稿。
2. 執行該測試。
3. 卸除資料庫。

9 Data Definition Language（資料定義語言），通常是 SQL 的一個子集。例子請參閱列表 4.18。

是的，每個測試都會**創建一個新的資料庫**，然後在幾毫秒後再次刪除它[10]。那個過程**確實**很慢，這就是為什麼你不會希望這種測試一直執行。

將慢速測試推遲到你建置管線（build pipeline）的第二個階段。你可以如上所述，或透過定義只在你 Continuous Integration（持續整合）伺服器上執行的新步驟來做到這一點。

12.2.3 非確定性的缺陷

餐廳預訂系統執行了一段時間後，餐廳的領班提出了一個錯誤報告：偶爾，系統似乎會允許超額預訂。她無法刻意重現這個問題，但預訂資料庫的狀態是不能否認的。有些日子所包含的預訂量超過了列表 12.5 中顯示的業務邏輯所允許的數量。發生了什麼事呢？

你瀏覽了應用程式的日誌記錄[11]，終於搞清楚了狀況。超額預訂是一個可能的競態條件（race condition）。如果某天接近容量限制，並且有兩個預訂同時抵達，`ReadReservations` 方法可能會向兩個執行緒都回傳相同的資料列集合，指出預訂是可能的。如圖 12.2 所示，每個執行緒都判斷它可以接受預訂，所以都向預訂資料表添加了新的一列。

這顯然是一個缺陷，所以你應該用測試來重現它。然而問題在於，這種行為並不是確定性（deterministic）的。自動化測試應該是確定性的，不是嗎？

---

10 每當我解釋這種使用資料庫進行整合測試的方法時，總是會遇到這樣的反應：我們可以透過復原交易（rolling back transactions）來進行測試。是的，但這意味著你無法測試資料庫的交易行為。另外，使用交易復原**也許**會更快，但你有測量過嗎？我測過一次，發現沒有明顯的差異。關於我對效能最佳化的一般立場，請參閱 15.1 節。

11 請參閱 13.2.1 小節。

如果測試是決定性的，那確實是最好的，但是請暫時考慮一下，非確定性（nondeterminism）或許是可以接受的。這如何是可能的呢？

測試可能在兩種情況下失敗：一個測試可能在沒有故障的情況下顯示出故障，這被稱為偽陽性（false positive）。一個測試也可能無法顯示實際的錯誤，這被稱為偽陰性（false negative）。

列表 12.5　很明顯，這段程式碼中存在一個允許超額預訂的錯誤。問題可能是什麼呢？（*Restaurant/dd05589/Restaurant.RestApi/ReservationsController.cs*）

```
[HttpPost]
public async Task<ActionResult> Post(ReservationDto dto)
{
    if (dto is null)
        throw new ArgumentNullException(nameof(dto));

    var id = dto.ParseId() ?? Guid.NewGuid();
    Reservation? r = dto.Validate(id);
    if (r is null)
        return new BadRequestResult();

    var reservations = await Repository
        .ReadReservations(r.At)
        .ConfigureAwait(false);
    if (!MaitreD.WillAccept(DateTime.Now, reservations, r))
        return NoTables500InternalServerError();

    await Repository.Create(r).ConfigureAwait(false);
    await PostOffice.EmailReservationCreated(r).ConfigureAwait(false);

    return Reservation201Created(r);
}
```

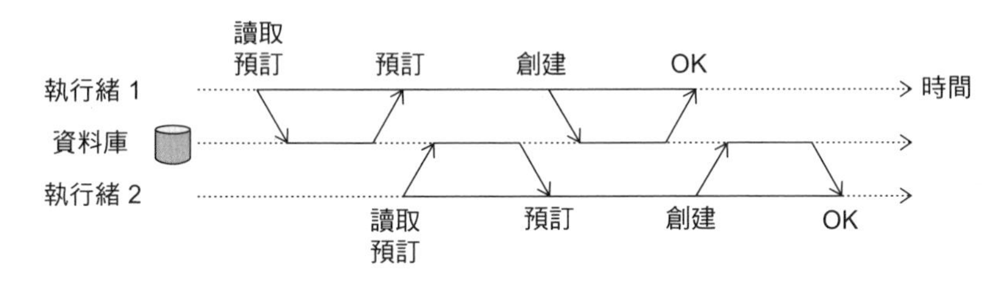

圖 12.2 兩個執行緒（如兩個 HTTP 客戶端）同時試圖進行預訂時出現的競態條件（race condition）。

偽陽性是有問題的，因為它們會引入雜訊，從而降低測試套件的訊噪比（signal-to-noise ratio）。如果有一個經常失敗卻沒有明顯原因的測試套件，你就會停止對它的關注 [31]。

偽陰性並不是那麼糟糕。太多的偽陰性可能會減低你對測試套件的信任，但它們沒有引入雜訊。因此，至少你知道，如果一個測試套件失敗了，那就是有問題了。

那麼，處理預訂系統中的競態條件的一種方法就將其作為列表 12.6 中的非確定性測試來重現。

列表 12.6 重現一個競態條件的非確定性測試。
（*Restaurant/98ab6b5/Restaurant.RestApi.SqlIntegrationTests/ConcurrencyTests.cs*）

```
[Fact]
public async Task NoOverbookingRace()
{
    var start = DateTimeOffset.UtcNow;
    var timeOut = TimeSpan.FromSeconds(30);
    var i = 0;
    while (DateTimeOffset.UtcNow - start < timeOut)
        await PostTwoConcurrentLiminalReservations(
            start.DateTime.AddDays(++i));
}
```

這個測試方法只是實際單元測試的一個協調者（orchestrator）。它不斷地執行列表 12.7 中的 `PostTwoConcurrentLiminalReservations` 方法，持續 30 秒，一遍又一遍，看看它是否會失敗。我們的假設（或者說「希望」）是，如果它能執行 30 秒而不失敗，系統就可能真的有正確的行為。

不能保證會是這種情況。如果競態條件就像母雞的牙齒一樣稀少，這個測試就可能會產生偽陰性。不過，我的經驗不是這樣的。

我寫出這個測試時，它只執行了幾秒鐘就失敗了。這給了我一些信心，指出 30 秒的逾時是一段足夠安全的備用時間，但我承認這只是猜測，這是軟體工程之藝術的另一個例子。

結果發現，更新現有的預訂（而不是創建新的預訂）時，系統會有同樣的錯誤，所以我也為那種情況寫了一個類似的測試。

列表 12.7　由列表 12.6 中程式碼所協調的實際測試方法。它試圖貼出兩個共時的預訂。系統的狀態是幾乎售完了（餐廳的容量為十，但有九個座位已經被預訂了），所以其中應該只有一個預訂被接受。
（*Restaurant/98ab6b5/Restaurant.RestApi.SqlIntegrationTests/ConcurrencyTests.cs*）

```
private static async Task PostTwoConcurrentLiminalReservations(
    DateTime date)
{
    date = date.Date.AddHours(18.5);
    using var service = new RestaurantService();
    var initialResp =
        await service.PostReservation(new ReservationDtoBuilder()
            .WithDate(date)
            .WithQuantity(9)
            .Build());
    initialResp.EnsureSuccessStatusCode();

    var task1 = service.PostReservation(new ReservationDtoBuilder()
        .WithDate(date)
        .WithQuantity(1)
        .Build());
```

```
    var task2 = service.PostReservation(new ReservationDtoBuilder()
        .WithDate(date)
        .WithQuantity(1)
        .Build());
    var actual = await Task.WhenAll(task1, task2);

    Assert.Single(actual, msg => msg.IsSuccessStatusCode);
    Assert.Single(
        actual,
        msg => msg.StatusCode == HttpStatusCode.InternalServerError);
}
```

這些測試是慢速測試的例子，應該只作為第二階段的測試包括在內，如 12.2.2 小節所討論的。

有多種方法可以解決這裡討論的缺陷。你可以使用 Unit of Work（工作單元）[33] 設計模式。你也可以在架構層面上處理這個問題，透過引入一個永久佇列（durable queue）和一個單執行緒寫入器（single-threaded writer）來消耗其中的訊息。在任何情況下，你都需要對運算中所涉及的讀和寫動作進行序列化。

我選擇了一個實用的解決方案：使用 .NET 的輕量化交易（lightweight transactions），如列表 12.8 所示。用一個 `TransactionScope` 包圍 `Post` 方法的關鍵部分，就等同於序列化 [12] 了讀和寫的動作。這就解決了問題。

12 這裡的**可序列化性**（*serialisability*）是指確保資料庫交易的行為就像它們被序列化為一個接著一個那樣 [55]。這和轉換物件為 JSON 或 XML 沒有關係。

列表 12.8 Post 方法的關鍵部分現在被一個 TransactionScope 所包圍，它會將讀寫方法序列化。與列表 12.5 相比，凸顯出來的程式碼是新的。
（*Restaurant/98ab6b5/Restaurant.RestApi/ReservationsController.cs*）

```
using var scope = new TransactionScope(
    TransactionScopeAsyncFlowOption.Enabled);
var reservations = await Repository
    .ReadReservations(r.At)
    .ConfigureAwait(false);
if (!MaitreD.WillAccept(DateTime.Now, reservations, r))
    return NoTables500InternalServerError();

await Repository.Create(r).ConfigureAwait(false);
await PostOffice.EmailReservationCreated(r).ConfigureAwait(false);
scope.Complete();
```

根據我的經驗，大多數缺陷都可以作為確定性測試（deterministic tests）來重現，但也有一些殘餘的缺陷無法實現這一理想。多執行緒的程式碼（multithreaded code）就屬於那一類別。兩害相權取其輕，我更喜歡非確定性測試，而不是完全沒有測試覆蓋率。這樣的測試往往要執行到逾時，才能讓你相信它們已經讓相關的測試案例充分動起來了。因此，你應該把它們放在第二階段的測試中，只在需要時執行，作為你部署管線的一部分。

12.3 二分法

有些缺陷可能是難以捉摸的。開發餐廳系統時，我遇到了一個缺陷，花了大半天的時間才能理解。在浪費了幾個小時追蹤幾條錯誤的線索之後，我終於意識到，不能僅僅透過長時間盯著程式碼來破解這個難題。我必須運用某種**方法**（*method*）。

幸運的是，這種方法是存在的。由於缺乏更好的詞，我們可以稱它為「**二分法**（*bisection*）」。簡單來說，它的工作原理如下：

1. 找到偵測或重現問題的方法。
2. 刪除一半的程式碼。
3. 如果問題仍然存在，從第 2 步開始重複。如果問題消失了，就復原你刪除的程式碼，並移除另一半。同樣地，從第 2 步開始重複。
4. 繼續下去，直到你把重現問題的程式碼縮減到很小，以致於你能理解發生了什麼事。

你可以使用自動化測試來偵測問題，或者使用某種特設的方式來檢測問題的存在與否。你做這件事的具體方式對該技巧來說並不重要，但我發現自動化測試往往是最簡單的做法，因為涉及到重複。

當我藉由在 Stack Overflow 上撰寫問題以進行所謂的**橡皮鴨**（*rubber duck*）除錯法時，我經常使用這種技巧。Stack Overflow 上的好問題應該要有一個**可運作的最小範例**（*minimal working example*）。在大多數情況下，我發現製作最小可行範例的過程是如此有啟發性，以致於我在有機會貼出問題之前就逃出了困境。

12.3.1 使用 Git 的二分法

你也可以搭配 Git 使用二分法來識別出引入缺陷的提交。我最終用那種方法解決了遇到的問題。

我在 REST API 中添加了一個安全資源（secure resource），以列出某一天的日程表。餐廳的領班可以透過 `GET` 請求來查看當天的排程，包括所有的預訂和誰何時到達。日程表包括客人的姓名和電子郵件，所以如果沒有認證和授權，它不應該被取用[13]。

[13] 關於這看起來會像什麼的例子，請參閱 15.2.5 小節。

這個特殊的資源要求客戶端出示一個有效的 JSON Web Token（JWT）。我用測試驅動開發的方式開發了這項安全功能，而我有足夠的測試來感覺安全。

然後有一天，與部署的 REST API 進行互動時，我發現無法再存取這個資源了！我首先想到的是我提供了一個無效的 JWT，所以我花了幾個小時試著排解這個問題。死路一條。

後來我終於明白了，這個安全功能**曾經**是有效的。我早些時候曾與所部署的 REST API 進行了互動，並看到它可以運作。它曾經生效過，但現在卻不可行了。在這兩個已知的狀態之間，必定有一個提交引入了該缺陷。若能識別出那個特定的程式碼變更，我可能會有更好的機會去理解問題所在。

不幸的是，在那兩個極端之間有大約 130 個提交。

幸運的是，給定一個提交，我找到了一個簡單的方法來檢測問題。

這意味著我可以使用 Git 的 `bisect` 功能來識別出導致問題的確切提交。

如果你有自動檢測問題的方法，Git 就可以為你執行自動的二分法。通常你不會有。進行二分法時，你要找的是一個引入了缺陷的提交，而該缺陷**在當時並沒有被注意到**。這意味著，即使你有一個自動化的測試套件，那些測試也沒有捕捉到那個臭蟲。

出於這種原因，Git 也可以在互動式工作階段（interactive session）中二分你的提交。你可以用 `git bisect start` 來啟動這樣的一個工作階段，如列表 12.9 所示。

列表 12.9 啟動一個 Git bisect 工作階段。我從 Bash 執行它，但你也可以在你使用 Git 的任何 shell 中執行它。我對終端機的輸出進行了編輯，刪除了 Bash 傾向於顯示的無關資料，以符合頁面寬度。

```
~/Restaurant ((56a7092...))
$ git bisect start

~/Restaurant ((56a7092...)|BISECTING)
```

這就啟動了一個互動式工作階段，你可以從 Bash 中的 Git 整合中看出（它寫著 `BISECTING`）。如果當前的提交顯現了你要調查的缺陷，你就會如列表 12.10 所示的那樣對它進行標示。

列表 12.10 在 `bisect` 工作階段中把一個提交標示為不良。

```
$ git bisect bad

~/Restaurant ((56a7092...)|BISECTING)
```

如果你不提供一個 commit ID（提交 ID），Git 會認為你指的是當前的提交（在本例中為 `56a7092`）。

你現在告訴它一個你知道是好的 commit ID。這是你要調查的提交範圍的另一個極端。列表 12.11 展示了如何做到這一點。

列表 12.11 在 `bisect` 工作階段中將一個提交標示為良好。我對輸出的內容進行了一些修剪，以使其適合於頁面顯示。

```
$ git bisect good 58fc950
Bisecting: 75 revisions left to test after this (roughly 6 steps)
[3035c14...] Use InMemoryRestaurantDatabase in a test

~/Restaurant ((3035c14...)|BISECTING)
```

請注意，Git 已經告訴你預計會有多少次迭代了。你還可以看到，它為你 check out 了一個新的提交（`3035c14`）。那就是半途提交（half-way commit）。

你現在要檢查這個提交中是否存在該缺陷。你可以執行一個自動測試、啟動系統，或者使用你找出的任何其他方式來回答這個問題。

在我的特殊情況下，半途提交的內容沒有缺陷，所以我告知了 Git 這點，如列表 12.12 所示。

列表 12.12 在 bisect 工作階段中把半途提交標記為良好。我對輸出的內容進行了一些修剪，以使其適合於頁面顯示。

```
$ git bisect good
Bisecting: 37 revisions left to test after this (roughly 5 steps)
[aa69259...] Delete Either API

~/Restaurant ((aa69259...)|BISECTING)
```

同樣地，Git 會估計還剩下多少步驟，並 check out 一個新的提交（`aa69259`）。

列表 12.13 使用一個 Git bisect 工作階段，找到導致缺陷的提交。

```
$ git bisect bad
Bisecting: 18 revisions left to test after this (roughly 4 steps)
[75f3c56...] Delete redundant Test Data Builders

~/Restaurant ((75f3c56...)|BISECTING)
$ git bisect good
Bisecting: 9 revisions left to test after this (roughly 3 steps)
[8f93562...] Extract WillAcceptUpdate helper method

~/Restaurant ((8f93562...)|BISECTING)
$ git bisect good
Bisecting: 4 revisions left to test after this (roughly 2 steps)
```

```
[1c6fae1...] Extract ConfigureClock helper method

~/Restaurant ((1c6fae1...)|BISECTING)
$ git bisect good
Bisecting: 2 revisions left to test after this (roughly 1 step)
[8e1f1ce] Compact code

~/Restaurant ((8e1f1ce...)|BISECTING)
$ git bisect good
Bisecting: 0 revisions left to test after this (roughly 1 step)
[2563131] Extract CreateTokenValidationParameters method

~/Restaurant ((2563131...)|BISECTING)
$ git bisect bad
Bisecting: 0 revisions left to test after this (roughly 0 steps)
[fa0caeb...] Move Configure method up

~/Restaurant ((fa0caeb...)|BISECTING)
$ git bisect good
2563131c2d06af8e48f1df2dccbf85e9fc8ddafc is the first bad commit
commit 2563131c2d06af8e48f1df2dccbf85e9fc8ddafc
Author: Mark Seemann <mark@example.com>
Date: Wed Sep 16 07:15:12 2020 +0200

Extract CreateTokenValidationParameters method

Restaurant.RestApi/Startup.cs | 32 +++++++++++++++++++-------------------
1 file changed, 19 insertions(+), 13 deletions(-)

~/Restaurant ((fa0caeb...)|BISECTING)
```

我為每一步重複了這個程序，根據驗證步驟的通過與否，將提交標記為好或壞。這顯示在列表 12.13 中。

僅僅經過 8 次迭代，Git 就找到了造成缺陷的提交。注意到，最後一步告訴你哪個提交是「第一個壞的提交」。

一旦我看到提交的內容，就立即知道問題出在哪裡了，並且可以輕易地修復它。我不打算用詳細的錯誤描述來讓你感到疲累，也不打算說我是如何修復它的。如果你有興趣，我寫了一篇部落格文章 [101]，介紹了所有的細節，你也可以瀏覽一下這本書附帶的 Git 儲存庫。

最重要的是，二分法是一種有效的技巧，可以找出並隔離錯誤的來源。你可以搭配 Git 使用它，也可以不用。

12.4 結論

在疑難排解中，涉及了相當程度的個人經驗。我曾經在一個團隊中工作，那時一個單元測試在一位開發人員的機器上失敗了，而在另一名程式設計師的筆記型電腦上卻通過了。完全相同的測試、相同的程式碼、相同的 Git 提交。

我們本可以聳聳肩，找出某種變通方法，但我們都知道，在不了解根本原因的情況下，讓症狀消失往往是一種短視的策略。那兩位開發人員一起工作了大約半個小時，將問題簡化為一個可運作的最小範例。從本質上講，問題的根源是字串的比較。

在測試失敗的機器上，字串的比較會認為 "aa" 小於 "bb"，而 "bb" 小於 "cc"。這看似沒問題，不是嗎？

然而，在測試**成功**的機器上，"bb" 仍然小於 "cc"，但 "aa" 卻**大於** "bb"。這到底是怎麼回事？

此時，我參與了進去，看了一眼儲存庫，並問兩位開發者他們的「預設文化（default culture）」是什麼。在 .NET 中，「預設文化」是一種 Ambient Context（周圍情境）[25]，它知道特定文化的格式規則、排序順序等等。

如我所料，認為 "aa" 大於 "bb" 的那台機器是用丹麥語預設文化（Danish default culture）執行的，然而另一台機器則使用美國英語（US English）。丹麥語字母集在 Z 後面有三個額外的字母（Æ、Ø 和 Å），但 Å 在過去曾被拼成 *Aa*，由於這種拼法在專有名詞中仍然存在，所以 *aa* 的組合被認為等同於 *å*。Å 作為字母集中的最後一個字母，就被認為是大於 B。

我花了不到一分鐘的時間就弄清楚了問題所在，因為在我職業生涯的早期，就遇到了夠多的丹麥語排序問題。這仍然是**搖擺不定的個人經驗**（*shifting sands of individual experience*），也就是軟體工程的藝術。

如果我的同事沒有先使用像一分為二這樣的方法將問題簡化為一個簡單的症狀，我就永遠無法發現這個問題。能夠產生一個最小的可運作範例是軟體疑難排解中的一種超能力。

注意我在本章中**沒有**討論的內容：除錯（debugging）。

太多的人完全依靠除錯來做疑難排解。雖然我偶爾也會使用除錯器（debugger），但我發現科學方法、自動化測試和二分法的結合更有效率。學習和使用這些更普遍的實務做法，因為你不能在生產環境中使用除錯工具。

13 關注點分離

想像一下，改變你應用程式的資料庫綱目（database schema），結果卻是系統發送的電子郵件中的字體大小增加。

為什麼電子郵件範本的字體大小會取決於資料庫綱目？好問題。它不應該如此才對。

一般來說，不要把業務邏輯放在你的使用者介面中。不要把資料匯入和匯出的程式碼放在你的安全性程式碼中。這一原則被稱為**關注點的分離**（*separation of concerns*）。它與 Kent Beck 的箴言相一致：

> **「以相同速度變化的事物要放在一起。以不同速度變化的事物則要分開」**[8]

本書的一個總體主題是，程式碼應該放得進你的腦子裡。正如 7.1.3 和 7.2.7 小節所主張的，保持程式碼區塊的小型化和隔離性。維持東西的分離是很重要的。

第 7 章主要是關於分解（decomposition）的原則和門檻值。為什麼以及何時應該將較大型的程式碼區塊分解成較小型的程式碼區塊？第 7 章並沒有過多地討論**如何**分解。

在本章中，我將嘗試解決那個問題。

13.1 合成

合成（composition）與分解（decomposition）有錯綜複雜的關係。歸根究柢，編寫程式碼的目的是為了開發出可以運作的軟體。你不能隨意把東西拆開。雖然分解很重要，但正如圖 13.1 所示，你必須能夠重新組合你所分解的東西。

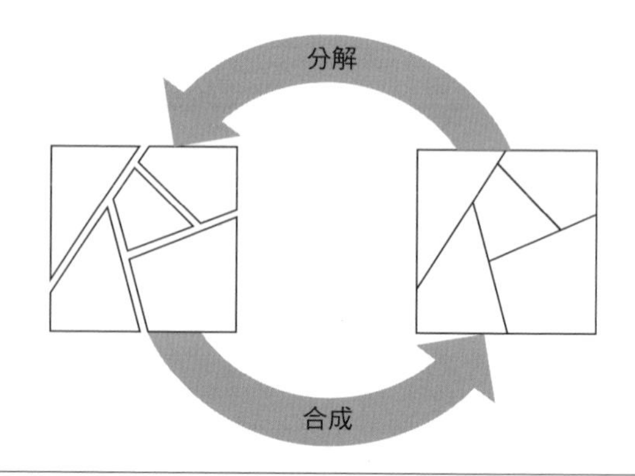

圖 13.1　分解與合成密切相關。分解是為了讓你能用各個部分合成可運作的軟體。

因此，合成的模型是有說明性質的。有不只一種方法可以將軟體元件（software components）[1]組合在一起，而且它們並不是一樣的好。我不妨馬上扔下一個炸彈：物件導向的合成有問題。

13.1.1 巢狀合成

歸根究柢，軟體會與現實世界互動。它在螢幕上繪製像素、在資料庫中儲存資料，發送電子郵件，在社交媒體上發佈貼文，控制工業機器人，

1　我對 *component*（元件）這個詞的使用比較寬鬆廣泛。它可以指**物件**（*object*）、**模組**（*module*）、**程式庫**（*library*）、**小工具**（*widget*）或其他東西。一些程式語言和平台對於**元件**是什麼有特定的概念，但那些概念通常與其他語言的概念不相容。就像 *unit test* 或 *mock*，這個術語並沒有明確定義。

等等。所有的這些都是我們在 Command Query Separation（命令查詢分離）的情境下所說的**副作用**（*side effects*）。

既然副作用是軟體的存在理由，那麼圍繞它們建立合成模型似乎是很自然的。這就是大多數人傾向於採用物件導向設計的原因。你會為**動作**（*actions*）建立模型。

物件導向的合成著重在把副作用合成在一起。Composite [39] 設計模式可能是這種合成風格的典範，但是 *Design Patterns*[39] 中的大多數模式都非常仰賴副作用的合成。

如圖 13.2 所示，這種合成方式仰賴於內嵌在其他物件中的巢狀物件（nesting objects），或其他副作用中的副作用。由於你的目標應該是放得進你頭腦中的程式碼，這就是個問題。

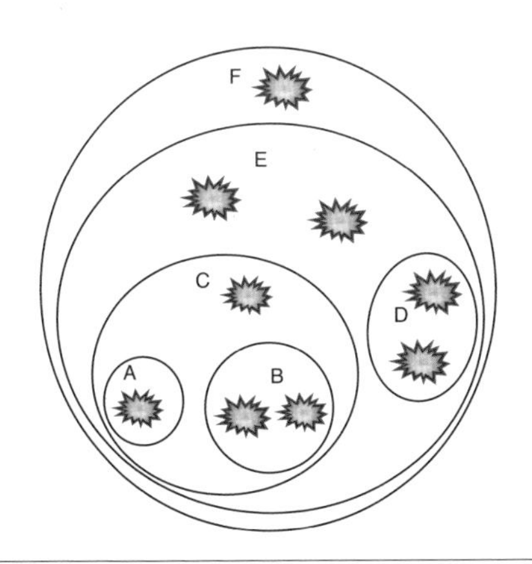

圖 13.2 物件（或者說，物件上的方法）典型的合成方式是巢狀內嵌（nesting）。你合成得越多，組合出來的東西就越不適合你的大腦。在這個圖中，每顆星都表示一個你關心的副作用。物件 *A* 封裝了一個副作用，而物件 *B* 封裝了兩個。物件 *C* 合成了 *A* 和 *B*，但也新增了第四個副作用。你在試圖理解程式碼時需要記住的副作用已經有四個了。這很容易失控：物件 *E* 合成了總共 8 個副作用，而 *F* 有 9 個。你的腦袋似乎放不太下這些。

要說明這為何問題重重，我將做一件我至今為止都沒有做過的事情——向你展示**糟糕**的程式碼。請不要寫出像列表 13.1 或 13.3 那樣的程式碼。

列表 13.1　糟糕的程式碼：一個 Controller 動作與一個巢狀內嵌的合成互動。列表 13.6 顯示了一個更好的選擇。（*Restaurant/b3dd0fe/Restaurant.RestApi/ReservationsController.cs*）

```
public IRestaurantManager Manager { get; }

public async Task<ActionResult> Post(ReservationDto dto)
{
    if (dto is null)
        throw new ArgumentNullException(nameof(dto));

    Reservation? r = dto.Validate();
    if (r is null)
        return new BadRequestResult();

    var isAccepted =
        await Manager.Check(r).ConfigureAwait(false);
    if (!isAccepted)
        return new StatusCodeResult(
            StatusCodes.Status500InternalServerError);

    return new NoContentResult();
}
```

看了列表 13.1，你可能會想知道它有什麼問題。畢竟，它的循環複雜度（cyclomatic complexity）只有 *4*，有 17 行程式碼，而且只有 4 個物件被啟動。問題被這四個物件中的一個所隱藏：`Manager`，它是一個注入的依存關係。它就是列表 13.2 中的 `IRestaurantManager` 介面。你能告訴我問題出在哪裡嗎？

列表 13.2　列表 13.1 中使用的 `IRestaurantManager` 介面，在列表 13.3 中實作。（*Restaurant/b3dd0fe/Restaurant.RestApi/IRestaurantManager.cs*）

```
public interface IRestaurantManager
{
    Task<bool> Check(Reservation reservation);
}
```

試著做一下用 X 取代方法名稱的練習。如果你那樣做，剩下的就是 `Task<bool> Xxx(Reservation reservation)`，這看起來像一個非同步判定式（asynchronous predicate）。這必定是一個檢查關於預訂的東西是否為真或假的方法。但如果你從這個角度看列表 13.1，

`Post` 方法只使用 Boolean 值來決定回傳哪個 HTTP 狀態碼。

程式設計師是否忘記了在資料庫中**儲存**（*save*）預訂？

很可能不是。你決定看看列表 13.3 中 `IRestaurantManager` 的實作。它做了一些驗證工作，然後呼叫 `Manager.TrySave`。

列表 13.3　糟糕的程式碼：`IRestaurantManager` **介面的實作看起來有一個副作用。**（*Restaurant/b3dd0fe/Restaurant.RestApi/RestaurantManager.cs*）

```
public async Task<bool> Check(Reservation reservation)
{
    if (reservation is null)
        throw new ArgumentNullException(nameof(reservation));

    if (reservation.At < DateTime.Now)
        return false;
    if (reservation.At.TimeOfDay < OpensAt)
        return false;
    if (LastSeating < reservation.At.TimeOfDay)
        return false;

    return await Manager.TrySave(reservation).ConfigureAwait(false);
}
```

如果你繼續拉扯這條特定的義大利麵條，你最終會發現，`Manager.TrySave` 既在資料庫中儲存預訂，又回傳一個 Boolean 值。根據你在本書中迄今為止所學到的知識，你認為這有什麼問題嗎？

它違反了 Command Query Separation（命令查詢分離）的原則。雖然該方法**看起來**像一個查詢，但它有一個副作用。為什麼這是種問題？

回想 Robert C. Martin 的定義：

> **「抽象是消除無關緊要的東西，並放大其本質」**[60]

透過在一個 Query 中隱藏一個副作用，我**消除了**一些重要的東西。換句話說，列表 13.1 中發生的事情比我們看到的要多。循環複雜度可能低至 *4*，但有一個隱藏的第五個動作，你應該有注意到。

誠然，五個資訊塊仍然放得進你的大腦，但那單一的隱藏互動是朝向「七」這個預算額外邁進的 14%。不用太多隱藏的副作用，程式碼很快就會變得不再適合你的大腦。

13.1.2 循序合成

雖然巢狀合成容易出問題，但它並不是組合事物的唯一方式。你也可以透過將行為鏈串（chaining）在一起進行合成，如圖 13.3 所示。

圖 13.3　兩個函式的循序合成（sequential composition）。Where 的輸出成為 Allocate 的輸入。

用 Command Query Separation 的術語來說，命令（Commands）會帶來麻煩。另一方面，查詢（Queries）往往不會帶來什麼麻煩。它們回傳的資料可以作為其他查詢的輸入。

整個餐廳範例源碼庫就是以這一原則為基礎編寫的。考慮一下列表 8.13 中的 `WillAccept` 方法。在所有的 Guard Clauses [7] 之後，它首先創建了

Seating 類別的一個新實體。你可以把建構器（constructor）看成是一個查詢，前提是它沒有副作用[2]。

下一行程式碼使用列表 13.4 中的 Overlaps 方法作為判定式來過濾 existingReservations。內建的 Where 方法是一個查詢，Overlaps 也是。

relevantReservations 群集（collection）是一個查詢的輸出，但成為了下一個查詢的輸入，即 Allocate，如列表 13.5 所示。

列表 13.4 Overlaps 方法。這是一個查詢，因為它沒有副作用並回傳資料。
(*Restaurant/e9a5587/Restaurant.RestApi/Seating.cs*)

```
internal bool Overlaps(Reservation other)
{
    var otherSeating = new Seating(SeatingDuration, other);
    return Start < otherSeating.End && otherSeating.Start < End;
}
```

列表 13.5 Allocate 方法，這是另一個查詢。
(*Restaurant/e9a5587/Restaurant.RestApi/MaitreD.cs*)

```
private IEnumerable<Table> Allocate(
    IEnumerable<Reservation> reservations)
{
    List<Table> availableTables = Tables.ToList();
    foreach (var r in reservations)
    {
        var table = availableTables.Find(t => t.Fits(r.Quantity));
        if (table is { })
        {
            availableTables.Remove(table);
            if (table.IsCommunal)
                availableTables.Add(table.Reserve(r.Quantity));
        }
```

2 建構器真的、真的不應該有副作用！

```
    }
    return availableTables;
}
```

最後，WillAccept 方法回傳在 availableTables（可用的資料表）中是否有 Any（任何）符合（Fits）candidate.Quantity 的資料表。Any 方法是另一個內建的查詢，顯示於列表 8.14 中的 Fits 則是一個判定式。

與圖 13.3 相比，你可以說 Seating 建構器、seating.Overlaps、Allocate 和 Fits 是循序合成的。

這些方法都沒有副作用，這意味著一旦 WillAccept 回傳其 Boolean 值，你就可以忘記它是如何得到這個結果的。它真正地消除了無關緊要的東西，放大了必要的本質。

13.1.3 參考透明度

還有一個 Command Query Separation 未能解決的問題：可預測性（predictability）。雖然查詢沒有你的大腦必須持續追蹤的副作用，但如果你每次呼叫它都得到一個新的回傳值（即使是使用相同的輸入），它仍然可能讓你感到驚訝。

這可能沒有副作用那麼糟糕，但它仍然會耗費你的腦力。如果我們在 Command Query Separation 的基礎上再制定一條額外的規則，會發生什麼事？指出查詢必須是確定性的規則？

這意味著查詢不能依存於隨機數字產生器（random number generators）、GUID 創建、一天內的時間、一個月內的日期或來自環境的任何其他資料。這將包括檔案和資料庫的內容。這聽起來很有限制性，那麼有什麼好處呢？

一個**沒有副作用**的**確定性**（*deterministic*）方法**在參考上具有透明性**（*referentially transparent*）。它也被稱為**純函式**（*pure function*）。這樣的函式有一些非常理想的性質。

這些性質之一是，純函式很容易合成。如果一個函式的輸出適合作為另一個函式的輸入，你就可以循序合成它們。總是如此。這其中有深刻的數學原因[3]，但只需指出，合成的能力根植於純函式的結構之中。

另一個性質是，你可以用一個純函式呼叫的結果來代替它。函式呼叫**等同於**輸出。結果和函式呼叫之間的唯一區別是獲取它所需的時間。

從 Robert C. Martin 對**抽象**（*abstraction*）的定義來看，只要一個純函式回傳了，你所要關心的東西就只有其結果。函式是如何得到結果的，則是一個實作細節。參考透明的函式消除了無關緊要的東西，放大了重要的本質。

正如圖 13.4 所示，它們將任意的複雜性摺疊為單一的結果，成為放得進你大腦的單一資訊塊。

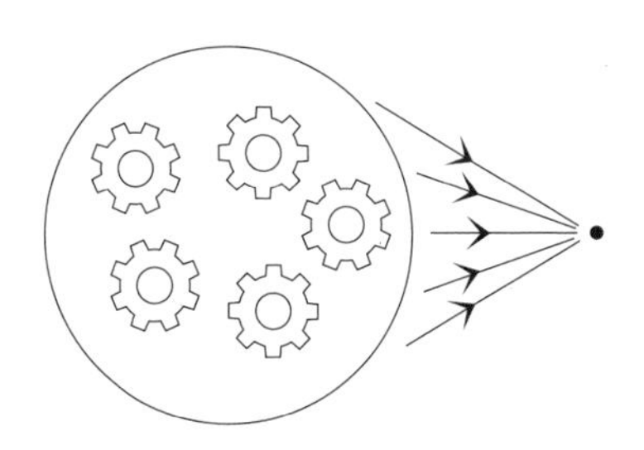

圖 13.4 純函式（左）摺疊為其結果（右）。無論複雜程度如何，一個參考透明的函式呼叫可以被其輸出所取代。因此，一旦你知道輸出是什麼，那就會是你在閱讀和解析呼叫端程式碼時，唯一需要追蹤的東西。

3 其中一種觀點由 category theory 所提供，像 Haskell 這樣的函式型程式設計語言在很大程度上依存於它。對於程式設計師來說，有一個很好的入門介紹是 Bartosz Milewski 的 *Category Theory for Programmers* [68]。

另一方面，如果你想知道這個函式是如何運作的，你就按照碎形架構（fractal architecture）的精神，拉近去看它的實作。這可能就是列表 8.13 中的 `WillAccept` 方法。事實上，這個方法不僅僅是一個查詢，它還是一個純函式。當你查看那個函式的原始碼時，你就已經把它拉近放大了，周圍的環境是無關緊要的。它只對其輸入引數和不可變的類別欄位進行運算。

當你再次拉遠縮小時，整個函式就會摺疊成它的結果。那是你的大腦唯一需要追蹤的東西。

所有的非確定性（nondeterministic）行為和副作用怎麼辦？它們到哪裡去了？

把所有的那些東西都推到系統的邊緣：你的 `Main` 方法、你的 Controllers、你的訊息處理器（message handlers），諸如此類的。舉例來說，考慮將列表 13.6 當作列表 13.1 的優良替代品。

說白了，`Post` 方法本身在參考上並不透明。它會創建一個新的 GUID（非確定性）、查詢資料庫（非確定性），

列表 13.6 循序合成的 `Post` 方法。與列表 13.1 形成對比。
（*Restaurant/e9a5587/Restaurant.RestApi/ReservationsController.cs*）

```
[HttpPost]
public async Task<ActionResult> Post(ReservationDto dto)
{
    if (dto is null)
        throw new ArgumentNullException(nameof(dto));

    var id = dto.ParseId() ?? Guid.NewGuid();
    Reservation? r = dto.Validate(id);
    if (r is null)
        return new BadRequestResult();

    var reservations = await Repository
```

```
        .ReadReservations(r.At)
        .ConfigureAwait(false);
    if (!MaitreD.WillAccept(DateTime.Now, reservations, r))
        return NoTables500InternalServerError();

    await Repository.Create(r).ConfigureAwait(false);

    return Reservation201Created(r);
}
```

獲得當前的日期和時間（非確定性），並有條件地將預訂保存在資料庫中（副作用）。

一旦它收集了所有的資料，就會呼叫 WillAccept 純函式。只有當 WillAccept 回傳 true 時，Post 方法才允許副作用的發生。

把非確定性的查詢和帶有副作用的行為保持在靠近系統邊緣的地方，把複雜的邏輯寫成純函式，這種程式設計風格被稱為 *functional core, imperative shell*（函式型核心，命令式外殼）[11]，因為主要使用純函式進行程式設計是函式型程式設計（functional programming）的領域。

幫你自己一個忙，學習函式型程式設計 [4]。它更放得進你的頭腦。

4 要學習函式型程式設計，我建議你嘗試學習一個合適的函式型程式設計語言。Haskell 是最好的，但學習曲線很陡峭。找一個適合你喜好的。你所學到的關於函式型程式設計的大部分內容都可以帶回去改進你的物件導向源碼庫。本書的整個範例源碼庫都是以**函式型核心、命令式外殼**風格編寫的，儘管它表面上用的是物件導向語言 C#。

13.2 橫切關注點

有一組關注點傾向於跨越不同的功能。毫不意外地，它們被稱為橫切關注點（cross-cutting concerns）。它們包括 [25]：

- 記錄（Logging）
- 效能監視（Performance monitoring）
- 稽核（Auditing）
- 計量（Metering）
- 儀器使用（Instrumentation）
- 快取（Caching）
- 容錯（Fault tolerance）
- 安全性（Security）

你可能不需要所有的這些，但只要你需要其中一個，那個特定的關注點往往適用於許多功能。

舉例來說，如果你發現需要在你的 Web 服務呼叫中添加一個 Circuit Breaker（斷路器）[73]，你可能得在呼叫那個 Web 服務的所有地方那樣做。又或者，如果你需要快取你的資料庫查詢，你就需要持續地那樣做。

根據我的經驗，橫切關注點有一個共通之處：它們最好用 Decorator（裝飾器）[39] 設計模式來實作。讓我展示一個例子。

13.2.1 記錄

上述清單中的大多數項目都是記錄（logging）的變體，也就是說，它們涉及到將資料寫入某種日誌（log）。效能監視將效能測試結果寫入效能日誌、稽核將稽核資料寫入稽查證跡（audit trail），計量將使用量的資料寫入最終會成為帳單的內容，而儀器使用將除錯資訊（debug information）寫入日誌。

你很可能只需要實作上述橫切關注點的一個子集。你是否需要它們，取決於系統的需求。

然而，你**應該**在系統中添加最低限度的日誌記錄。你的軟體被使用時會遇到不可預見的情況。它可能會崩潰當掉或顯現出缺陷。為了排除故障，你需要了解那些問題。日誌可以讓你對執行中的系統有寶貴的洞察力。

至少，你應該確保所有未處理的例外都有被記錄下來。你可能不需要採取明確的行動來實現這一點。舉例來說，ASP.NET 會自動記錄 Windows 和 Microsoft Azure 上未被處理的例外。

密切關注日誌。未處理例外的理想數量是零。如果你在日誌中看到一個例外，把它當作一個缺陷處理。詳見 12.2 節。

雖然有些缺陷是執行時期的崩潰（run-time crashes），但其他缺陷則表現為不正確的行為。系統在持續執行的同時表現出錯誤的行為。你在 12.2 節中看到了幾個例子：系統允許超額預訂，而電子郵件位址和姓名被對調了。你需要更多的記錄，而不僅僅是那些未處理的例外，才能理解發生了什麼。

13.2.2 裝飾器

如圖 13.5 所示，Decorator（裝飾器）設計模式有時也被稱為**俄羅斯娃娃**（*Russian dolls*），因為傳統的俄羅斯瑪特廖什卡娃娃（matryoshka dolls）是彼此內嵌在一起的。

就像這種娃娃，多型物件（polymorphic objects）也可以相互內嵌。這是將不相關的功能添加到現有實作中的一種好方法。作為一個例子，你將看到如何在列表 13.7 中為資料庫存取介面添加記錄功能。

該源碼庫已經包含了一個實作該介面的類別。它被稱為 `SqlReservationsRepository`，它執行從底層 SQL Server 資料庫讀取和寫入的工作。雖然你想記錄這個類別做了什麼，但你應該把這些關注點分離。不要只是為了添加日誌而編輯 `SqlReservationsRepository`。列表 13.8 顯示了該類別的宣告和建構器。請注意，

圖 13.5　可以相互嵌套的俄羅斯瑪特廖什卡娃娃經常被用來當作 Decorator 設計模式的一種隱喻。

列表 13.7　`IReservationsRepository` 介面的另一個版本，這次是支援多租戶（multi-tenant）的。其他變體請參閱列表 10.11 或 8.3。
（*Restaurant/3bfaa4b/Restaurant.RestApi/IReservationsRepository.cs*）

```
public interface IReservationsRepository
{
    Task Create(int restaurantId, Reservation reservation);

    Task<IReadOnlyCollection<Reservation>> ReadReservations(
        int restaurantId, DateTime min, DateTime max);

    Task<Reservation?> ReadReservation(Guid id);

    Task Update(Reservation reservation);

    Task Delete(Guid id);
}
```

雖然它實作了 IReservationsRepository 介面，但它也包裹了另一個 IReservationsRepository 物件。

既然它實作了該介面，它必定有實作所有的方法。這一定是可能的，因為它可以單純呼叫 Inner 上的相同方法。然而，每個方法都給了 Decorator 一個攔截方法呼叫的機會。作為一個例子，列表 13.9 顯示了它如何圍繞著 ReadReservation 方法進行記錄。

列表 13.8 LoggingReservationsRepository 裝飾器的類別宣告和建構器。
(*Restaurant/3bfaa4b/Restaurant.RestApi/LoggingReservationsRepository.cs*)

```
public sealed class LoggingReservationsRepository : IReservationsRepository
{
    public LoggingReservationsRepository(
        ILogger<LoggingReservationsRepository> logger,
        IReservationsRepository inner)
    {
        Logger = logger;
        Inner = inner;
    }

    public ILogger<LoggingReservationsRepository> Logger { get; }
    public IReservationsRepository Inner { get; }
```

列表 13.9 經過裝飾的 ReadReservation 方法。
(*Restaurant/3bfaa4b/Restaurant.RestApi/LoggingReservationsRepository.cs*)

```
public async Task<Reservation?> ReadReservation(Guid id)
{
    var output = await Inner.ReadReservation(id).ConfigureAwait(false);
    Logger.LogInformation(
        "{method}(id: {id}) => {output}",
        nameof(ReadReservation),
        id,
        JsonSerializer.Serialize(output?.ToDto()));
    return output;
}
```

它首先呼叫 Inner 實作上的 ReadReservation 來獲取 output。在回傳 output 之前，它使用注入的 Logger 來記錄該方法被呼叫了。列表 13.10 顯示了該程式碼產生的一個典型的記錄條目（log entry）。

LoggingReservationsRepository 的其他方法也以同樣的方式運作，它們呼叫 Inner 實作，記錄結果，然後回傳。

你必須設定 ASP.NET 內建的 Dependency Injection Container（依存關係注入容器），以便在「真正的」實作中使用裝飾器。列表 13.11 顯示怎麼做。一些 Dependency Injection Containers 本身就知道 Decorator 設計模式，但內建的容器並不知道。幸運的是，你可以用一個 lambda 運算式來註冊服務，以繞過這個限制。

列表 13.10 由列表 13.9 產生的記錄條目的例子。實際的記錄條目是很寬的單一行文字。為了便於閱讀，我對它進行了編輯，新增了換行和一點縮排。

```
2020-11-12 16:48:29.441 +00:00 [Information]
Ploeh.Samples.Restaurants.RestApi.LoggingReservationsRepository:
ReadReservation(id: 55a1957b-f85e-41a0-9f1f-6b052f8dcafd) =>
{
    "Id":"55a1957bf85e41a09f1f6b052f8dcafd",
    "At":"2021-05-14T20:30:00.0000000",
    "Email":"elboughs@example.org",
    "Name":"Elle Burroughs",
    "Quantity":5
}
```

列表 13.11 用 ASP.NET 框架設定一個 Decorator。
（*Restaurant/3bfaa4b/Restaurant.RestApi/Startup.cs*）

```
var connStr = Configuration.GetConnectionString("Restaurant");
services.AddSingleton<IReservationsRepository>(sp =>
{
    var logger =
        sp.GetService<ILogger<LoggingReservationsRepository>>();
    return new LoggingReservationsRepository(
```

```
        logger,
        new SqlReservationsRepository(connStr));
});
```

除了 `IReservationsRepository`，這個範例餐廳預訂系統還有其他的依存關係。舉例來說，它也會發送電子郵件，使用 `IPostOffice` 介面。為了記錄這些互動，它使用了一個相當於 `LoggingReservationsRepository` 的 `LoggingPostOffice` 裝飾器。

你可以用 Decorators 來解決大多數橫切關注點的問題。對於快取（caching），你可以實作一個裝飾器，首先嘗試從快取中讀取。只有當值不在快取中時，它才會讀取底層的資料儲存區，在那種情況下，它會在回傳之前更新快取。這就是一種所謂的 *read-through cache*（貫穿式讀取快取）。

說到容錯（fault tolerance），我的前一本書 [25] 包含了 Circuit Breaker（斷路器）[73] 的一個例子。使用 Decorators 來處理安全考量也是可能的，但大多數框架都附有內建的安全功能，最好是使用那些功能。例子請參閱第 15.2.5 小節。

13.2.3 要記錄什麼？

我曾經合作過的一個團隊找到了恰到好處的記錄量。我們當時正在開發和維護一套 REST API。每個 API 都會記錄每個 HTTP 請求的細節 [5] 和它回傳的 HTTP 回應。它還會記錄所有的資料庫互動，包括輸入引數和資料庫回傳的整個結果集。

5 除了像 JSON Web Tokens 這樣的敏感資訊，我們會修改那類資訊。

我不記得有任何一個缺陷是我們無法追蹤和理解的。它的記錄量恰到好處。

大多數開發組織記錄的東西都太多。特別是涉及到儀器使用（instrumentation）時，我經常看到「過度記錄（overlogging）」的例子。如果記錄是為了支援未來的疑難排解，你無法預測會需要什麼，所以記錄太多的資料總比太少好。或者，至少那就是為了正當化「過度記錄」的理由。

如果**只**記錄你需要的東西，那就更好了。不要太少，也不要太多，而是恰到好處的記錄量。很明顯，我們應該把這稱為 *Goldilogs*。

你怎麼知道要記錄什麼？如果你不知道未來的需求，你怎麼知道已經記錄了所需要的一切？

關鍵是再現性（repeatability）。就像你應該能夠重現建置和重現部署一樣，你也應該能夠重現執行。

如果你能「重播」問題出現時所發生的情況，你就能對其進行疑難排解。你需要記錄足夠的資料，使你能夠重現執行。你如何識別出那些資料？

考慮一下諸如列表 13.12 這樣的一行程式碼。你會記錄那個嗎？

列表 13.12　你會記錄這個述句嗎？

```
int z = x + y;
```

記錄 x 和 y 是什麼可能是有意義的，特別是在那些值是執行時期的值（run-time values，例如由使用者輸入的、Web 服務呼叫的結果，等等）之時。你可能會做一些類似列表 13.13 的事情。

列表 13.13 記錄輸入值可能是合理的

```
Log.Debug($"Adding {x} and {y}.");
int z = x + y;
```

但你會不會像列表 13.14 中那樣記錄結果呢？

列表 13.14 記錄加法的輸出是否有意義？

```
Log.Debug($"Adding {x} and {y}.");
int z = x + y;
Log.Debug($"Result of addition: {z}");
```

沒有理由對計算結果進行記錄。加法是一種純函式（pure function），它是**確定性**（*deterministic*）的。如果你知道輸入，你總是可以重複計算以得到輸出。二加二永遠都是四。

你的程式碼越是由純函式組成，你需要記錄的東西就越少 [103]。這就是參考透明性（referential transparency）如此理想的眾多原因之一，也是為什麼你應該優先選用**函式型核心，命令式外殼**（*functional core, imperative shell*）的架構風格。

> 記錄所有不純的動作（impure actions），但頂多就那樣。

記錄所有你無法重現（reproduce）的東西。這包括所有非確定性的程式碼（nondeterministic code），例如獲取當前日期、一天中的時間、產生一個隨機數字、讀取自檔案或資料庫等等。它還包括所有帶有副作用的東西。其他所有的東西你都不需要記錄。

當然，如果你的源碼庫沒有把純函式和不純的動作分開，你就必須記錄一切。

13.3 結論

把不相關的關注點分開。對使用者介面的修改不應涉及編輯資料庫程式碼，反之亦然。

關注點分離意味著你應該將源碼庫的各個部分區分開來，也就是進行分解（decompose）。分解只有在你能重新組合那些不同的部分時才有價值。

這聽起來像是物件導向設計的工作，但儘管它最初的承諾是那樣，結果證明它並不適合該項任務。雖然你**可以**達成物件導向的分解，但你必須克服各種困難才能使其發揮作用。大多數開發人員不知道如何做到這一點，所以反而傾向於透過內嵌它們來合成物件。

當你那樣做的時候，你往往會把重要的行為掃到地毯下面。這使得你更難把程式碼放入你的腦中。

循序合成（sequential composition），即純函式回傳的資料可以作為其他純函式的輸入，提供了一種更理智的選擇，放得進你頭腦的那一種。

雖然我並不期望各組織為了 Haskell 而把他們所謂的物件導向的源碼庫扔到海裡去，但我確實建議朝著**函式型核心、命令式外殼**（*functional core, imperative shell*）的方向發展。

這使得隔離源碼庫中那些實作不純動作（impure actions）的部分更加容易。那些部分通常也是你需要應用橫切關注點（cross-cutting concerns）的地方，這最好用 Decorators（裝飾器）來完成。

14
節律

我訪問過許多軟體開發機構或與之合作過。有些組織遵循一種流程，而另一些組織則遵循不同的流程。多個組織告訴我，他們有遵循某個流程，但他們實際做的事情卻不一樣。

有些團隊說會每天做站立會議（stand-ups），只不過他們真的只是在需要的時候每隔一天做一次。

我曾在其中工作過的一個團隊，我們每天早上**確實**都會做一次站立會議。然而，有一個團隊成員總是設法讓會議以他的辦公桌為中心舉行，他就一直坐在那裡。他也是那種會完全無視「**我昨天做了什麼**」、「**我今天要做什麼**」、「**是否有任何阻礙**」這種格式的人，而是滔滔不絕地講了十五分鐘，同時我的腳因為站著而越來越疼。

我工作過的一個團隊擁有漂亮的工作流程看板（Kanban board），只是他們會花大量的時間去滅火。那些美觀的工作項目對實際正在進行的工作提供了糟糕的洞察力。

在我工作過的最好的團隊中，有一個團隊幾乎沒有流程。那並不重要，因為他們已經實作了 Continuous Deployment（持續部署）。

該團隊交付功能的速度超過了利害關係者的吸收能力。團隊成員有時會問利害關係者，他們是否有時間欣賞他們所要求的功能，而非不停地被詢問是否完成了？最常見的回答是，他們沒有時間那樣做。

我並不打算告訴你如何組織。無論你是遵循 Scrum、XP [5]、PRINCE2，還是選擇日常的混亂，我都希望這本書包含了你可以運用的想法。雖然我不希望規定任何特定的軟體開發流程，但我已經意識到，每天有一種寬鬆的節律（rhythm）或結構是有益的。這適用於你的工作方式，無論是個人或團隊合作。

14.1 個人節律

每一天都可能是不同的，但我發現預設有一個鬆散的結構是很實用的。沒有任何日常活動應該是強制性的，因為如果你有一天錯過了，那只會造成壓力，但有結構可以幫助你完成一些事情。

雖然我的妻子可能會告訴你，我是她認識的最有紀律的人之一，但其實我也有拖延的傾向。在我的一天中帶有某種節律，可以幫助我儘量減少時間的浪費。

14.1.1 時間箱

在有時間箱區間（time-boxed intervals，即固定的時間間隔）的情況下工作，比如 25 分鐘。你可能認為這是你知道的 Pomodoro 技巧，但它並不是。Pomodoro 技巧需要投入的心力更多 [18]，而且我覺得那些額外的活動無關緊要。

然而，工作 25 分鐘有一些好處。其中一些可能看起來很明顯，但其他一些就不是那麼容易看得出來。

在明顯的部分，25 分鐘不間斷的工作使一項大任務看起來更容易處理。即使一個工作項目看起來令人生畏或不討人喜歡，告訴自己「至少看個 25 分鐘」也會更容易。我的經驗是，大多數任務中最困難的部分是開始動手。

一定要讓倒數計時器保持在看得到的狀態。你可以使用一個實體的廚房計時器，比如圖 14.1 中所示的那個，或者某個軟體。我使用一個程式，它總是會在螢幕的系統匣（system tray）[1] 中顯示剩餘的分鐘數。看得見倒數計時，好處是可以對抗「只是」看看 Twitter、電子郵件或類似東西的需求。每當我有這種衝動，我就會看一眼倒數計時，然後對自己說：「**好吧，我的這個時段還剩下** *16* **分鐘。我可以撐過去的，然後我就可以休息了**」。

圖 14.1　當你以 25 分鐘的時間箱為區隔進行工作時，你可能會稱它為 Pomodoro 技巧。這可能不是，但這裡有一個 pomodoro 廚房計時器，該技巧的名稱就源自於此。

休息提供了一種不太明顯的優勢。當你休息的時候，請讓它成為確實的休息。從你的椅子站起，走動一下，離開房間。幫自己一個忙，離開你的電腦。第 12.1.3 節已經討論過這個特殊的好處。令人驚訝的是，換個環境往往能帶給你一個新的視角。

1　在 Windows 中，系統匣通常放在螢幕的右下方。它也被稱為**通知區域**（*notification area*）。

即使你不覺得卡住了，休息一下也會讓你意識到你剛剛浪費了十五分鐘。這聽起來不太好，但我寧願浪費十五分鐘也不願浪費三個小時。

不只一次，當計時器響起時，我已經進入了**神馳**（*in the zone*）的狀態。當一切都順利流動時，不得不停下來離開電腦幾乎可以說是痛苦的。

然而，我發現，如果我那樣做，有時回來後會意識到，我剛剛做的事情**不可能成功**，因為有些問題以後會顯現出來。

如果只是停留在那種狀態，我可能已經浪費了幾個小時而不是幾分鐘。

程式設計師們喜歡處於那種狀態，因為這**感覺起來**很有生產力，但並不能保證就是如此。那不是一種沉思的狀態。你可能會寫很多行程式碼，但不能保證它們會是有用的。

最令人好奇的是這個面向：如果你在那種狀態下所做的事情**確實**有用，那麼五分鐘的休息時間也不會有什麼關係。我經常發現，即使離開電腦幾分鐘後，如果我覺得自己在正確的軌道上，我也能馬上回到那種狀態。

14.1.2 休息一下

我曾經開發過一個開源軟體，後來變得還算熱門。它變得足夠受歡迎，以致於使用者開始建議各種我最初沒有計畫過的特色和功能。第一個版本執行得很好，但我明白我必須重寫大部分的程式碼，使其變得更加靈活。

新的設計需要大量的沉思。幸運的是，當時我的工作有單程半小時的通勤時間。我在騎自行車[2]來回的過程中，為那個新版本做了大部分的設計工作。

2　哥本哈根（Copenhagen）是一個自行車城市，如果可能的話，我也會騎自行車。這樣做比較快，而且可以鍛鍊身體。雖然有時會陷入沉思，但我並沒有對其他人構成危險。

遠離電腦是非常有成效的。我大部分好的靈感都是在做其他事情時產生的。我經常運動，許多見解都是在跑步、沖澡或洗碗時產生的。我記得有很多「Eureka!（我想到了！）」時刻都是在我站著時發生的。我不記得在電腦前有過什麼領悟。

我認為這是因為我的 System 1 [51]（或其他一些潛意識程序）一直在處理問題，即使是在我沒有意識到的時候。不過，這只有在我已經花了時間在電腦前處理問題的情況下才有效。你不能只是躺在沙發上，就期望有源源不斷的靈感流過你。交替進行似乎才是使得這個技巧生效的關鍵。

如果你是在辦公室裡工作，出去走走可能會很困難。不過，我仍然認為這可能比整天坐在電腦前更有生產力。

如果可能的話，離開你的電腦休息一下。做個二十分鐘或半小時的其他事情。如果可以的話，儘量把它與體育活動結合起來。這不一定是艱苦的身體鍛煉，它可以只是去散個步。舉例來說，如果你附近有一家雜貨店，你可以去購物。我每隔一天都會這樣做。我不僅在工作中得到了休息，購物起來也很有效率，因為我去的時候很少有其他人。

請記住，智力工作與體力工作不同。你不能用你工作的時間來衡量生產力。事實上，你工作的時間越長，你的生產力就越低。長時間工作甚至可能導致負的生產力，因為你會犯錯，然後不得不浪費時間去糾正。不要長時間工作。

14.1.3 慎重使用時間

不要只是過日子。我不打算把這本書變成個人生產力講座，已經有很多關於這方面的書了。不過，我至少會建議你有意識地利用你的時間。為了獲得靈感，我將告訴你一些對我有用的慣例。

The Pragmatic Programmer 一書建議你應該每年都學一個新的程式語言 [50]。我不確定我是否同意這一特定規則。了解一種以上的語言是個好主意，但每年一個似乎有些過頭了。還有其他需要學習的東西：測試驅動開發、演算法、特定的程式庫或框架、設計模式、基於特性的測試，諸如此類的。

我並不試圖每年都學習一個新的語言，但我確實努力擴充我的知識。除非有排定工作，否則我每天都會從兩個 25 分鐘的時間箱開始，在這些時間區間裡我會努力教育自己。近來，我通常會閱讀教科書並做習題。在職業生涯的早期，我每天早上開始在 Usenet[3] 上回答問題，後來則在 Stack Overflow 上。透過教學，你可以學到很多東西。我也做過程式設計的套路訓練（programming katas）。

另一個生產力技巧是限制你去的會議數量。我曾經為一家公司提供諮詢，該公司一直在舉行會議。有一段時間，我擔任一個核心角色，所以我會收到很多會議請求。

我注意到，許多會議實際上只是在請求資訊（request for information）。利害關係者聽說我參加了沒有他們的會議，所以他們會請求參加會議，以了解所討論的內容。這是可以理解的，但效率很低，所以我開始把事情寫下來。

當人們要求與我開會時，我會向他們要一份議程，這往往足以讓他們取消會議。在其他情況下，一旦我看到議程，我就會把已經寫好的內容發給他們。他們會立即得到需要的資訊，而不是等待幾個小時或幾天之後的會議。會議沒有規模擴充性，說明文件才有。

3　是的，那是很久以前的事了！

14.1.4 盲打

2013 年，丹麥教師工會和他們的公共雇主之間爆發了衝突，學校無限期關閉。衝突持續了 25 天，但開始時沒有人知道會延續多久。

當時我的女兒已經 10 歲了。我不想讓她在家裡閒著沒事，所以我編了一個課程。我讓她做的其中一件事是每天一小時跟隨線上的盲打教程（touch-typing tutorial）。當衝突結束後，她就會盲打了，從那以後她就一直那樣打字。

當 Covid-19 在 2020 年使得學校關閉時，我十三歲的兒子被指定了同樣的任務。他現在也是懂得盲打。這需要幾個星期，每天一個小時，才能學會。

我曾與不會盲打的程式設計師共事，我注意到這使他們的效率低很多。不是因為他們打字不夠快，畢竟，打字不是軟體開發的瓶頸所在。你花在閱讀程式碼上的時間比打字多，所以生產力與程式碼的可讀性密切相關。

不過，並不是打字速度，或缺乏打字速度，使得 *hunt-and-peck typing*（**雙指打字**）效率低下。問題在於，當你總是要在鍵盤上尋找下一個要敲的按鍵時，你就不會注意到螢幕上正在發生的事情。

現代 IDE（整合式開發環境）有許多花俏的功能。它們會在你犯錯時告訴你。我從個位數的年紀就開始盲打，但我不是一個特別準確的打字員，我經常使用刪除鍵。

雖然我在寫像這樣的文章時容易打錯字，但我在寫程式時卻很少打錯字。這是因為述句完成（statement completion）和其他的 IDE 功能會為我「打字」。

我見過那些忙於尋找下一個按鍵的程式設計師，他們錯過了 IDE 提供的所有幫助。更糟的是，如果他們打錯了字，要等到他們試圖編譯或執行程式碼時，才會發現錯誤。當他們最終看向螢幕時，他們會對某些東西不能運作感到困惑不已。

當我和這樣的程式設計師結對時，我已經看到錯別字幾十秒了，所以非常清楚什麼是錯的，但對那些邊找邊打的人來說，那是一種新的情境，需要時間來適應。

請學會盲打（touch type）。IDE 是 *Integrated Development Environment*（整合式開發環境）的首字母縮寫，但對於現代工具來說，也許 *Interactive Development Environment*（互動式開發環境）更為貼切。然而，如果你不看它，幾乎不可能有互動發生。

14.2 團隊節律

當你在一個團隊中工作時，你必須使你的個人節律與團隊的節律一致。最有可能的是，團隊有重複性的活動。你可能每天都做站立會議（stand-up）、每隔一週舉行一次衝刺回顧會（sprint retrospectives），或者在一天中的某個特定時間去吃午飯。

正如已經說過的，我不打算規定任何特定的流程，但有一些活動我認為你應該安排。你甚至可以把它們做成一個檢查表。

14.2.1 定期更新依存關係

源碼庫有依存關係。從一個資料庫讀取資料時，你會使用那個品牌資料庫的特定 SDK。撰寫一個單元測試時，你會使用某個單元測試框架。當你想用 JSON Web Token 來認證使用者時，你會使用一個程式庫來那麼做。

這種依存關係通常以套件（packages）的形式出現，透過套件管理器（package manager）來傳遞。.NET 有 NuGet；JavaScript 有 NPM；Ruby 有 RubyGems，諸如此類的。這種型態的發行方式意味著套件可能會經常更新。套件作者可以很容易地進行 Continuous Deployment（持續部署），所以每次有一個錯誤修復或新功能，你都可能會得到套件的新版本。

你不必在每次有新版本出現時都更新到最新的版本。如果你不需要新功能，你可以跳過該版本。

另一方面，落後太多也很危險。某些套件的作者對於破壞性變化很認真看待，而其他的則比較輕率。你在更新之間等待的時間越久，越多的破壞性變化就會堆積起來。你會越來越難向前邁進，最終你可能會陷入不再敢升級依存關係的情況。

這也適用於語言和平台版本。最終，你可能被困在你語言的一個舊版本上，以致於難以雇用新員工。這種情況是會發生的。

諷刺的是，如果你定期更新，就不會有什麼痛苦。在範例程式碼儲存庫的 Git 日誌記錄中，你可以看到我偶爾會更新一下依存關係。列表 14.1 節錄了該日誌的一部份。

列表 14.1 顯示套件更新的 Git 日誌摘錄，另外還再加上一些周邊的提交。

```
0964099 (HEAD) Add a schedule link to each day
2295752 Rename test classes
fdf2a2f Update Microsoft.CodeAnalysis.FxCopAnalyzers NuGet
9e5d33a Update Microsoft.AspNetCore.Mvc.Testing NuGet pkg
f04e6eb Update coverlet.collector NuGet package
3bfc64f Update Microsoft.NET.Test.Sdk NuGet package
a2bebea Update System.Data.SqlClient NuGet package
34b818f Update xunit.runner.visualstudio NuGet package
ff5314f Add cache header on year calendar
df8652f Delete calendar flag
```

你應該多久更新一次依存關係？這取決於數量，以及那些依存關係的穩定程度。就此範例源碼庫而言，我覺得每隔一個月左右檢查一次更新就可以了。一個更大型的源碼庫之套件數可能有一個數量級以上的差異，而僅是這一點就可以支持更頻繁的更新計畫。

另一個因素是特定的依存關係之變化頻率。有些依存關係很少發生變化，而有些依存關係則會在版本修訂過程中發生變化。你必須透過實驗來找到適合你源碼庫的最佳頻率，但在你知道那是什麼之前，挑選一個任意的節律。把這個工作項目接附到另一個常規活動上，可能是合理的。舉例來說，如果你使用的是 Scrum 的兩週衝刺會（two-week sprints），你可以把套件更新活動安排在新衝刺會上所做的第一件事[4]。

14.2.2 安排其他事情

你應該安排依存關係更新的原因在於，那是很容易忘記的事情。每天檢查更新沒有意義，所以它不太可能成為任何人工作節律的一部分。

這也是那種一旦你開始注意到它，就為時已晚的問題。還有其他問題也屬於這種類型。

憑證（certificates）[5]會過期，但它們的壽命通常以年為單位，很容易就會忘記更新它們，如果你忘記了，軟體就會停止工作。當這種情況發生時，也許團隊中就沒有原來的開發人員了。最好是主動更新憑證，所以要為這項活動排程。

4　不要把它當作衝刺會的最後一件事，因為那樣它就會被更緊急的事情犧牲掉。

5　例如 X.509 憑證。

網域名稱（domain names）也是如此。它們會在幾年後過期。請確保有人為它們續用（renews）。

另一個例子是資料庫的備份（database backups）。自動備份很容易，但你知道它們是否有生效嗎？你真的能從備份中恢復系統嗎？考慮把它當作一項常規工作來做。當你真正需要它們的時候，發現備份無法運作是很令人失望的。

14.2.3 Conway 法則

在我的第一份工作中，我有自己的辦公室。那是在 1994 年，當時開放式辦公室（open office）的情景還不像今天這樣普遍。從那以後我就再也沒有自己的辦公室了[6]。雇主們已經了解到，開放式辦公室的成本較低，而且像 XP 這樣的敏捷流程（agile processes）會建議大家坐在一起 [5]。

說白了，我並不喜歡開放的辦公空間。我覺得它們很吵雜且令人分心。另一方面，我確實認為面對面的交流可以促進合作。如果你曾經嘗試過在聊天論壇上進行書面討論，例如關於 GitHub 的問題，或者關於某個功能規格，你就會知道它們可以拖上幾天或幾週。你往往可以透過與對方**交談**（*talking*）十五分鐘來解決看似衝突的問題。

即使技術討論並不「感覺私人」，面對面的談話也有一些東西能幫助解除誤會。

另一方面，如果你完全依靠談話和坐在一起，你就有可能建立起一種口語文化（oral culture）。沒有什麼東西會被寫下來，你必須反復進行同樣的討論，重複回答同樣的問題。當人們離開時，知識就會失落。

6 這並不完全正確，我已經自營多年，我不在客戶那裡時，就在家裡工作。我是在家裡的辦公室裡寫這本書的。

透過 Conway 法則的視角來考慮這個問題：

> 「**設計系統的任何組織 [...] 都將不可避免地產生出一種設計，其結構是對該組織溝通結構（*communication structure*）的複製。**」[21]

如果每個人都坐在一起，可以任意地與其他任何人交流，其所產生的系統可能沒有可識別的架構，但有大量的臨時交流（ad hoc communication）。換句話說，就是義大利麵條程式碼（spaghetti code）[15]。

考慮你組織工作的方式是如何影響源碼庫的。

雖然我不喜歡開放式辦公室和臨時性的聊天，但我也不推薦另一個極端。僵化的階層架構和指揮鏈很難有利於提高生產力。就我個人而言，我喜歡用開源軟體典型組織方式來組織工作（甚至是公司的工作），包括 pull requests、審查，以及大部分書面的交流。我喜歡這樣，因為這樣可以實現非同步的軟體開發 [96]。

你不必這樣做，但要以一種既能促進交流又能提倡你喜歡的軟體架構的方式來組織團隊。關鍵是要意識到，團隊的組織和架構是相互關聯的。

14.3 結論

你可以找到很多關於個人生產力的書籍，所以我想避開這類書籍一般會討論的大部分話題。你如何工作是個人的事，而一個團隊如何組織則顯示出豐富的多樣性。

然而，我確實想討論一些我花了多年時間才理解到的事情。休息一下，離開電腦。當我在做其他事情時，我得到了我最好的想法。也許你也會這樣。

15 常備之物

那麼效能（performance）呢？安全性（security）又如何？依存關係分析？演算法？架構？電腦科學？

所有的這些主題都與軟體工程有關。它們可能是你聽到**軟體工程**（*software engineering*）這個詞時會想到的主題。它們是所謂的常備之物（usual suspects）。直到現在，我一直假裝它們不存在。這並不是因為我認為它們無關緊要，而是因為我發現已經存在全面的處理方式。

為開發團隊提供諮詢時，我很少發現我必須要教他們關於效能的知識。通常，我遇到的團隊成員會比我更了解演算法和電腦科學。而要找到一個比我更了解安全性的人也不是那麼困難。

我寫這本書是因為根據我的經驗，書中所涉及的主題是我**確實**需要教授的實務知識。我希望這本書能填補一個漏洞（圖 15.1 中的驚嘆號），即使它只是我從之前的先驅者那裡汲取而來的智慧之綜合體。

僅僅因為我想專注於這些其他的事情，並不意味著我一直在忽略那些常備之物。作為倒數第二章，我想討論我是如何對待效能、安全性和其他一些事情的。

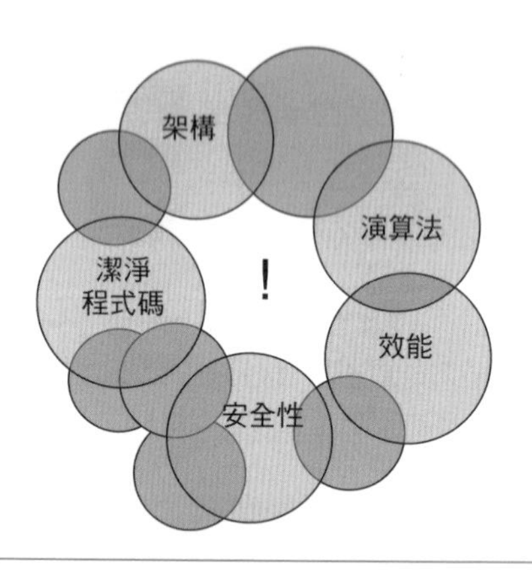

圖 15.1　軟體工程的常備之物：架構、演算法、效能、安全性，以及 *Clean Code* [61] 和 *Code Complete* [65] 等書中例舉的程式設計方法。你可以在其他地方找到關於這些主題的精彩論述，但我覺得在沒有全面說明的情況下，存在一個知識空洞。本書就是為填補這一空洞而做的嘗試。

15.1 效能

當我介紹別人不喜歡的某個想法時，會注意到一個常見的模式。有時，我可以從臉部表情看出，他們正在努力想出一個反駁的理由來抵制那種厭惡感。過了一會兒，就會聽到：

> **「但效能怎麼辦呢？」**

說得沒錯，效能又如何呢？我承認，一些人所表現出的對效能的狹隘關注讓我很惱火，但我想我理解那從何而來。我認為，那有部分是傳統（legacy），有部分則是避邪（apotropaic deflection）之用。

15.1.1 傳統

幾十年來，電腦都很慢。它們的計算速度比人還快，但與現代電腦相比，它們比冰河流動速度還慢。當這個行業開始將自己組織成電腦科學這種學術學科時，效能是一個無處不在的問題。如果你使用沒效率的演算法，可能會使程式根本無法使用。

難怪典型的電腦科學課程會包括演算法、具有 big O 記號的計算複雜性理論（computational complexity theory），以及對記憶體用量的關注。問題在於，這種課程似乎已經僵化了。

效能在一定程度上仍然很重要，但現代電腦的速度非常快，以致於你常常無法分辨出其中的差別。一個特定的方法在 10 奈秒（nanoseconds）或 100 奈秒內回傳有關係嗎？好吧，如果你是在一個緊湊的迴圈中呼叫它，就可能會，但一般情況下，那並不重要。

我見過很多開發人員，他們會浪費幾個小時的時間，使一個方法的呼叫時間縮短幾微秒（microseconds），只是為了用結果[1]去查詢資料庫。如果你把一個運算和另一個慢了好幾個數量級的運算結合起來，那就沒有什麼理由去最佳化它了。如果你必須關注效能，至少請最佳化那些瓶頸。

效能永遠都不應該成為主要的關注點，**正確性**（*correctness*）才應該是。Gerald Weinberg 講過一個故事「向那些被效率問題和其他次要問題糾纏的人闡明了這一點」[115]。那個故事涉及到一個脫軌的軟體專案和一名被要求修復它的程式設計師。該軟體複雜得無可救藥、有大量的臭蟲，而且處於被取消的邊緣。我們的主人公想出了一個可行的改寫方案，並將其呈交給原開發者。

原有軟體的主要開發者問道，執行該程式需要多長時間。聽到答案時，他否定了這個新想法，因為有缺陷的程式執行速度要快上十倍。對此，我們的主人公回答說：

1 為了避免讀者不明白其荒唐之處：查詢資料庫通常需要以毫秒（milliseconds）為單位的時間。持平來說，一切都在不斷地變快，所以當你讀到這篇文章時，這可能不是真的了。

「但你們的程式沒有用。如果程式不需要正確運作，我可以寫一個每張卡[2]只需要一毫秒的程式」[115]

首先讓它可以正確運作，然後再考慮效能問題。或許吧。也許安全性也更重要。也許你應該問問其他利害關係者如何確定優先順序。

如果結果是利害關係者優先考慮效能，那就進行**測量**（*measure*）吧！現代編譯器非常精密複雜，它們可以把方法呼叫置於行內（inline）、最佳化結構不良的迴圈，等等。他們生成的機器碼可能與你所想像的完全不同。此外，效能對於你所使用的硬體、你所安裝的軟體、其他行程正在做的事情以及一系列其他的因素都非常敏感 [59]。你無法對效能進行推理。如果你認為它很重要，就去測量。

15.1.2 可辨識性

一些人關注效能的另一個原因更難解釋。我認為這與可辨識性（legibility）有關。我從一本關於完全不同主題的書中獲得了這個想法，這本書叫作 *Seeing Like a State* [90]。

它認為，某些體系的制定是為了使晦澀難懂的東西變得容易理解。作為一個例子，它解釋了地籍圖（cadastral maps，圖 15.2）的引入是如何解決這類問題的。中世紀的村莊是在一種口頭文化中組織起來的，只有當地人知道誰有權在何時使用哪區塊土地。這使得國王無法直接徵稅。只有當地的貴族有足夠的地方知識來向農民徵稅 [90]。

隨著封建主義向中央集權國家屈服，國王們需要繞過對地方貴族的依賴。地籍圖是為一個不透明的世界引入可辨識性的一種方式 [90]。

2　這要追溯到使用打孔卡（punch cards）的時代。

然而，當你那樣做時，很多東西可能會遺失在翻譯中。舉例來說，在中世紀的村莊，使用一塊土地的權利可能與其他條件有關，而不僅僅是你是誰。舉例來說，你可能有權在生長季節**期間**於某塊土地上種植作物。收穫之後，所有的土地都將被轉化為公地，在下一個種植季節之前不會有任何與之關聯的個人權利。地籍圖無法捕捉到如此複雜的「業務邏輯」，所以他們制定並編纂了簡化過的所有權。那些地圖並沒有記錄當前的狀況，它們改變了現實。

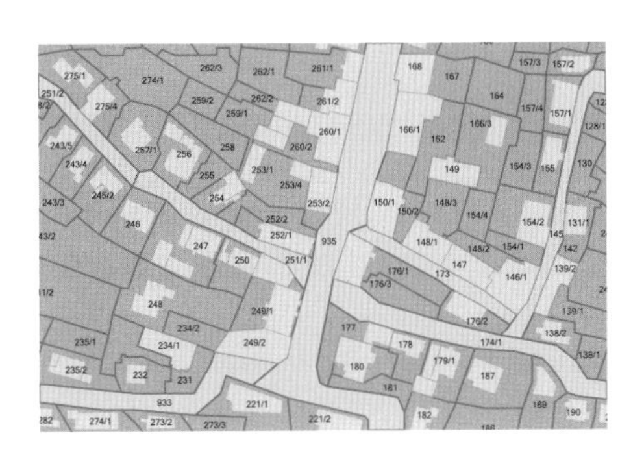

圖 15.2　地籍圖是由君王引入的，以繞過他們對當地貴族的依賴。它們以犧牲細節為代價引入了可辨識性。要注意不要把這種地圖誤認為地形。

在軟體開發中，有很多這樣的事情發生。由於它是如此無形，我們試圖引入各種測量和流程，試著想要掌握它。一旦我們引入了這些裝置，它們就會塑造我們的感知。正如諺語所說，對於一個拿著錘子的人來說，世界看起來就像一個釘子。

對一個拿著錘子的人來說，世界看起來就像一個釘子。

我曾經為一家公司提供諮詢，幫助他們走向 Continuous Deployment（持續部署）的道路。在我與不同的開發人員一起工作了幾個星期後，其中一位經理把我拉到一旁問我：

「我的哪些開發人員比較優秀？」

他並不是「技術」經理。他從來沒有寫過程式，無法判斷。

我覺得這個問題很不道德，因為那些開發人員和我一起工作時很信任我，所以我並沒有回答。

管理人員在管理軟體開發方面有困難，因為你要如何衡量像這樣無形的東西呢？他們通常會採用代理測量法（proxy measurements），如工作時間。如果你曾經被按小時計費，你就會知道這些激勵措施是多麼不合情理。

我認為，就某些人而言，對效能的執著其實是為了掌握他們職業無形本質的一種嘗試。由於是可測量的，效能就成為了軟體工程的地籍圖。對於一些人來說，軟體工程中固有的藝術成分會讓他們非常不舒服。把它變成一種效能問題，會讓它變得清晰可辨（legible）。

15.2 安全性

軟體的安全性就像保險。你並不是真的想為它付錢，但如果不付錢，你會為沒有付錢而感到後悔。

與軟體工程的許多其他面向一樣，安全性是關於找到一個適當的平衡。沒有什麼東西是完全安全的系統。即使你把它放在一部與 Internet 斷開連接的電腦上，周圍有武裝警衛，也可能有人會透過賄賂、威脅或強迫的方式入侵它。

你必須與其他利害關係者合作，以識別出安全威脅和適當的緩解措施。

15.2.1 STRIDE

你可以使用 STRIDE 威脅模型 [48] 來識別潛在的安全問題。這是一種思考練習或研討會，其中你要盡可能想出與你系統有關的威脅。為了幫助你思考潛在的議題，你可以使用 STRIDE 這個縮寫作為一種檢查表。

- Spoofing（假冒）。 攻擊者試圖冒充他們不是的人，以獲得對系統未經授權的存取。
- Tampering（篡改）。攻擊者試圖篡改資料，例如透過 SQL 注入（SQL injection）的手法。
- Repudiation（否認）。攻擊者否認他們已經進行了某項行動，例如收到他們已經支付費用的物品。
- Information disclosure（揭露資訊）。攻擊者可以讀取他們不應該能讀取的資料。例子包括中間人攻擊（man-in-the-middle attacks）和 SQL 注入。
- Denial of service（阻斷服務）。攻擊者試圖讓正規使用者無法使用系統。
- Elevation of privilege（提升權限）。攻擊者試圖獲得比他們能擁有的權限更高的許可權。

威脅建模佔據了一個領域，其中涉及到程式設計師、IT 專業人員和其他利害關係者，如「企業主」。有些問題最好在程式碼中處理，有些在網路組態中處理，而有些你真的無能為力。

舉例來說，對於一個線上系統來說，阻斷服務是無法完全防止的。微軟發展 STRIDE 模型時，他們有許多網路相關的程式碼是用 C 和 C++ 編寫的，這些語言很容易受到緩衝區溢位（buffer overflows）[4] 的影響，所以你經常可以透過向系統發送惡意的輸入使其崩潰或停止回應。

雖然像 C# 和 Java 這樣的受控程式碼（managed code）可以防止許多這樣的問題，但你不能保證分散式阻斷服務攻擊（distributed denial of service attack）不會使你的系統陷入困境。

你可以嘗試提供足夠的容量來處理流量激增的問題，但如果攻擊規模足夠大，你就沒有什麼辦法了。

不同的系統有不同的威脅態勢（threat profiles）。手機 app 或桌面應用程式比 Web 服務更容易受到不同種類的攻擊。

讓我們對餐廳預訂系統進行威脅建模。你可能還記得，它是一個 REST API，讓客戶能夠進行預訂或編輯預訂。此外，餐廳的領班可以對某項資源發出 GET 請求，以查看一天的時程表，包括所有的預訂和誰會在什麼時候到達。時程表包括客人的姓名和電子郵件。

我將帶你走過 STRIDE 中的每一個項目，就彷彿它是一個檢查表一樣，但我只是非正式地這樣做，讓你了解其中的思考過程。你可能要考慮更系統化的執行方式。

15.2.2 假冒

該系統是否容易受到假冒（spoofing）攻擊？是的，進行預訂時，你可以聲稱是你想要的任何人。你可以乾脆把 *Keanu Reeves* 當作姓名，系統還是會接受。那是個問題嗎？有可能，但我們可能要問問餐館老闆這是否會給他們帶來問題。

畢竟，目前系統的實作並沒有根據姓名做出任何決定，所以假冒不會改變其行為。

15.2.3 篡改

該系統是否容易被篡改？它擁有在 SQL Server 資料庫中的一個預訂資料表。有人會在沒有授權的情況下編輯那些資料嗎？

要考慮的情況不只一種。

REST API 本身使你可以透過 PUT 和 DELETE 的 HTTP 請求請求來編輯你的預訂。就像你可以在不認證自己的情況下做一個新的預訂，如果你有資源位址（即 URL），你就能編輯一個預訂。我們應該擔心嗎？

是，也不是。每個資源位址都唯一識別出一個預訂。資源位址的一部分是預訂 ID，那是一個 GUID。攻擊者沒有辦法猜出一個 GUID，所以這應該可以讓我們安心一點[3]。另一方面，當你做一個新的預訂時，對 POST 請求的回應包括一個帶有資源位址的 Location 標頭。一個位在中間的人將能夠攔截該回應並看到那個位址。

這種威脅有一種簡單的緩解方式：要求 HTTPS。安全連線（secure connection）不應該是選擇性的，它應該是強制性的。這是一個很好的例子，說明這種緩解措施最好由 IT 專業人士來處理。這通常是適當地設定服務的問題，而不是你必須編寫的程式碼。

另一個需要考慮的篡改情境是對於資料庫的直接存取。有可能獲准直接存取資料庫嗎？這個問題的一個實質性答案是要確保資料庫部署的安全性，或者相信基於雲端的資料庫受到足夠的保護。同樣地，這所需的能力指向 IT 專業人士而不是程式設計師。

攻擊者也可以透過 SQL 注入（SQL injection）對資料庫進行存取。緩解這種威脅的責任完全落在了程式設計師身上。餐廳預訂源碼庫使用具名參數（named parameters），如列表 15.1 所示。使用 ADO.NET 時，這是針對 SQL 注入的推薦緩解措施。

3 如果你認為這聽起來像是**從隱蔽性而來的安全性**（*security by obscurity*），我可以理解為什麼，但事實並非如此。一個 GUID 和其他任何的 128 位元密鑰（cryptographic key）一樣難以猜測。畢竟，它也是一個 128 位元的數字。

列表 15.1 使用具名的 SQL 參數 @id。
(*Restaurant/e89b0c2/Restaurant.RestApi/SqlReservationsRepository.cs*)

```
public async Task Delete(Guid id)
{
    const string deleteSql = @"
        DELETE [dbo].[Reservations]
        WHERE [PublicId] = @id";

    using var conn = new SqlConnection(ConnectionString);
    using var cmd = new SqlCommand(deleteSql, conn);
    cmd.Parameters.AddWithValue("@id", id);

    await conn.OpenAsync().ConfigureAwait(false);
    await cmd.ExecuteNonQueryAsync().ConfigureAwait(false);
}
```

既然防止 SQL 注入攻擊是開發人員的責任，請確保你們有在程式碼審查和結對程式設計時檢查是否有做好防護。

15.2.4 否認

系統的使用者可以否認他們進行了某個動作嗎？是的，更糟糕的是，使用者可以進行預訂，但隨後卻從未現身。這種問題不僅困擾著餐館，也困擾著醫生、理髮店和其他許多需要預訂的地方。

我們可以減輕這種威脅嗎？我們可以要求使用者進行認證，甚至可以使用數位簽章來記錄稽核證跡（audit trail）。我們還能要求使用者以信用卡先支付預訂費用。不過，我們應該問問餐館老闆的想法才是。

大多數餐廳可能擔心這種嚴厲的措施會把顧客嚇跑。這是安全性需要找到一個良好平衡的另一個例子。你有可能讓一個系統變得如此安全，以致於它無法履行其用途。

15.2.5 資訊揭露

此預訂系統是否容易受到資訊洩露的影響？它不儲存密碼，但它確實儲存了客人的電子郵件位址，我們應將其視為可識別個人的資訊（personally identifiable information）。它們不應該落入壞人之手。

我們還應該考慮每個預訂的資源位址（URL）的敏感性。如果你有這樣的一個位址，你可以 DELETE（刪除）資源。你可以利用這一點，藉由刪除別人的預訂來獲得進入一家已預訂滿額的餐廳之機會。

攻擊者如何獲得這些資訊呢？也許是透過中間人攻擊，但我們已經決定使用 HTTPS 了，所以在這方面感到安全。SQL 注入可能是另一個攻擊媒介，但我們也已經決定處理那種疑慮了。我認為不需要太擔心這個問題。

然而，還有一個考量存在。一間餐館的領班可以對一個資源發出 GET 請求，以查看一天的時程表，包括所有的預訂和誰會在何時到達。這個時程表包括客人的姓名和電子郵件，這樣客人在抵達時就可以確認自己的身份。列表 15.2 顯示緩解措施已經就緒的一個互動。

列表 15.2 時程表的 GET 請求及其相應的回應的一個例子。與實際的範例系統所產生的內容相比，我簡化了請求和回應，以凸顯重要的部分。

```
GET /restaurants/2112/schedule/2021/2/23 HTTP/1.1
Authorization: Bearer eyJhbGciOiJIUzI1NiIsInCI6IkpXVCJ9.eyJ...

HTTP/1.1 200 OK
Content-Type: application/json; charset=utf-8
{
    "name": "Nono",
    "year": 2021,
    "month": 2,
    "day": 23,
    "days": [{
        "date": "2021-02-23",
```

```
        "entries": [{
            "time": "19:45:00",
            "reservations": [{
                "id": "2c7ace4bbee94553950afd60a86c530c",
                "at": "2021-02-23T19:45:00.0000000",
                "email": "anarchi@example.net",
                "name": "Ann Archie",
                "quantity": 2
            }]
        }]
    }]
}
```

緩解措施是要求餐廳領班進行認證（authentication）。我選擇了 JSON Web Token 作為認證機制。如果客戶端沒有提出有效的權杖（token）和有效的角色要求（role claim），它就會收到一個 `403 Forbidden` 回應。

你甚至可以編寫像列表 15.3 中的整合測試來驗證正確的行為。

只有**時程表**（*schedule*）資源需要認證，因為它是唯一包含敏感資訊的資源。雖然餐廳不希望透過要求顧客認證來嚇跑他們，但要求員工進行認證是合理的。

列表 15.3　此測試驗證了如果客戶端沒有提出有效的 JSON Web Token 和 "MaitreD" 角色要求，API 會以 403 Forbidden 回應拒絕該請求。在這個測試中，角色要求只有 "Foo" 和 "Bar"。（*Restaurant/0e649c4/Restaurant.RestApi.Tests/ScheduleTests.cs*）

```
[Theory]
[InlineData(    1, "Hipgnosta")]
[InlineData( 2112, "Nono")]
[InlineData(90125, "The Vatican Cellar")]
public async Task GetScheduleWithoutRequiredRole(
    int restaurantId,
    string name)
{
    using var api = new SelfHostedApi();
```

```
    var token =
        new JwtTokenGenerator(new[] { restaurantId }, "Foo", "Bar")
            .GenerateJwtToken();
    var client = api.CreateClient().Authorize(token);

    var actual = await client.GetSchedule(name, 2021, 12, 6);
    Assert.Equal(HttpStatusCode.Forbidden, actual.StatusCode);
}
```

15.2.6 阻斷服務

攻擊者能否向 REST API 傳輸位元組串流以使其崩潰？如果他們能，我認為這個問題已經超出了我們的掌控。

用 C#、Java 或 JavaScript 等高階語言編寫的 API 並不是透過操作指標（pointers）來工作的。那種使系統崩潰的緩衝區溢位不可能發生在受控程式碼（managed code）中。或者說，如果發生了，那也不是使用者程式碼（user code）的錯誤，而是平台本身的缺陷。除了保持生產系統的最新狀態之外，我們沒有辦法減輕這種威脅。

分散式阻斷服務攻擊（distributed denial of service attack）會是問題嗎？我們應該和我們的 IT 專業人士談談，問問他們是否能做些什麼。

我們還可以考慮是否可以讓系統對意外的大流量有更強的適應性。對於某些系統來說，這可能是一個好主意。與餐廳預訂系統密切相關的系統是銷售音樂會門票的系統。一位受歡迎的藝人在體育館舉辦演唱會，當門票開售時，每秒會有成千上萬的請求湧入，很容易淹沒一個系統。

讓這樣的系統對負載高峰有韌性的一個方法是為其設計相應的架構。舉例來說，你可以把所有潛在的寫入動作都放在一個永久的佇列中，而讀取則基於 materialised views（物化的視點，即「含有查詢結果的資料庫物件」）。這意味著一種類似於 CQRS 的架構，但那超出了本書的範圍。

這樣的架構比在發生時就處理寫入動作還要複雜得多。像這樣來架構餐廳預訂系統是可能的，但我們（我和我假設的利害關係者）認為這並沒有帶來良好的投資報酬率。

在威脅建模中，只是為了決定不處理它而識別出一個威脅是可行的。歸根究柢，這是一個商業決定。只要確保你組織的其他成員了解這些風險就好了。

15.2.7 提升權限

攻擊者是否有可能以某種方式從普通使用者開始，但透過某種巧妙的技巧使他或她擁有管理員權限？

再一次，SQL 注入也是這種類型攻擊中的一種常見漏洞。如果攻擊者可以在資料庫上執行任意的 SQL 命令，他們也可以在作業系統上分生出外部行程[4]。

一個有效的補救措施是以盡可能受限的許可權執行資料庫和所有其他服務。不要以管理員身份執行資料庫。

既然我們已經決定要在撰寫程式碼時注意 SQL 注入攻擊，我就不太擔心這種威脅了。

至此，餐廳預訂系統的 STRIDE 威脅模型範例結束。

顯然，安全工程的內容遠不止這些，但身為不是專業安全專家的人，我傾向於這樣去做。如果在威脅建模過程中，發現了一個我不確定該如何解決的問題，我有可以打電話詢問的朋友。

4 舉例來說，在 SQL Server 上，你可以執行 `xp_cmdshell` 儲存程序（stored procedure）。然而，從 SQL Server 2005 開始，預設情況下它是被禁用的。請不要啟用它。

15.3 其他技巧

效能和安全性也許是「傳統」軟體工程中最大的兩個面向，但也有大量的其他實務做法需要考慮。我選擇呈現的主題依據的是我的經驗。這些都是我為團隊提供諮詢時容易出現的問題。我省略了其他主題，但這並不是說它們不重要。

其他你可能會覺得有用的實務做法包括金絲雀發佈（canary releases）和 A/B 測試 [49]、容錯（fault tolerance）和彈性（resiliency）[73]、依存關係分析（dependency analysis），領導力，分散式系統演算法 [55]、架構、有限狀態機（finite state machines），設計模式（design patterns）[39][33][66][46]、Continuous Delivery（持續交付）[49]、SOLID 原則 [60]，以及其他許多主題。這個領域不僅廣闊，而且還在不斷地成長。

不過，我確實想簡單地討論一下其他兩個實務做法。

15.3.1 基於特性的測試

剛開始做自動化測試的程式設計師經常為如何想出測試值而苦惱。其中一個原因是，有時某些值必須包含在測試中，即使它們與測試案例沒有關係也一樣。作為一個例子，考慮列表 15.4，它驗證了如果所提供的數量（quantity）不是一個自然數，`Reservation` 建構器會擲出 `ArgumentOutOfRangeException`。

這個參數化的測試（parametrised test）使用 `0` 和 `-1` 的值作為無效數量的例子。`0` 是一個邊界值 [66]，所以應該包括在內，但所用的確切負數並不那麼重要。`-42` 會和 `-1` 一樣有用。

列表 15.4　一個參數化的測試，驗證 Reservation 建構器在一個無效的數量上擲出 ArgumentOutOfRangeException。
（*Restaurant/812b148/Restaurant.RestApi.Tests/ReservationTests.cs*）

```
[Theory]
[InlineData( 0)]
[InlineData(-1)]
public void QuantityMustBePositive(int invalidQuantity)
{
    Assert.Throws<ArgumentOutOfRangeException>(
        () => new Reservation(
            Guid.NewGuid(),
            new DateTime(2024, 8, 19, 11, 30, 0),
            new Email("vandal@example.com"),
            new Name("Ann da Lucia"),
            invalidQuantity));
}
```

既然任何負數都可以，為什麼還要費力想出數字呢？如果有一個框架可以產生任意的負數呢？

有幾個這樣的可重複使用的套件。這是**基於特性的測試**（*property-based testing*）5 背後的基礎思想。在下文中，我將使用一個叫作 *FsCheck* 的程式庫，但也有其他程式庫 6 可用。FsCheck 整合了 xUnit.net 和 NUnit，所以可以輕易地將你基於特性的測試與更「傳統」的測試結合起來。這也使得將現有的測試重構為基於特性的測試更加容易，正如列表 15.5 所暗示的。

5　術語 *property*（**特性**）在這裡意味著「特質（trait）」、「品質（quality）」或「屬性（attribute）」。因此，基於特性的測試涉及到測試 System Under Test（被測系統）的某個特性，例如「Reservation 建構器會對所有非正數擲出一個例外」。在此，*property* 與 C# 或 Visual Basic 的特性（getter 或 setter 方法）毫無關聯。

6　最初的 property-based testing 程式庫是 Haskell QuickCheck 套件。它於 1999 年首次發佈，現在仍是一個活躍的專案。有大量的移植（ports）存在，適用於許多語言。

`[Property]` 屬性（attribute）標誌著該方法是由 FsCheck 所驅動的基於特性的測試。它看起來像一個參數化的測試，但是所有的方法引數現在都由 FsCheck 所產生，而不是由 `[InlineData]` 屬性提供。

這些值是隨機產生的，通常偏向於「典型」的邊界值，如 *0*、*1*、*-1*，等等。預設情況下，每個特性執行一百次。

列表 15.5 將列表 15.4 的測試重構為基於特性的測試。
（*Restaurant/05e64f5/Restaurant.RestApi.Tests/ReservationTests.cs*）

```
[Property]
public void QuantityMustBePositive(NonNegativeInt i)
{
    var invalidQuantity = -i?.Item ?? 0;
    Assert.Throws<ArgumentOutOfRangeException>(
       () => new Reservation(
           Guid.NewGuid(),
           new DateTime(2024, 8, 19, 11, 30, 0),
           new Email("vandal@example.com"),
           new Name("Ann da Lucia"),
           invalidQuantity));
}
```

把它想像成裝飾一個測試的 100 個 `[InlineData]` 屬性，只不過每次執行時每個值都是隨機重新生成的。

FsCheck 附有一些內建的包裹器型別（wrapper types），如 `PositiveInt`、`NonNegativeInt` 和 `NegativeInt`。這些是用於整數的包裹器，不過 FsCheck 保證只會生成符合其描述的值：`NonNegativeInt` 只生成非負數的整數（non-negative integers）[7]，以此類推。

7 也就是說，大於或等於零的數字。

對於 QuantityMustBePositive 測試，我們確實需要任意的非正整數，但是這樣的包裹器型別並不存在。不過，產生所需範圍內的值的一種方法是，要求 FsCheck 產生 NonNegativeInt 值，然後反轉其正負號。

Item 特性[8] 回傳包裹在 NonNegativeInt 值中的整數。我開啟的一個靜態語言分析器指出，i 參數可以為 null。所有的那些問號都是 C# 處理可能為 null 的參考的方式，在備用值 0 上結束。我認為那大部分都是雜訊。重要的運算是 i 前面的單元減號運算子（unary minus operator），它將非負的整數反轉為非正的整數。

一旦你意識到你可以讓 FsCheck 這樣的程式庫產生任意的測試值，你可能會開始以新的眼光看待其他測試資料。那個 Guid.NewGuid() 怎麼樣？你就不能讓 FsCheck 產生這個值嗎？

確實，正如列表 15.6 所示，你可以的。

列表 15.6 對列表 15.5 中的特性進行了重構，使 FsCheck 也能產生預訂的 ID。（*Restaurant/87fefaa/Restaurant.RestApi.Tests/ReservationTests.cs*）

```
[Property]
public void QuantityMustBePositive(Guid id, NonNegativeInt i)
{
    var invalidQuantity = -i?.Item ?? 0;
    Assert.Throws<ArgumentOutOfRangeException>(
        () => new Reservation(
            id,
            new DateTime(2024, 8, 19, 11, 30, 0),

            new Email("vandal@example.com"),
```

8　這裡，是指一個 C# 特性；而不是基於特性的測試的一個特性。確實，帶有多種意義的術語會讓人感到困惑。

```
            new Name("Ann da Lucia"),
            invalidQuantity));
}
```

事實上，所有的寫定值都不會對測試的結果產生任何影響。代替 "vandal@example.com"，你可以使用任何字串來表示電子郵件。你也可以用任何字串來代替 "Ann da Lucia" 這個姓名。FsCheck 會很樂意為你產生這樣的值，如列表 15.7 所示。

列表 15.7 對列表 15.6 中的特性進行重構，讓 FsCheck 產生所有參數。
（*Restaurant/af31e63/Restaurant.RestApi.Tests/ReservationTests.cs*）

```
[Property]
public void QuantityMustBePositive(
    Guid id,
    DateTime at,
    Email email,
    Name name,
    NonNegativeInt i)
{
    var invalidQuantity = -i?.Item ?? 0;
    Assert.Throws<ArgumentOutOfRangeException>(
        () => new Reservation(id, at, email, name, invalidQuantity));
}
```

你可以把這個概念推展到令人驚訝的地步。遲早有一天，你會遇到對輸入資料的特殊要求，你無法只是用一個內建的包裹器型別（如 NonNegativeInt）來建模。一個好的 property-based testing 程式庫，如 FsCheck，會有一個 API 專門用於這種情況。

事實上，我經常發現，要我想出全面的測試案例，會比描述 System Under Test（被測系統）的一般特性更難。這在我開發餐廳系統範例時發生了兩次。

對於支援領班檢視一天時程表的複雜邏輯，我很難想出具體的測試案例。當我意識到這種情況時，我轉而用一連串更多更具體的特性[9]來定義該行為。列表 15.8 顯示了它的核心。

列表 15.8　一個基於特性的進階測試的核心實作。這個測試方法是由列表 15.9 中的程式碼來設定和呼叫的。（*Restaurant/af31e63/Restaurant.RestApi.Tests/MaitreDScheduleTests.cs*）

```
private static void ScheduleImp(
    MaitreD sut,
    Reservation[] reservations)
{
    var actual = sut.Schedule(reservations);

    Assert.Equal(
        reservations.Select(r => r.At).Distinct().Count(),
        actual.Count());
    Assert.Equal(
        actual.Select(ts => ts.At).OrderBy(d => d),
        actual.Select(ts => ts.At));
    Assert.All(actual, ts => AssertTables(sut.Tables, ts.Tables));
    Assert.All(
        actual,
        ts => AssertRelevance(reservations, sut.SeatingDuration, ts));
}
```

這實際上是測試的「實作」。它接收一個 `MaitreD` 引數和一個 `reservations` 陣列，以便它可以調用 `Schedule` 方法。

還有一個方法使用 FsCheck 的 API 來正確配置 `sut` 和 `reservation` 引數並呼叫 `ScheduleImp`。那就是單元測試框架實際執行的測試方法。你可以在列表 15.9 中看到它。

9　你可以在本書所附的 Git 儲存庫中看到提交的進程，以及最終的結果。我認為這個程式碼範例太特殊了，不值得在這裡逐步介紹，但我有在一篇部落格貼文 [108] 中詳細描述了這個例子。

列表 15.9 設定並執行列表 15.8 中所示的核心特性。
（*Restaurant/af31e63/Restaurant.RestApi.Tests/MaitreDScheduleTests.cs*）

```
[Property]
public Property Schedule()
{
    return Prop.ForAll(
        (from rs in Gens.Reservations
         from m in Gens.MaitreD(rs)
         select (m, rs)).ToArbitrary(),
        t => ScheduleImp(t.m, t.rs));
}
```

這個特性使用了 FsCheck 的進階功能，這已經超出了本書的範圍。如果你不熟悉 FsCheck 的 API，這些細節對你來說就沒有什麼意義。那也沒關係。我展示這些程式碼並不是為了教你 FsCheck。我把它包括在內，是為了證明有一個比本書所涵蓋的更廣泛的軟體工程世界。

15.3.2 行為程式碼分析

在這本書中，我主要是對程式碼進行詳細的觀察。你可以，而且應該考慮每一行程式碼的影響和成本，但這並不意味著較大的整體畫面是不重要的。在關於碎形架構的第 7.2.6 小節中，我也討論了大局觀的重要性。

這仍然是源碼庫的一個靜態視圖。當你查看程式碼時，即使是高階程式碼，你也只會看到它目前的樣子。另一方面，你有一個版本控制系統。你可以對它進行分析，以獲得更多的洞察力。哪些檔案變化最頻繁？哪些檔案傾向於一起改變？某些開發人員是否只在某些檔案上工作？

版本控制資料的分析最初是一門學術學科 [44]，但透過兩本書 [111][112]，Adam Tornhill 做了很多貢獻，使其成為實用工具。

你可以讓行為程式碼分析（behavioural code analysis）成為你持續交付管線（Continuous Delivery pipeline）的一部分。

行為程式碼分析從 Git 中提取資訊，以識別出可能只有隨著時間推進才能看到的模式和問題。即使一個檔案可能具有較低的循環複雜度和中等的體積，它也可能因為其他原因而出現問題。舉例來說，它可能與其他更複雜的檔案耦合在一起。

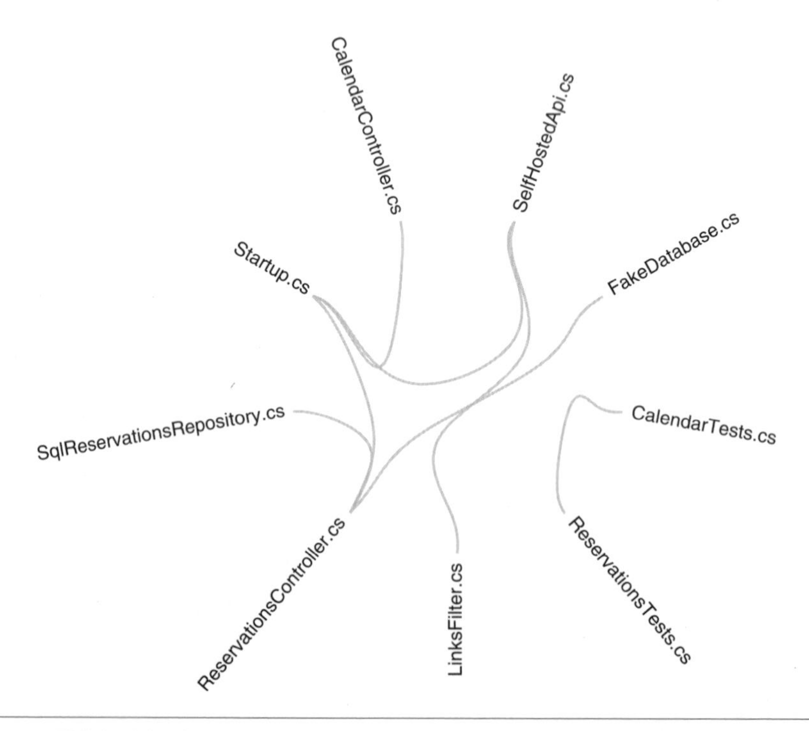

圖 15.3　變化耦合圖（change coupling map）。用線連接的檔案是傾向於一起變化的檔案。在被分析的源碼庫中，有更多的檔案存在，但只有那些一起改變超過一定門檻值的檔案才會被包括在圖中。

有些耦合你可以透過依存關係分析來識別，但其他類型的耦合可能更難發現。在複製貼上的程式碼中尤其如此。透過分析哪些檔案，以及檔案的哪些部分是一起變化的，你可以發現那些本來可能看不見的依存關係

[112]。圖 15.3 顯示了一個變化耦合圖，它凸顯出了哪些檔案最經常一起改變。

你可以深入研究這樣的變化耦合圖，看到單個檔案的 X 光透視圖 [112]。哪些方法導致的問題最多？

有了合適的工具，你還可以製作程式碼中的熱點（hotspots）地圖，如圖 15.4 所示。這種互動式的**封閉圖**（*enclosure diagrams*）將每個檔案呈現為一個圓圈。每個圓圈的大小表示其大小或複雜性，而顏色則表示變化頻率。包含該檔案的提交次數越多，顏色越濃 [112]。

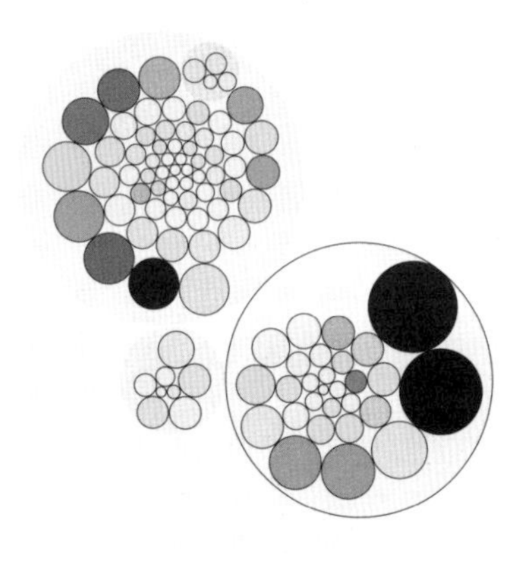

圖 15.4　熱點封閉圖。圓圈越大，檔案越複雜。顏色越濃，變化越頻繁。我發現，這些圖往往看起來像培養皿中的細菌生長情形，這很有啟發性。

你可以把行為程式碼分析當作一種主動的軟體工程工具。你不僅可以製作出引人注目的圖表，還能量化變更的耦合情況和熱點，這樣你就可以把那些數字當作進一步調查的門檻值。

牢記 7.1.1 小節的討論。當數值門檻有助於將你的注意力引向一個富有成效的方向時，它們就是有用的。不要讓門檻值成為定律。

你可能也想關注一下趨勢。趨勢也可以當作採取動作的根據，如果你不是從一個綠地源碼庫（greenfield code base）開始，你的數字可能不好看，但至少，你可以馬上開始改善某個趨勢。

如果你屬於某個更大型的團隊，你也可以使用行為程式碼分析來了解知識分佈和團隊耦合的情況。熱點封閉圖的一個變體是知識地圖（knowledge map），用不同的顏色顯示每個檔案的「主要作者」。這近似於對一個團隊的公車係數（bus factor）進行真正的量化。

15.4 結論

當你聽到**軟體工程**這個術語時，你最有可能想到的是「經典」的實踐方式和學科，如效能和安全工程、正式的程式碼審查、複雜度分析、正式流程等等。

軟體工程包含了所有的這些東西，以及我在本書中介紹的實務做法和啟發式方法。其他書籍 [48][55] 討論了那些更「傳統」的軟體工程概念，這就是我簡略帶過它們的原因。

顯然，效能很重要，但它很少是軟體最重要的特質。軟體能否正確運作比它的效能是否良好更加重要。一旦你開發的軟體能以預期的方式工作，你或許就可以開始考慮效能。然而，請記住，你的資源是有限的。

什麼是最重要的？是讓軟體的效能更好，還是讓它的安全性更強？是讓源碼庫處於能夠支援組織未來幾年的狀態，還是讓它的執行速度稍微快一點更為重要？

身為一名程式設計師，對此你可能有自己的看法，但這些問題應該讓其他利害關係者參與回答。

16 導覽

我希望，如果遵循本書介紹的實務做法，你將有更好的機會產生放得進你大腦的程式碼，能維繫你組織生存的程式碼。這樣的源碼庫（code base）看起來是什麼樣子呢？

在這最後一章中，我將帶你參觀一下本書所附的範例源碼庫，指出一些我認為特別引人注目的亮點。

16.1 找出方向

程式碼不是你寫的，那麼你應該如何在其中找到方向呢？這取決於你去查看它的動機。如果你是一位負責維護的程式設計師，被要求修復一個缺陷，並附上堆疊追蹤軌跡（stack trace）給你，你可能會立即去看軌跡中最頂端的資訊框（frame）。

另一方面，如果你沒有直接的目標，只是想了解一下那個應用程式，那麼最自然的做法就是從程式的進入點（entry point）開始。在一個 .NET 源碼庫中，那就是 `Main` 方法。

一般來說，我認為合理的假設是，閱讀程式碼的人熟悉所用的語言、平台和框架的基本工作原理。

要說清楚的是，我並不假設**你**（即本書的讀者）熟悉 .NET 或 ASP.NET，但寫程式時，我預期團隊成員都知道基本規則。舉例來說，我希望團隊成員知道 .NET 中 Main 方法的特殊意義。

列表 16.1 顯示了你在源碼庫中會看到的 Main 方法。自列表 2.4 以來，它都沒有什麼變化。

列表 16.1 餐廳預訂系統的進入點。這個列表與列表 2.4 完全相同。
（*Restaurant/af31e63/Restaurant.RestApi/Program.cs*）

```
public static class Program
{
    public static void Main(string[] args)
    {
        CreateHostBuilder(args).Build().Run();
    }

    public static IHostBuilder CreateHostBuilder(string[] args) =>
        Host.CreateDefaultBuilder(args)
            .ConfigureWebHostDefaults(webBuilder =>
            {
                webBuilder.UseStartup<Startup>();
            });
}
```

在 ASP.NET Core 源碼庫中，Main 方法是一段很少變化的樣板程式碼（boiler plate）。因為我希望其他要使用這個源碼庫的程式設計師都知道這個框架的基本原理，所以我覺得最好讓程式碼盡可能不令人感到驚訝。另一方面，列表 16.1 中並沒有什麼資訊含量。

對 ASP.NET 稍有了解的開發者會知道，`webBuilder.UseStartup<Startup>()` 述句指出 Startup 類別是真正會有行動的地方。那就是你為了理解源碼庫應該要去看的地方。

16.1.1 看見整體畫面

使用你的 IDE 找到 `Startup` 類別。列表 16.2 顯示了該類別的宣告和建構器。它使用 Constructor Injection（建構器注入）[25]。

從 ASP.NET 框架接收一個 `IConfiguration` 物件。這是傳統的做事方式，對有此框架經驗的人來說應該是很熟悉的。雖然不足為奇，但到目前為止獲得的資訊很少。

按照慣例，`Startup` 類別應該定義兩個方法：`Configure` 和 `ConfigureServices`。這些方法緊跟在列表 16.2 之後。列表 16.3 顯示了 `Configure` 方法。

列表 16.2 Startup 的宣告和建構器。列表 16.3 緊隨其後。
（*Restaurant/af31e63/Restaurant.RestApi/Startup.cs*）

```
public sealed class Startup
{
    public IConfiguration Configuration { get; }

    public Startup(IConfiguration configuration)
    {
        Configuration = configuration;
}
```

列表 16.3 列表 16.2 中宣告的 Startup 類別的 Configure 方法。
（*Restaurant/af31e63/Restaurant.RestApi/Startup.cs*）

```
public static void Configure(
    IApplicationBuilder app,
    IWebHostEnvironment env)
{
    if (env.IsDevelopment())
        app.UseDeveloperExceptionPage();

    app.UseAuthentication();
```

```
    app.UseRouting();
    app.UseAuthorization();
    app.UseEndpoints(endpoints => { endpoints.MapControllers(); });
}
```

在這裡我們了解到，該系統使用了認證（authentication）、路由（routing）、授權（authorisation）以及此框架對於 Model View Controller（MVC）[33] 模式的預設實作。抽象層級很高，但程式碼放得進你的腦袋，其循環複雜度（cyclomatic complexity）是 *2*，只有 3 個啟動了的物件，共 12 行程式碼。

圖 16.1 顯示了一種將其繪製成六花圖（hex flower diagram）的方法。這說明了該段程式碼如何放到碎形架構（fractal architecture）的概念模型中。

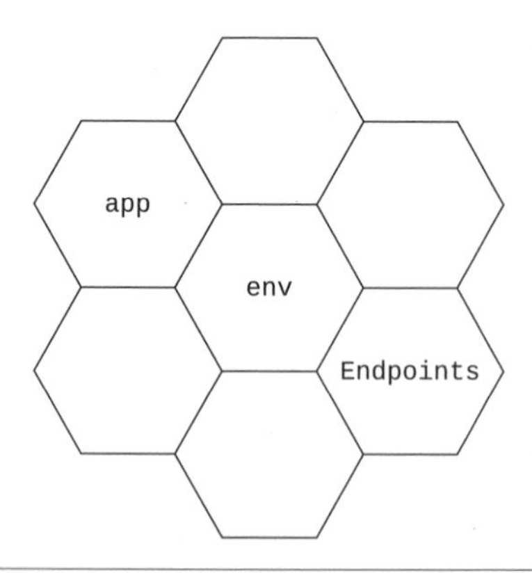

圖 16.1　列表 16.3 中 Configure 方法的六花圖。有不只一種方法可以填入這六角花。第 7 章中的例子根據循環複雜度分析，讓每個格子填入一個分支。而這個例子是用一個啟動的物件來充填每個格子。

這本質上只是一個清單。列表 16.3 中呼叫的所有方法都是框架方法。Configure 方法的唯一用途是啟用那些特定的內建功能。讀了它之後，對於應該從程式碼期待些什麼，有了一點概念。舉例來說，你應該預期每個 HTTP 請求都由一個 Controller 類別的某個方法來處理。

也許從列表 16.4 的 ConfigureServices 方法中可以收集到更多資訊？

那裡有更多的資訊，但它仍然處於較高的抽象層級。它也放得進你的頭腦：循環複雜度為 *1*，有 6 個啟動的物件（services、urlSigningKey、一個新的 UrlIntegrityFilter 物件、兩個都叫 opts 的變數以及該物件的 Configuration 特性），以及 21 行的程式碼。同樣地，你可以把這個方法繪製成圖 16.2 那樣的六花圖，以說明這個方法如何符合碎形架構的概念。只要你能把一個方法的每個資訊塊內容映射到六花圖中的一個格子中，程式碼就很有可能放得進你的大腦。

列表 16.4 列表 16.2 中宣告的 Startup 類別的 ConfigureServices 方法。
（*Restaurant/af31e63/Restaurant.RestApi/Startup.cs*）

```
public void ConfigureServices(IServiceCollection services)
{
    var urlSigningKey = Encoding.ASCII.GetBytes(
        Configuration.GetValue<string>("UrlSigningKey"));

    services
        .AddControllers(opts =>
        {
            opts.Filters.Add<LinksFilter>();
            opts.Filters.Add(new UrlIntegrityFilter(urlSigningKey));
        })
        .AddJsonOptions(opts =>
            opts.JsonSerializerOptions.IgnoreNullValues = true);

    ConfigureUrSigning(services, urlSigningKey);
    ConfigureAuthorization(services);
    ConfigureRepository(services);
    ConfigureRestaurants(services);
    ConfigureClock(services);
    ConfigurePostOffice(services);
}
```

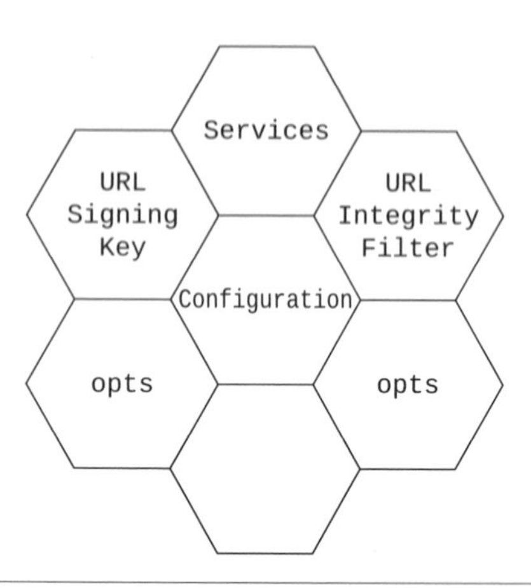

圖 16.2 列表 16.4 中 ConfigureServices 方法的六花圖。和圖 16.1 一樣，這個圖用一個啟動的物件填滿了每個格子。

該方法中的細節很少，它的作用更像是源碼庫的目錄（table of contents）。你想知道授權的情況嗎？前往 ConfigureAuthorization 方法來了解更多資訊。你想調查源碼庫的資料存取實作嗎？請前往 ConfigureRepository 方法。

當你前往所在位置以了解更多資訊時，你就是在放大那個細節。這是 7.2.6 小節中討論的碎形架構的一個例子。在每個層級，程式碼都適合你的頭腦。當你放大一個細節時，要理解新層級的程式碼，不應該需要較高層級的程式碼。

在放大一個細節之前，我想討論一下如何在一個源碼庫中找出方向。

16.1.2 檔案的組織方式

我經常遇到的一個問題是如何組織源碼庫中的檔案。你應該為 Controllers 創建一個子目錄，為 Models 創建一個子目錄，為 Filters 創建一個子目錄，依此類推嗎？又或者你應該為每個功能創建一個子目錄？

很少有人喜歡我的答案：**只要把所有的檔案都放在一個目錄中就好了**。要警惕僅僅為了「組織」程式碼而創建子目錄的做法。

檔案系統有**階層架構**（*hierarchies*），它們是樹狀結構：一種特殊的非循環圖（acyclic graph），其中任何兩個頂點（vertices）都正好由一條路徑（path）連接。換句話說，每個頂點最多只能有一個父節點（parent）。更直白地說：如果你把一個檔案放在一個假想的 `Controllers` 目錄下，你就不能**再**把它放在一個 `Calendar` 目錄底下。

正如對 Firefox 源碼庫的分析所指出的那樣：

> 「**系統架構師意識到有多種方式可以對系統進行切割分區，這表明可能存在橫切關注點**（*crosscutting concerns*）**問題，而且選擇一種切分為模組的方式會導致系統的其他凝聚部分被分割到多個模組。特別是，選擇分割** *Firefox* **的瀏覽器**（*browser*）**和工具套件**（*toolkit*）**元件，導致位置**（*places*）**和主題**（*themes*）**元件變得分裂。**」[110]

這就是階層架構的問題所在。任何組織的嘗試都會自動排除組織事物的所有其他方式。

在單繼承語言（single-inheritance languages，如 C# 和 Java）中，你也有同樣的繼承階層架構（inheritance hierarchies）問題。如果你決定從一個基礎類別進行衍生，你就排除了所有其他類別作為潛在基礎類別的可能性。

> 「**優先選用合成**（*composition*），**而非類別繼承**（*class inheritance*）。」[39]

就像你應該避免繼承一樣，你也應該避免使用目錄結構來組織程式碼。

就跟所有的建議一樣，例外情況確實存在。考慮一下範例源碼庫。`Restaurant.RestApi` 目錄包含 65 個程式碼檔案：Controllers、Data Transfer Objects、Domain Models、過濾器（filters）、SQL 指令稿、介面

（interfaces）、Adapters（配接器），等等。這些檔案實作了各種功能，如預訂和行事曆，以及橫切的關注點，如日誌記錄。

這條規則的唯一例外是一個叫作 `Options` 的子目錄。它的四個檔案之所以存在，只是為了彌補從基於 JSON 的組態檔案到程式碼的差距。這些檔案中的類別是專門用來適應 ASP.NET **選項**系統（*options* system）的。它們是資料傳輸物件（Data Transfer Objects），只為那個單一目的而存在。我相當確信，它們不應該被用於任何其他目的，所以我決定把它們放在看不見的地方。

當我告訴人們用複雜的階層架構來組織程式碼檔案是個壞主意時，他們會難以置信地反駁：**那我們要如何找到檔案呢**？

使用你的 IDE。它有導覽功能。在前面寫到你應該使用你的 IDE 來找到 `Startup` 類別時，我並不是說「**在** *Restaurant.RestApi* **目錄下找到** *Startup.cs* **檔案並開啟它**」。

我的意思是，**用你的** *IDE* **找出一個符號的定義**。舉例來說，在 Visual Studio 中，這個命令被稱為「Go To Definition（移至定義）」，預設情況下繫結到 F12 按鍵。其他命令可以讓你移至介面的實作、找到所有的參考，或者搜尋一個符號。

你的編輯器有**分頁**（*tabs*），而你可以使用標準的鍵盤快速鍵[1]在它們之間切換。

我曾與開發人員一起進行動員程式設計（mob-programming），教他們測試驅動開發。那時我們正在看一個測試，我說了「**好的，我們能不能切換到** *System Under Test*（**被測系統**）**呢？謝謝**」之類的話。

1　在 Windows 上，那會是 Ctrl + Tab。

然後，主導者就開始思考該類別的名稱，前往檔案檢視畫面，往下滾動找到該檔案，並按兩下打開它。

整個過程中，該檔案都開啟在另一個分頁。我們三分鐘前還在用它工作，它只有一組鍵盤快速鍵的距離。

作為一項練習，隱藏你 IDE 的檔案檢視畫面。學習使用 IDE 提供的豐富程式碼整合功能來瀏覽源碼庫。

16.1.3 尋找細節

像列表 16.4 那樣的方法提供了整體概觀，但有時你需要看到實作細節。舉例來說，如果你想了解資料存取是如何運作的，你應該瀏覽列表 16.5 中的 `ConfigureRepository` 方法。

列表 16.5 ConfigureRepository 方法。在這裡你可以了解到資料存取元件是如何組成的。（*Restaurant/af31e63/Restaurant.RestApi/Startup.cs*）

```
private void ConfigureRepository(IServiceCollection services)
{
    var connStr = Configuration.GetConnectionString("Restaurant");
    services.AddSingleton<IReservationsRepository>(sp =>
    {
        var logger =
            sp.GetService<ILogger<LoggingReservationsRepository>>();
        var postOffice = sp.GetService<IPostOffice>();
        return new EmailingReservationsRepository(
            postOffice,
            new LoggingReservationsRepository(
                logger,
                new SqlReservationsRepository(connStr)));
    });
}
```

從 ConfigureRepository 方法中你可以了解到，它用內建的 Dependency Injection Container 註冊了一個 IReservationsRepository 實體。

同樣地，這段程式碼也放得進你的腦袋：循環複雜度是 *1*，它啟動了 6 個物件，有 15 行程式碼。圖 16.3 顯示了一種可能的六花映射。

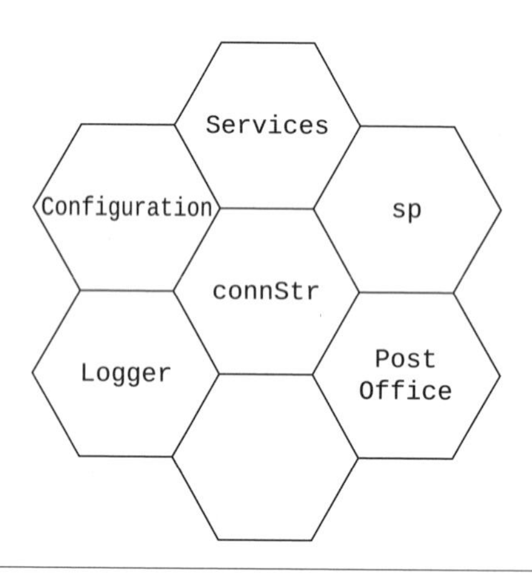

圖 16.3　列表 16.5 中 ConfigureRepository 方法的六花圖。像圖 16.1 一樣，這個圖以一個啟動的物件填入每個格子。

由於你已經放大了一個細節，周圍的情境應該不重要了。你需要在腦子裡記住的是 services 參數、Configuration 特性以及該方法所創建的變數。

你可以從這段程式碼中學到一些東西：

- 如果你想編輯應用程式的連線字串（connection string），你應該使用標準的 ASP.NET 組態系統（configuration system）。
- IReservationsRepository 服務實際上是一個三層深的 Decorator，也涉及到日誌記錄和電子郵件。
- 最內層的實作是 SqlReservationsRepository 類別。

根據你感興趣的內容，你可以前往相關的型別。如果你想了解關於 `IPostOffice` 介面的更多資訊，你可以使用 *Go To Definition* 或 *Go To Implementation*。如果你想看看 `SqlReservationsRepository`，也可以輕鬆找到它。當你那樣做的時候，你會拉近到更深的細節層次。

你可以在書中各處找到來自 `SqlReservationsRepository` 的程式碼列表，例如列表 4.19、12.2 和 15.1。正如已經討論過的，它們都適合你的大腦。

源碼庫中的所有程式碼都遵循這些原則。

16.2 架構

我對架構（architecture）沒有什麼可說的。這並非是說我認為它不重要，但同樣的，關於這個主題的好書已經存在。我所介紹的大多數實務做法都與各種架構有關：分層（layered）的 [33]、單體（monolithic）的、端口和配接器（ports and adapters）[19]、垂直切片（vertical slices）、Actor 模型、微服務（micro-services）、「函式型核心，命令式外殼（functional core, imperative shell）」[11] 等等。

顯然，軟體架構會影響你組織程式碼的方式，所以很難說是不重要的。你應該明確地考慮你工作的每個源碼庫的架構。沒有一體適用的架構，所以你不應該把下面的任何內容視為真理。這裡所描述的是在手頭任務上運作得很好的單一架構，不是所有的情況都合適。

16.2.1 單體

如果你看過這本書的範例源碼庫，你可能已經注意到它看起來令人不安的單體性（monolithic）。如果你考慮包括整合測試的完整源碼庫，如圖

16.4 所示，總共會有三個套件[2]。其中，只有一個是生產程式碼。

整個生產程式碼會編譯成單一個可執行檔案（executable file）。那包括資料庫存取、HTTP 的具體功能、領域模型、日誌記錄、電子郵件、認證和授權。全都在一個套件裡？這不就是一個單體（monolith）嗎？

在某種意義上，你可以說它是。舉例來說，從部署的角度來看，你不能把各個部分分開，放在不同的機器上。

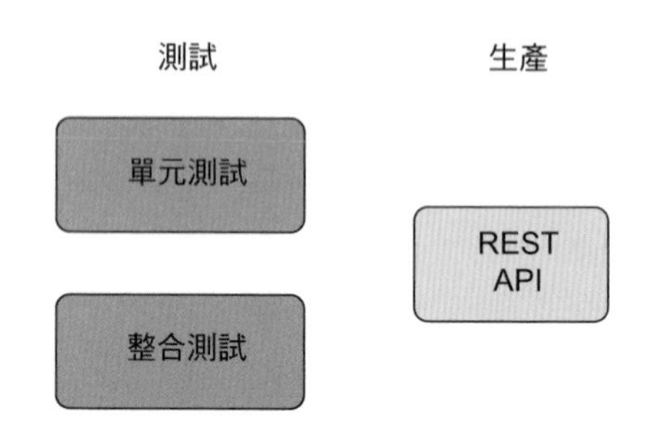

圖 16.4 組成範例源碼庫的套件。由於只有一個生產套件，它充滿了單體的氣息。

就這個範例應用程式的目的而言，我判斷這並不是一個「商業」目標。

你也無法以新的方式再利用部分程式碼。如果我們想重複使用 Domain Model（領域模型）來執行一個排程好的批次作業，會怎麼樣呢？如果你試圖那樣做，你會發現 HTTP 限定的程式碼會不請自來地跟著你，就像電子郵件功能那樣。

然而，那只是我選擇如何打包程式碼的一種人為造物。一個套件會比四個套件更加簡單。

2　在 Visual Studio 中，它們被稱為**專案**（*projects*）。

在那個單一的套件內部，我套用了「函式型核心、命令式外殼（functional core, imperative shell）」[11] 的架構，這傾向於導致一種「端口和配接器式（ports-and-adapters-style）」的架構 [102]。

我不太擔心萬一有必要的話，是否有可能將該源碼庫分成多個套件。

16.2.2 循環

單體往往有不好的名聲，因為它們很容易演變成義大利麵條程式碼（spaghetti code）。一個主要原因是，在單一的一個套件內，所有的程式碼都可以很輕易地[3]呼叫所有其他的程式碼。

這經常會導致一段程式碼依存於另一部分，而那一部分又依存於第一個部分。我經常看到一種例子，如圖 16.5 所示的資料存取介面（data access interfaces），它會回傳或作為參數接受由物件對關聯式映射器（object-relational mapper）所定義的物件。該介面可能被定義為源碼庫領域模型（Domain Model）的一部分，所以它的實作是與領域模型耦合的。到目前為止，都沒問題，但介面是根據物件對關聯式映射器類別來定義的，所以其抽象化也取決於實作細節。這違反了 Dependency Inversion Principle（依存關係反轉原則）[60]，導致了耦合。

3 持平來說，在像 C# 這樣的語言中，你可以使用 `private` 存取修飾詞（access modifier）來防止其他類別呼叫某個方法。那對急於求成的開發者來說並不是什麼阻礙：只要把存取修飾詞改為 `internal`，就可以繼續前進了。

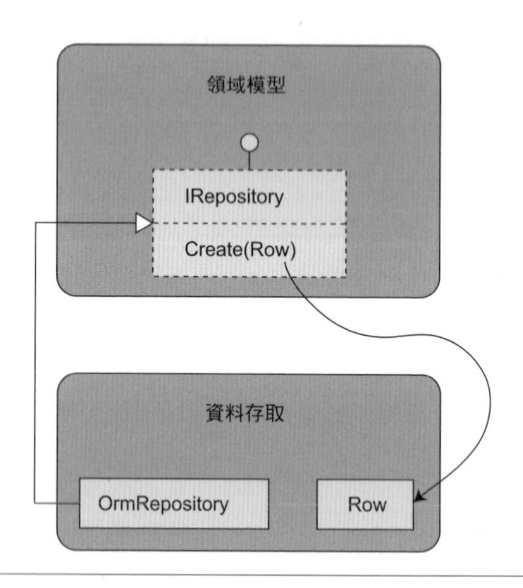

圖 16.5　一個典型的資料存取循環。領域模型定義了一個資料存取介面，這裡稱為 `IRepository`。其成員是以取自資料存取層的回傳型別或參數來定義的。舉例來說，`Row` 類別可以由一個物件對關聯式映射器（ORM）來定義。因此，領域模型就依存於資料存取層。另一方面，`OrmRepository` 類別是一個基於 ORM 的 `IRepository` 介面實作。它不能在不參考該介面的情況下實作該介面，所以資料存取層也依存於領域模型。換句話說，這些依存關係形成了一個循環（cycle）。

在這種情況下，耦合（coupling）就以循環的形式顯現出來。如圖 16.6 所示，*A* 依存於 *B*，而 *B* 依存於 *C*，*C* 又依存於 *A*。沒有任何主流語言可以防止循環出現，所以你必須永遠保持警覺，以避免它們出現。

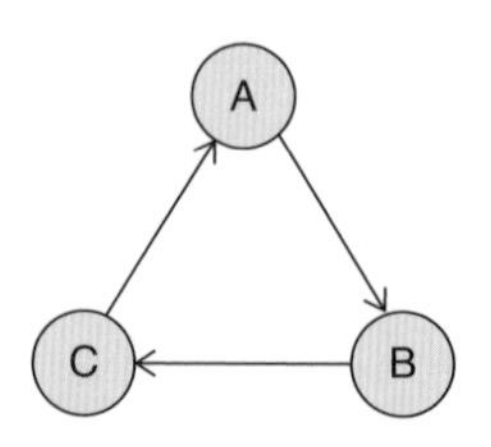

圖 16.6　一個簡單的循環。*A* 依存於 *B*，*B* 依存於 *C*，*C* 又依存於 *A*。

然而，有一個你可以使用的技巧存在。雖然主流語言允許程式碼中的循環，但它們會在套件的依存關係（package dependencies）中禁止它們出現。舉例來說，如果你試圖在領域模型套件中定義一個資料存取介面，而你想要為參數或回傳值使用一些物件對關聯式映射器類別，你將不得不在你的資料存取套件中新增一個依存關係。

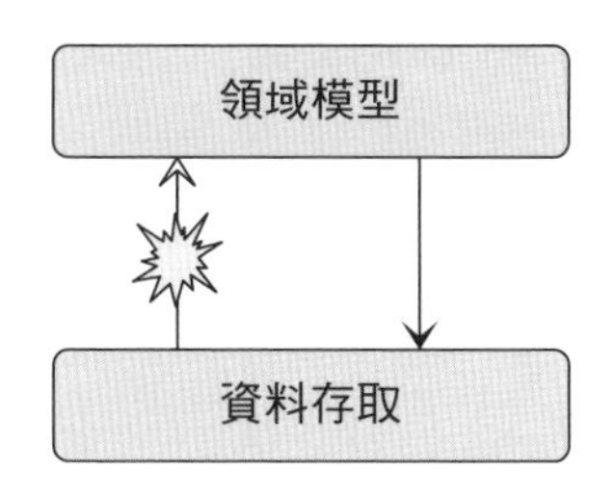

圖 16.7 被阻止的循環。如果領域模型套件已經參考了資料存取套件，那麼資料存取套件就不能參考領域模型套件。你不能在套件之間建立一個依存關係循環（dependency cycle）。

圖 16.7 說明了接下來會發生什麼。一旦你想在資料存取套件中實作介面，你就需要為領域模型套件添加一個依存關係。然而，你的 IDE 拒絕違反 Acyclic Dependency Principle（非循環依存關係原則）[60]，所以你不能那麼做。

這應該是將一個源碼庫拆成多個套件的動力。你讓 IDE 強制施加一個架構原則，即使只是在一個粗略的層次上。這就是套用於架構的 poka-yoke，它可以被動地防止大規模循環。

將一個系統分離成更小型元件的熟悉方法是把行為分散在領域模型、資料存取、端口（ports）或使用者介面上，並由一個 Composition Root（合成根）[25] 套件將其他三者組合在一起。

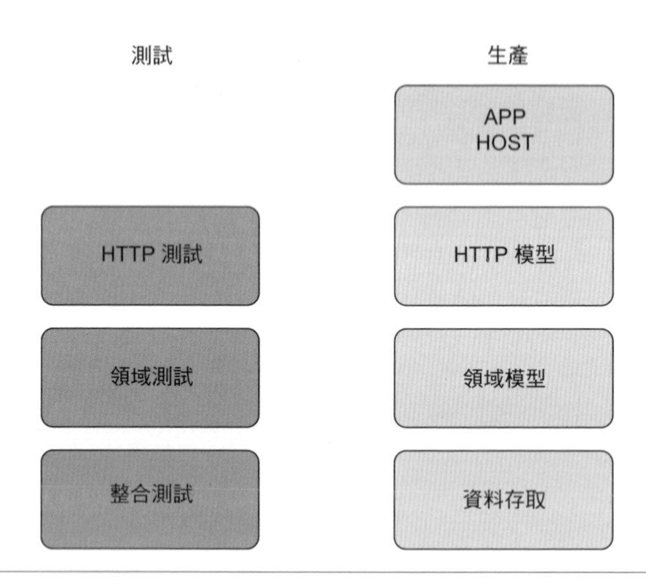

圖 16.8　餐廳預訂源碼庫的假設性分解方式。HTTP 模型將包含所有與 HTTP 和 REST 相關的邏輯和組態，領域模型是「業務邏輯」，而資料存取套件是與資料庫對話的程式碼。app host 套件將包含組成其他三個套件的 Composition Root [25]。三個測試套件將針對包含複雜邏輯的三個生產套件。

正如圖 16.8 所暗示的，你可能還想對每個套件進行個別的單元測試。現在，你有七個套件，而非三個套件。

被動地防止循環是值得付出的額外複雜性。除非團隊成員對防止循環的語言有豐富的經驗，否則我會推薦這種架構風格。

不過，這樣的語言確實存在。F# 以防止循環而聞名。在其中，除非一段程式碼已經被定義在上面，否則你不能使用它。新來的人認為那是個可怕的缺陷，但實際上這是它最好的特點之一 [117][37]。

Haskell 採取了不同的做法，但最終，它在型別層次對副作用的明確處理將引導你走向一種端口與配接器式（ports-and-adapters-style）的架構。否則你的程式碼根本無法編譯 [102] ！

我寫 F# 和 Haskell 已經有足夠的年頭了，我自然會遵循它們所施加的有益規則。我確信範例程式碼解耦（decouple）得很不錯，儘管它被打包成了一個單體。但除非你有類似的經驗，否則我建議你把源碼庫分成多個套件。

16.3 用法

如果你在看一個不熟悉的源碼庫，你會想看看它的執行情況。REST API 沒有使用者介面，所以你無法直接啟動它並開始點擊上面的按鈕。

又或者，在某種程度上，你是可以的。如果你執行這個應用程式，你可以在瀏覽器中查看其「主頁（home）」資源。API 提供的 JSON 表徵（representations）包含你可以在瀏覽器中追蹤的連結。不過，這是與系統互動的一種很受限的方式。

使用瀏覽器，你只能發出 `GET` 請求。然而，要做一個新的預訂，你必須發出一個 `POST` 請求。

16.3.1 從測試中學習

當一個源碼庫有一個全面的測試套件（test suite）時，你往往可以從測試中了解到預期的使用情況。舉例來說，你可能想了解如何在系統中做一個新的預訂。

列表 16.6 顯示了我在擴充源碼庫為多租戶系統（multi-tenant system）時寫的一個測試。它是這些測試編寫方式的代表。

像往常一樣，這是適合你頭腦的程式碼：它的循環複雜度為 *1*、6 個啟動物件，14 行的程式碼。抽象程度很高，因為它沒有告訴你它如何做斷言的細節，也沒有告訴你 `PostReservation` 是如何實作的。

列表 16.6 在 *Nono* 餐廳進行預訂的單元測試：
（*Restaurant/af31e63/Restaurant.RestApi.Tests/ReservationsTests.cs*）

```
[Fact]
public async Task ReserveTableAtNono()
{
    using var api = new SelfHostedApi();
    var client = api.CreateClient();
    var dto = Some.Reservation.ToDto();
    dto.Quantity = 6;

    var response = await client.PostReservation("Nono", dto);

    var at = Some.Reservation.At;
    await AssertRemainingCapacity(client, at, "Nono", 4);
    await AssertRemainingCapacity(client, at, "Hipgnosta", 10);
}
```

如果你對此感到好奇，你可能會想要瀏覽一下 PostReservation 的實作，看看列表 16.7。

列表 16.7 進行預訂的 Test Utility Method [66]。
（*Restaurant/af31e63/Restaurant.RestApi.Tests/RestaurantApiClient.cs*）

```
internal static async Task<HttpResponseMessage> PostReservation(
    this HttpClient client,
    string name,
    object reservation)
{
    string json = JsonSerializer.Serialize(reservation);
    using var content = new StringContent(json);
    content.Headers.ContentType.MediaType = "application/json";

    var resp = await client.GetRestaurant(name);
    resp.EnsureSuccessStatusCode();
    var rest = await resp.ParseJsonContent<RestaurantDto>();
    var address = rest.Links.FindAddress("urn:reservations");

    return await client.PostAsync(address, content);
}
```

這個 Test Utility Method（測試工具方法）[66] 使用一個 HttpClient 來與 REST API 進行互動。你可能還記得列表 16.6 中提到的客戶端與服務的一個自我託管的實體（self-hosted instance）進行通訊。然而，當你拉近到 PostReservation 方法時，你就不再需要追蹤它。你唯一需要知道的是，你有一個可以運作的 client（客戶端）。

這是碎形架構（fractal architecture）如何運作的另一個例子。當你放大一個細節時，周圍的情境變得無關緊要。你不必把它留在你的腦海裡。

具體來說，你可以看到輔助方法將 reservation 序列化為 JSON。然後，它找到適當的位址，用來發出 POST 請求。

這比之前更詳細了。也許這會讓你學到你想知道的東西。如果你對如何格式化 POST 請求、使用哪些 HTTP 標頭等問題感到好奇，那麼你不用再找了。另一方面，如果你想知道如何找到一家特定的餐館，你就必須放大 GetRestaurant 方法的內容。又或者，如果你想了解如何在 JSON 表徵中找到一個特定的位址，你可以放大 FindAddress。

寫得好的測試可以成為一種很棒的學習資源。

16.3.2 傾聽你的測試

如果 *Growing Object-Oriented Software, Guided by Tests* 一書 [36] 有一個座右銘，那就是**傾聽你的測試**。好的測試可以教會你更多的東西，而不只是如何與 System Under Test（被測系統）進行互動。

請記住，測試程式碼也是程式碼。你必須維護它，就像必須維護生產程式碼一樣。當測試程式碼開始腐敗時，你應該重構它，就像生產程式碼一樣。

你可以像列表 16.7 或 16.8 那樣引入 Test Utility Methods [66]。事實證明，列表 16.8 中的 GetRestaurant 方法可以作為任何想要與這個特定的 REST API 進行互動的 HttpClient 的通用進入點。由於這是一個多租戶系統，任何客戶端的第一步都是找到想要的餐廳。

如果你仔細看一下列表 16.7 或 16.8，它們並沒有什麼地方是測試限定的。它們在其他情況下可能會有用嗎？

列表 16.8 Test Utility Method [66]，**根據其名稱找到餐廳資源。**
（*Restaurant/af31e63/Restaurant.RestApi.Tests/RestaurantApiClient.cs*）

```
internal static async Task<HttpResponseMessage> GetRestaurant(
    this HttpClient client,
    string name)
{
    var homeResponse =
        await client.GetAsync(new Uri("", UriKind.Relative));
    homeResponse.EnsureSuccessStatusCode();
    var homeRepresentation =
        await homeResponse.ParseJsonContent<HomeDto>();
    var restaurant =
        homeRepresentation.Restaurants.First(r => r.Name == name);
    var address = restaurant.Links.FindAddress("urn:restaurant");

    return await client.GetAsync(address);
}
```

REST API 的好處是，它支援任何「講」HTTP 並能剖析 JSON[4] 的客戶端。儘管如此，如果你唯一做的事情只是公開發佈 API，那麼所有的第三方程式設計師都得開發他們自己的客戶端程式碼。如果你的客戶中有

4　或 XML，如果你有那種心情的話。

相當大的一部分與你的測試程式碼位在同一平台上，你可以將那些 Test Utility Methods（測試工具方法）的地位提昇為「官方」的客戶端 SDK。

像那樣的情況經常發生在我身上。重構測試程式碼時，我意識到其中一些程式碼也可以跟生產程式碼一樣有用。這總是一種令人高興的發現。當那種情況發生時，就把程式碼移過去，然後開始獲利。

16.4 結論

真正的「工程」是確定性的流程和人類判斷力的混合體。如果你需要建造一座橋，你會有計算承重強度的公式，但你仍然需要人們參與進來，以處理與任務相關的無數複雜問題。這座橋應該支撐什麼樣的交通流量？希望的吞吐量是多少？極端溫度是多少？地下是什麼樣子的？是否有環境考量？

如果工程是一種完全確定性的過程，你就不需要人了。它所需要的就只會是電腦和工業機器人。

一些工程學科有可能在未來進入那一領域，但如果發生那種情況，它就不再是工程（engineering）了，而變成了製造（manufacturing）。

你可能認為這種區別僅僅是本體論上（ontological）的，但我認為它與軟體工程的藝術有關。你可以採用一些定量的方法論（quantitative methodologies），但那並不能免除運用你大腦的義務。

我們的任務是將技能與適當的流程、啟發式方法和技術相結合，使開發更有可能成功。在這本書中，我介紹了多種你**今天**就能採用的技術。一位早期的讀者認為其中一些想法很**進階**。可能是那樣沒錯，但它們是**可行的**。

「未來已然到臨，只是分佈得不是很均勻」—*William Gibson*

同樣地，這裡介紹的技巧也不是憑空畫出的大餅，好聽但不實用。有一些組織已經在運用它們了，你也可以那樣做。

A 實務做法清單

本附錄包含了整本書所描述的各種做法和啟發式方法（heuristics）的清單，包括可以在哪裡找到它們。

A.1 50/72 法則

編寫常規的 Git 提交訊息（commit messages）：

- 以祈使語氣撰寫一個摘要，寬度不超過 50 個字元。
- 如果你添加了更多的文字，請讓下一行留空。
- 你可以隨心所欲地添加額外的文字，但格式上不能寬於 72 個字元。

除了摘要之外，重點是解釋**為什麼**（*why*）會有改動，因為構成變更的**內容**（*what*）已經可以透過 Git 的差異視圖（diff view）看到。請參閱第 9.1.1 小節。

A.2 80/24 法則

寫小區塊的程式碼。

在像是 C#、Java、C++ 或 JavaScript 等基於 C 的語言中，考慮停留在一個 80x24 的字元框內。那相當於一個舊的終端視窗。

不要把門檻值 *80* 和 *24* 看得太重。我選擇它們有三個原因：

- 它們在實務上運作良好
- 與傳統的連貫性
- 為了幫助記憶，它聽起來像 Pareto 法則（Pareto principle），也被稱為 *80/20* **法則**。

你可以決定使用其他的門檻值。我認為這條規則最重要的部分是挑選一組門檻值，並始終保持在那些限度內。

更多的內容請參閱 7.1.3 小節。

A.3 Arrange Act Assert

根據 Arrange Act Assert（安排、行動、斷言）模式來構建自動化測試。讓讀者清楚知道一個部分在哪裡結束，下一個部分在哪裡開始。主要觀點請參閱 4.2.2 小節，其他細節則參閱 4.3.3 小節。

A.4 二分法（Bisection）

當你在努力理解一個問題的原因之時，二分法可以是一種有用的技巧。刪除你一半的程式碼，檢查問題是否仍然存在。無論怎樣，你都知道在哪一半中可以找到起因。

繼續把程式碼減半，直到你把它減少到你有一個最小的可運作範例（minimal working example）。此時，你可能已經刪除了很多與重現問題無關的情境，以致於很清楚問題是什麼。請閱讀第 12.3 節中的更多內容。

A.5 新源碼庫的檢查表

當你創建一個新的源碼庫，或在現有的源碼庫中添加一個新的「專案（project）」時，考慮遵循一個檢查表（checklist）。這裡有個建議的檢查表：

- 使用 Git
- 自動化建置（build）工作
- 開啟所有錯誤訊息

你可以根據你的特殊情況修改這份檢查表，但要保持簡短和單純。請在第 2.2 節中閱讀更多內容。

A.6 命令查詢分離

把命令（Commands）和查詢（Queries）分開。命令是有副作用的程序。查詢是回傳資料的函式。每個方法都應該是命令或查詢，但不能同時兩者皆是。更多資訊請參閱 8.1.6 小節：

A.7 計數變數

計算方法實作中涉及的所有變數之數量。包括區域變數（local variables）、方法參數（method parameters）和類別欄位（class fields）。請一定要保持較低的數量。請參閱 7.2.7 小節。

A.8 循環複雜度

循環複雜度（cyclomatic complexity）是少數幾個真正有用的程式碼衡量方式之一。它計算通過一段程式碼的路徑數量，從而提供你關於方法複雜性的一個提示。

我發現建立一個「七」的門檻值在實務上效果很好。你能以七的循環複雜度完成有用的工作，所以這個門檻值夠大，不必一直重構。另一方面，它仍然足夠低，你可以很輕易地在大腦中裝下這樣的方法。請在第 7.1.2 小節閱讀更多內容。

該指標還給出了你為了完全涵蓋一個方法而必須編寫的最少測試案例數量。

A.9 橫切關注點的裝飾器

不要將記錄依存關係（logging dependencies）注入到你的業務邏輯中。那並不是關注點的分離，而是將它們混為一談。對於快取、容錯和其他大多數橫切關注點也是如此。

取而代之，使用 Decorator 設計模式，如 13.2 節所述。

A.10 魔鬼代言人（Devil's Advocate）

魔鬼代言人（Devil's Advocate）技巧是一種啟發式方法，你可以用來評估更多的測試案例是否會提高對測試套件的信心。你可以用它來審查現有的（測試）程式碼，但也可以用它作為你應該考慮添加的新測試案例之靈感來源。

該技巧是故意不正確地實作 System Under Test（被測系統），如果你能使它變得越不正確，就應該考慮增加越多的測試案例。請在第 6.2.2 小節中閱讀更多內容。

A.11 功能旗標

如果你無法在半天的工作時間中完成一套連貫的修改，那就把該功能隱藏在一個功能旗標（feature flag）後面，並繼續把你的修改與其他人的工作結合起來。

請在第 10.1 節中閱讀更多資訊。

A.12 函式型核心，命令式外殼

優先選用純函式（pure functions）。

參考透明性（referential transparency）意味著你可以用函式的結果來代替函式的呼叫，而不會改變程式的行為。這是最終的抽象化，其輸出封裝了函式的本質，而所有的實作細節都仍然是隱藏起來的（除非你需要它們）。

純函式也能合成得很好，而且它們很容易進行單元測試。

更多細節請參閱第 13.1.3 小節。

A.13 溝通的階層架構

為未來的讀者撰寫程式碼，那可能是你自己。請依據這個優先順序清單來溝通行為和意圖：

1. 賦予 API 不同的型別來引導讀者。
2. 給出有幫助的方法名稱來引導讀者。
3. 寫出良好的註解來引導讀者。
4. 提供說明性的例子作為自動測試來引導讀者。

5. 在 Git 中編寫有用的提交訊息來引導讀者。
6. 編寫良好的說明文件來引導讀者。

清單頂部的項目比底部的項目更為重要。請參閱第 8.1.7 小節。

A.14 為偏離規則的例外提出正當理由

好的規則在大多數情況下都能很好地發揮作用，但總有一些情況下，規則會成為阻礙。當情況需要時，偏離規則是可以的，但要提出正當理由並以文件說明。相關討論請參閱第 4.2.3 小節。

在你決定偏離一個規則之前，最好能得到第二意見。有時，你可能看不出有什麼好辦法能夠得到你想要的**並同時**遵守規則，但同事可以。

A.15 剖析，不要驗證

你的程式碼會與世界其他地方互動，而世界其他地方並不是物件導向的。取而代之，你收到的資料是 JSON、XML、逗號分隔的值（comma-separated values）、協定緩衝區（protocol buffers）或對資料完整性（integrity）幾乎沒有任何保證的其他格式。

儘快將結構化程度較低的資料轉換為結構化程度較高的資料。你可以把這看作是**剖析**（*parsing*），即使你不剖析純文字也一樣。請閱讀 7.2.5 小節中的更多內容。

A.16 Postel's Law

考慮到先決條件和後置條件時，請牢記 Postel's Law（波斯特爾定律）。

對你發送出去的東西要保守，對你所接受的東西則要寬容。

方法應該在能夠理解的範圍內接受輸入，但不能再更進一步。回傳值應該是盡可能值得信賴的。請閱讀 5.2.4 小節中的更多內容。

A.17 Red Green Refactor

在進行測試驅動開發時，要遵循 Red Green Refactor 流程。你可以把它看作是一種檢查表 [93]：

1. 撰寫一個失敗的測試。
   - 你執行該測試了嗎？
   - 它失敗了嗎？
   - 它是因為一個斷言（assertion）而失敗的嗎？
   - 它是因為**最後一個**斷言而失敗的嗎？
2. 做可能行得通的最簡單的事情，來使所有的測試通過。
3. 考慮一下所產生的程式碼。它可以被改進嗎？如果可以，就去做，但要確保所有的測試仍然通過。
4. 重複這個程序。

請閱讀第 5.2.2 小節中的更多內容。

A.18 定期更新依存關係

不要讓你的源碼庫落後於它的依存關係。請定期檢查更新。這很容易忘記，但如果你落後太多，就很難趕上了。請參閱第 14.2.1 小節。

A.19 將缺陷重現為測試

如果可能的話，以一個或多個自動測試的形式重現臭蟲（bugs）。請參閱 12.2.1 小節。

A.20 審查程式碼

寫程式碼時，很容易會犯錯。請讓另一個人進行程式碼審查。這無法捕捉所有的錯誤，但這是我們所知的最有效的品質保證技巧之一。

你能以多種方式進行程式碼審查：持續地、在結對或動員程式設計時，或以非同步方式透過 pull request 審查。

審查應該是建設性的，但駁回應該是真實存在的選項。如果你不能駁回一個變化，那麼審查就沒有什麼價值。

讓程式碼審查成為你日常節律的一部分。請參閱第 9.2 節。

A.21 Semantic Versioning

考慮使用 Semantic Versioning（語意版本控制）。請在第 10.3 節中閱讀更多內容。

A.22 分離測試程式碼的重構和生產程式碼的重構

當你需要重構你的生產程式碼時，自動化測試會帶給你信心。另一方面，重構測試程式碼是比較危險的，因為你沒有測試的自動化測試可憑藉。

這並不意味著你完全不能重構你的測試程式碼，但是當你那樣做時，你應該更加小心。特別是，不要**同時**重構測試程式碼和生產程式碼。

當你重構生產程式碼時，不要去動測試程式碼。重構測試程式碼時，不要去碰生產程式碼。請在第 11.1.3 小節中閱讀更多內容。

A.23 切片

以小規模漸增的方式工作。每一個增量都應該改善一個正在執行的工作系統。從一個垂直的切片（vertical slice）開始，並向其添加功能。請在第 4 章中閱讀更多內容。

不要認為這個程序是唯一的。我發現它是我藉以向前邁進的主要程序，但有時，你需要停下來做其他事情。例如修復錯誤，或致力於處理橫切關注點。

A.24 Strangler

有些重構工作很快就能完成。重新命名一個變數、方法或類別，是大多數 IDE 內建的功能，只需點擊一下按鈕即可。其他的改變則需要幾分鐘，或者幾小時。只要你能在半天之內從源碼庫的某個一致狀態轉變成另一個一致的狀態，你就可能不需要做任何特別的事情。

其他的變化有更大的潛在衝擊。我曾經做過花了好幾天的重構，或甚至實作要超過一週的時間。這不是一種好的工作方式。

當你發現情況可能是這樣的時候，請使用 Strangler（絞殺者）流程來實施改變。將新的做事方式與舊的方式並排建立，並逐漸將程式碼從舊的方式遷移至新的方式。

這可能需要幾個小時、幾天、甚至幾週的時間，但在遷移過程中，系統始終是一致且可整合的。當沒有程式碼呼叫原來的 API 時，你就可以刪除它。

請閱讀第 10.2 節中的更多內容。

A.25 威脅模型

採取慎重的安全決策。

對於不是安全專家的人來說，STRIDE 模型足夠簡單，讓你容易理解並在這方面做出不錯的結果。

- Spoofing（假冒）
- Tampering（篡改）
- Repudiation（否認）
- Information disclosure（資訊揭露）
- Denial of service（阻斷服務）
- Elevation of privilege（提升權限）

威脅建模（threat modelling）應該要讓 IT 專業人員和其他利害關係者參與，因為適當的緩解措施通常涉及權衡業務考量和安全風險。

請在第 15.2.1 小節中閱讀更多內容。

A.26 Transformation Priority Premise

儘量使你的程式碼在大部分時間內處於有效狀態。將一個有效狀態變換為另一個有效狀態時，通常會涉及到程式碼無效的階段，舉例來說，它可能無法編譯。

Transformation Priority Premise（變換優先序前提）建議進行一系列小型的變換，使無效的階段最小化。試著透過一系列這些小型的變化來編輯你的程式碼。請在第 5.1.1 小節中閱讀更多內容。

A.27 X 驅動的開發

為你所寫的程式碼使用一個**驅力**（*driver*）。它可以是靜態程式碼分析、單元測試、內建的重構工具，諸如此類的。更多細節請參閱 4.2 節。

偏離這條規則是可以的，但你越是遵守它，你就越不容易誤入歧途。

A.28 以 X 取代名稱

用 X 替換方法名稱，以檢查一個方法的特徵式（signature）傳達了多少資訊。你可以在頭腦中這樣做，不需要實際在你的編輯器中這樣做。重點是，在靜態定型（statically typed）語言中，如果允許的話，型別可以攜帶很多資訊。請在第 8.1.5 小節中閱讀更多內容。

參考書目

[1] Adzic, Gojko, *The Poka-Yoke principle and how to write better software*, 部落格貼文，位於 https://gojko.net/2007/05/09/the-poka-yoke-principle-and-how-towrite-better-software, 2007。

[2] Allamaraju, Subbu, *RESTful Web Services Cookbook*, O'Reilly, 出版於 2010。

[3] Atwood, Jeff, *New Programming Jargon*, 部落格貼文，位於 https://blog.codinghorror .com/new-programming-jargon, 2012。

[4] Barr, Adam, *The Problem with Software. Why Smart Engineers Write Bad Code*, MIT Press, 2018。

[5] Beck, Kent, and Cynthia Andres, *Extreme Programming Explained: Embrace Change*, Addison-Wesley, 出版於 2004。

[6] Beck, Kent, 推特推文，位於 https://twitter.com/KentBeck/status/250733358307500032, 2012。

[7] Beck, Kent, *Implementation Patterns*, Addison-Wesley, 出版於 2007。

[8] Beck, Kent, *Naming From the Outside In*, Facebook 筆記，位於 https://www.facebook.com/notes/kent-beck/naming-from-the-outside-in/464270190272517（沒有 Facebook 帳號也能存取）, 2012。

[9] Beck, Kent, *Test-Driven Development By Example*, Addison-Wesley, 出版於 2002。

[10] Beck, Kent, 推特推文，位於 https://twitter.com/KentBeck/status/1354418068869398538, 2021。

[11] Bernhardt, Gary, *Functional Core, Imperative Shell*, 線上演講，位於 www.destroyallsoftware.com/screencasts/catalog/functional-core-imperativeshell, 2012。

[12] Böckeler, Birgitta, and Nina Siessegger, *On Pair Programming*, 部落格貼文，位於 https://martinfowler.com/articles/on-pair-programming.html, 2020。

[13] Bossavit, Laurent, *The Leprechauns of Software Engineering*, Laurent Bossavit, 2015。

[14] Brooks, Frederick P., Jr., *No Silver Bullet – Essence and Accident in Software Engineering*, 1986. 這篇論文可以在各種資料來源中發現，而且在網際網路上很容易找到。撰寫本書過程中，我參考的是我的那本 *The Mythical Man-Month: Essays on Software Engineering. Anniversary Edition*, Addison-Wesley, 出版於 1995, 其中，該文章構成第 16 章。

[15] Brown, William J., Raphael C. Malveau, Hays W. "Skip" McCormick III, and Thomas J. Mowbray, AntiPatterns: Refactoring Software, *Architectures, and Projects in Crisis*, Wiley Computer Publishing, 1998。

[16] Cain, Susan, *Quiet: The Power of Introverts in a World That Can't Stop Talking*, Crown, 2012。

[17] Campidoglio, Enrico, 推特推文，位於 https://twitter.com/ecampidoglio/status/1194597766128963584, 2019。

[18] Cirillo, Francesco, The Pomodoro Technique: The Life-Changing Time-Management System, Virgin Books, 2018.

[19] Cockburn, Alistair, *Hexagonal architecture*, 線上文章，位於 https://alistair.cockburn.us/hexagonal-architecture/, 2005。

[20] Cohen, Jason, *Modern Code Review*，在 [75] 中 , 2010。

[21] Conway, Melvin E., *How Do Committees Invent?, Datamation*, 1968. 我承認我沒有 April 1968 那一期的 *Datamation* 雜誌。取而代之，我使用了 Melvin Conway 提供的線上重印本，位於 http://www.melconway.com/Home/Committees_Paper.html。

[22] Cunningham, Ward, and Bill Venners, *The Simplest Thing that Could Possibly Work. A Conversation with Ward Cunningham, Part V*, 訪談，位於 www.artima.com/intv/simplest.html, 2004。

[23] Cwalina, Krzysztof, and Brad Abrams, *Framework Design Guidelines, Conventions, Idioms, and Patterns for Reusable .NET Libraries*, Addison-Wesley, 出版於 2005。

[24] DeLine, Robert, *Code Talkers*，在 [75] 中 , 2010。

[25] Deursen, Steven van, and Mark Seemann, *Dependency Injection Principles, Practices, and Patterns*, Manning, 2019。

[26] Evans, Eric, *Domain-Driven Design: Tackling Complexity in the Heart of Software*, Addison-Wesley, 出版於 2003。

[27] Feathers, Michael C., *Working Effectively with Legacy Code*, Prentice Hall, 出版於 2004。

[28] Foote, Brian, and Joseph Yoder, *The Selfish Class*，在 [62] 中 , 1998。

[29] Forsgren, Nicole, Jez Humble, and Gen Kim, *Accelerate*, IT Revolution Press, 2018。

[30] Fowler, Martin, *CodeOwnership*, 部落格貼文，位於 https://martinfowler.com/bliki/CodeOwnership.html, 2006。

[31] Fowler, Martin, *Eradicating Non-Determinism in Tests*, 部落格貼文，位於 https://martinfowler.com/articles/nonDeterminism.html, 2011。

[32] Fowler, Martin, *Is High Quality Software Worth the Cost?*, 部落格貼文，位於 https://martinfowler.com/articles/is-quality-worth-cost.html, 2019。

[33] Fowler, Martin, David Rice, Matthew Foemmel, Edward Hieatt, Robert Mee, and Randy Stafford, *Patterns of Enterprise Application Architecture*, Addison-Wesley, 2003。

[34] Fowler, Martin, Kent Beck, John Brant, William Opdyke, and Don Roberts, *Refactoring: Improving the Design of Existing Code*, Addison-Wesley, 1999。

[35] Fowler, Martin, *StranglerFigApplication*, 部落格貼文，位於 https://martinfowler.com/bliki/StranglerFigApplication.html, 2004。

[36] Freeman, Steve, and Nat Pryce, *Growing Object-Oriented Software, Guided by Tests*, Addison-Wesley, 出版於 2009。

[37] Gabasova, Evelina, *Comparing F# and C# with dependency networks*, 部落格貼文，位於 http://evelinag.com/blog/2014/06-09-comparing-dependency-networks, 2014。

[38] Gabriel, Richard P., *Patterns of Software. Tales from the Software Community*, Oxford University Press, 1996。

[39] Gamma, Erich, Richard Helm, Ralph Johnson, and John Vlissides, *Design Patterns: Elements of Reusable Object-Oriented Software*, Addison-Wesley, 出版於 1994。

[40] Gawande, Atul, *The Checklist Manifesto: How to Get Things Right*, Metropolitan Books, 2009。

[41] Haack, Phil, *I Knew How To Validate An Email Address Until I Read The RFC*, 部落格貼文，位於 https://haacked.com/archive/2007/08/21/i-knew-how-to-validatean-email-address-until-i.aspx, 2007。

[42] Henney, Kevlin, 推特推文，位於 https://twitter.com/KevlinHenney/status/3361631527, 2009。

[43] Herraiz, Israel, and Ahmed E. Hassan, *Beyond Lines of Code: Do We Need More Complexity Metrics?*，在 [75] 中 , 2010。

[44] Herzig, Kim Sebastian, and Andreas Zeller, *Mining Your Own Evidence*，在 [75] 中 , 2010。

[45] Hickey, Rich, *Simple Made Easy*, Strange Loop conference talk, 2011. 有錄下來的影片，可於這裡取得：www.infoq.com/presentations/Simple-Made-Easy。

[46] Hohpe, Gregor, and Bobby Woolf, *Enterprise Integration Patterns: Designing, Building, and Deploying Messaging Solutions*, Addison-Wesley, 出版於 2003。

[47] House, Cory, 推特推文，位於 https://twitter.com/housecor/status/1115959687332159490, 2019。

[48] Howard, Michael, and David LeBlanc, *Writing Secure Code, Second Edition*, Microsoft Press, 2003。

[49] Humble, Jez, and David Farley, *Continuous Delivery: Reliable Software Releases Through Build, Test, and Deployment Automation*, Addison-Wesley, 出版於 2010。

[50] Hunt, Andy, and Dave Thomas, *The Pragmatic Programmer: From Journeyman to Master*, Addison-Wesley, 1999。

[51] Kahneman, Daniel, *Thinking, fast and slow*, Farrar, Straus and Giroux, 2011。

[52] Kay, Alan, and Andrew Binstock, *Interview with Alan Kay*, Dr. Dobb's, www.drdobbs.com/architecture-and-design/interview-with-alan-kay/ 240003442, July 10, 2012。

[53] Kerievsky, Joshua, *Refactoring to Patterns*, Addison-Wesley, 出版於 2004。

[54] King, Alexis, *Parse, don't validate*, 部落格貼文，位於 https://lexi-lambda.github.io/blog/2019/11/05/parse-don-t-validate, 2019。

[55] Kleppmann, Martin, *Designing Data-Intensive Applications: The Big Ideas Behind Reliable, Scalable, and Maintainable Systems*, O'Reilly, 2017。

[56] Lanza, Michele, and Radu Marinescu, *Object-Oriented Metrics in Practice: Using Software Metrics to Characterize, Evaluate, and Improve the Design of Object-Oriented Systems*, Springer, 2006。

[57] Levitt, Steven D., and Stephen J. Dubner, *Freakonomics—A Rogue Economist Explores The Hidden Side Of Everything*, William Morrow & Company, Revised and Expanded Edition 2006。

[58] Levitt, Steven D., and Stephen J. Dubner, *SuperFreakonomics: Global Cooling, Patriotic Prostitutes And Why Suicide Bombers Should Buy Life Insurance*, William Morrow & Company, 2009。

[59] Lippert, Eric, *Which is faster?*, 部落格貼文，位於 https://ericlippert.com/2012/12/17/ performance-rant, 2012。

[60] Martin, Robert C., and Micah Martin, *Agile Principles, Patterns, and Practices in C#*, Prentice Hall, 出版於 2006。

[61] Martin, Robert C., *Clean Code: A Handbook of Agile Software Craftsmanship*, Prentice Hall, 2009。

[62] Martin, Robert C., Dirk Riehle, and Frank Buschmann (editors), *Pattern Languages of Program Design 3*, Addison-Wesley, 1998。

[63] Martin, Robert C., *The Sensitivity Problem*, 部落格貼文，位於 http://butunclebob .com/ArticleS.UncleBob.TheSensitivityProblem, 2005?

[64] Martin, Robert C., *The Transformation Priority Premise*, 部落格貼文，位於 https:// blog.cleancoder.com/uncle-bob/2013/05/27/TheTransformationPriorityPremise .html, 2013。

[65] McConnell, Steve, *Code Complete, Second Edition*, Microsoft Press, 2004。

[66] Meszaros, Gerard, *xUnit Test Patterns: Refactoring Test Code*, Addison-Wesley, 2007。

[67] Meyer, Bertrand, *Object-oriented Software Construction*, Prentice Hall, 1988。

[68] Milewski, Bartosz, *Category Theory for Programmers*, 原本是一系列的部落格貼文，位於 https://bartoszmilewski.com/2014/10/28/category-theory-forprogrammers-the-preface, 2014–2017. 後來也出版成書，Blurb, 2019。

[69] Minsky, Yaron, *Effective ML*, Harvard 的課程影片，影片本身可在 YouTube 上觀看：https://youtu.be/-J8YyfrSwTk, 但你可能會更喜歡 Yaron Minsky 的網頁，包含更多的背景資訊：https://blog.janestreet.com/effective-ml-video, 2010。

[70] Neward, Ted, *The Vietnam of Computer Science*, 部落格貼文，位於 http://blogs .tedneward.com/post/the-vietnam-of-computer-science, 2006。

[71] Norman, Donald A., *The Design of Everyday Things. Revised and Expanded Edition*, MIT Press, 2013。

[72] North, Dan, *Patterns of Effective Delivery*, Roots opening keynote, 2011. 影片可在這裡觀看：https://vimeo.com/24681032。

[73] Nygard, Michael T., *Release It! Design and Deploy Production-Ready Software*, Pragmatic Bookshelf, 2007。

[74] Nygard, Michael T., *DevOps: Tempo, Maneuverability, and Initiative*, DevOps Enterprise Summit conference talk, 2016. 影片可在這裡觀看：https:// youtu.be/0rRWvsb8JOo。

[75] Oram, Andy, and Greg Wilson (editors), *Making Software: What Really Works, and Why We Believe It*, O'Reilly, 2010。

[76] O'Toole, Garson, *The Future Has Arrived – It's Just Not Evenly Distributed Yet*, 線上文章，位於 https://quoteinvestigator.com/2012/01/24/future-hasarrived, 2012。

[77] Ottinger, Tim, *Code is a Liability*, 2007. 這原本是一篇部落格貼文，但原本的網域已經喪失，由其他實體所持有。這篇部落格貼文仍然可透過 Internet Archive 取得，位於 http://web.archive.org/web/20070420113817/http://blog.objectmentor.com/articles/2007/04/16/code-is-aliability。

[78] Ottinger, Tim, *What's this about Micro-commits?*, 部落格貼文，位於 https://www .industriallogic.com/blog/whats-this-about-micro-commits, 2021。

[79] Peters, Tim, *The Zen of Python*, 1999. 原本是郵件清單的貼文 , 從很久以前就可在這裡取得：www.python.org/dev/peps/pep-0020。

[80] Pinker, Steven, *How the Mind Works*, The Folio Society, 2013. 我參考的是我的 Folio Society 版本，根據書籍扉頁所說 :「文字源於 1998 年的 Penguin 版本，帶有些微修正」。最早由 W.W. Norton 在 1997 年出版。

[81] Pope, Tim, *A Note About Git Commit Messages*, 部落格貼文，位於 https://tbaggery.com/2008/04/19/a-note-about-git-commit-messages.html, 2008。

[82] Poppendieck, Mary, and Tom Poppendieck, *Implementing Lean Software Development: From Concept to Cash*, Addison-Wesley, 出版於 2006。

[83] Preston-Werner, Tom, *Semantic Versioning*, 規格，位於 https://semver.org. 該網站的首頁顯示最新的版本。我在 2020 年 10 月撰寫本文時，最新的版本是 Semantic Versioning 2.0.0，發佈於 2013。

[84] Pyhäjärvi, Maaret, *Five Years of Mob Testing, Hello to Ensemble Testing*, 部落格貼文，位於 https://visible-quality.blogspot.com/2020/05/five-years-of-mob-testinghello-to.html, 2020。

[85] Rainsberger, J.B., *Integration Tests Are a Scam*, Agile 2009 conference talk, 2009. 影片可在這裡觀看：www.infoq.com/presentations/integrationtests-scam。

[86] Rainsberger, J.B., 推特推文，位於 https://twitter.com/jbrains/status/167297606698008576, 2012。

[87] Reeves, Jack, *What Is Software Design?*, C++ Journal, 1992. 如果你像我一樣，身邊沒有紙本版的 C++ Journal，你可以在線上找到這篇文章。 www.developerdotstar.com/mag/articles/reeves_design.html 多年來似乎都是穩定的來源。也可在 [60] 中作為附錄取得。

[88] Ries, Eric, *The Lean Startup: How Constant Innovation Creates Radically Successful Businesses*, Portfolio Penguin, 2011。

[89] Robinson, Ian, Jim Webber and Emil Eifrem, *Graph Databases: New Opportunities for Connected Data. Second Edition*, O'Reilly, 2015。

[90] Scott, James C., *Seeing Like a State: How Certain Schemes to Improve the Human Condition Have Failed*, Yale University Press, 1998。

[91] Seemann, Mark, *10 tips for better Pull Requests*, 部落格貼文，位於 https://blog.ploeh.dk/2015/01/15/10-tips-for-better-pull-requests, 2015。

[92] Seemann, Mark, *A heuristic for formatting code according to the AAA patter*n, 部落格貼文，位於 https://blog.ploeh.dk/2013/06/24/a-heuristic-for-formatting-codeaccording-to-the-aaa-pattern, 2013。

[93] Seemann, Mark, *A red-green-refactor checklist*, 部落格貼文，位於 https://blog.ploeh.dk/2019/10/21/a-red-green-refactor-checklist, 2019。

[94] Seemann, Mark, *Church-encoded Maybe*, 部落格貼文，位於 https://blog.ploeh.dk/ 2018/06/04/church-encoded-maybe, 2018。

[95] Seemann, Mark, *CQS versus server generated IDs*, 部落格貼文，位於 https://blog.ploeh.dk/2014/08/11/cqs-versus-server-generated-ids, 2014。

[96] Seemann, Mark, *Conway's Law: latency versus throughput*, 部落格貼文，位於 https:// blog.ploeh.dk/2020/03/16/conways-law-latency-versus-throughput, 2020。

[97] Seemann, Mark, *Curb code rot with thresholds*, 部落格貼文，位於 https://blog.ploeh.dk/2020/04/13/curb-code-rot-with-thresholds, 2020。

[98] Seemann, Mark, *Devil's advocate*, 部落格貼文，位於 https://blog.ploeh.dk/2019/10/07/devils-advocate, 2019。

[99] Seemann, Mark, *Feedback mechanisms and tradeoffs*, 部落格貼文，位於 https://blog.ploeh.dk/2011/04/29/Feedbackmechanismsandtradeoffs, 2011。

[100] Seemann, Mark, *From interaction-based to state-based testing*, 部落格貼文，位於 https://blog.ploeh.dk/2019/02/18/from-interaction-based-to-state-basedtesting, 2019。

[101] Seemann, Mark, Fortunately, *I don't squash my commits*, 部落格貼文，位於 https:// blog.ploeh.dk/2020/10/05/fortunately-i-dont-squash-my-commits, 2020。

[102] Seemann, Mark, *Functional architecture is Ports and Adapters*, 部落格貼文，位於 https://blog.ploeh.dk/2016/03/18/functional-architecture-is-ports-and-adapters, 2016。

[103] Seemann, Mark, *Repeatable execution*, 部落格貼文，位於 https://blog.ploeh.dk/2020/ 03/23/repeatable-execution, 2020。

[104] Seemann, Mark, *Structural equality for better tests*, 部落格貼文，位於 https://blog .ploeh.dk/2021/05/03/structural-equality-for-better-tests, 2021。

[105] Seemann, Mark, *Tautological assertion*, 部落格貼文，位於 https://blog.ploeh.dk/2019/ 10/14/tautological-assertion, 2019。

[106] Seemann, Mark, *Towards better abstractions*, 部落格貼文，位於 https://blog.ploeh.dk/2010/12/03/Towardsbetterabstractions, 2010。

[107] Seemann, Mark, *Visitor as a sum type*, 部落格貼文，位於 https://blog.ploeh.dk/2018/ 06/25/visitor-as-a-sum-type, 2018。

[108] Seemann, Mark, *When properties are easier than examples*, 部落格貼文，位於 https://blog.ploeh.dk/2021/02/15/when-properties-are-easier-than-examples, 2021。

[109] Shaw, Julia, *The Memory Illusion: Remembering, Forgetting, and the Science of False Memory*, Random House, 2017（平裝版；原本出版於 2016）。

[110] Thomas, Neil, and Gail Murphy, *How Effective Is Modularization?*，在 [75] 中 , 2010。

[111] Tornhill, Adam, *Your Code as a Crime Scene: Use Forensic Techniques to Arrest Defects, Bottlenecks, and Bad Design in Your Programs*, Pragmatic Bookshelf, 2015。

[112] Tornhill, Adam, *Software Design X-Rays: Fix Technical Debt with Behavioral Code Analysis*, Pragmatic Bookshelf, 2018。

[113] Troy, Chelsea, *Reviewing Pull Requests*, 部落格貼文，位於 https://chelseatroy.com/ 2019/12/18/reviewing-pull-requests, 2019。

[114] Webber, Jim, *Savas Parastatidis, and Ian Robinson, REST in Practice: Hypermedia and Systems Architecture*, O'Reilly, 2010。

[115] Weinberg, Gerald M., *The psychology of computer programming. Silver anniversary edition*, Dorset House Publishing, 1998。

[116] Williams, Laurie, *Pair Programming*，在 [75] 中 , 2010。

[117] Wlaschin, Scott, *Cycles and modularity in the wild*, 部落格貼文，位於 https://fsharpforfunandprofit.com/posts/cycles-and-modularity-in-the-wild, 2013。

[118] Woolf, Bobby, *Null Object*，在 [62] 中 , 1997。

索引

※ 提醒您：由於翻譯書排版的關係，部份索引名詞的對應頁碼會和實際頁碼有一頁之差。

B

E

F

G

H

J

K

L

M

P

S

U

V

W

X

Y

Z

Code That Fits in Your Head｜軟體工程的啟發式方法

作　　者：Mark Seemann
譯　　者：黃銘偉
企劃編輯：蔡彤孟
文字編輯：詹祐甯
設計裝幀：張寶莉
發 行 人：廖文良

發 行 所：碁峰資訊股份有限公司
地　　址：台北市南港區三重路 66 號 7 樓之 6
電　　話：(02)2788-2408
傳　　真：(02)8192-4433
網　　站：www.gotop.com.tw
書　　號：ACL065300
版　　次：2022 年 11 月初版
建議售價：NT$580

國家圖書館出版品預行編目資料

Code That Fits in Your Head：軟體工程的啟發式方法 / Mark Seemann 原著；黃銘偉譯. -- 初版. -- 臺北市：碁峰資訊, 2022.11
面；　公分
譯自：Code That Fits in Your Head
ISBN 978-626-324-324-8(平裝)
1.CST：軟體研發　2.CST：電腦程式設計
312.2　　111015541

讀者服務

- 感謝您購買碁峰圖書，如果您對本書的內容或表達上有不清楚的地方或其他建議，請至碁峰網站：「聯絡我們」\「圖書問題」留下您所購買之書籍及問題。(請註明購買書籍之書號及書名，以及問題頁數，以便能儘快為您處理)
http://www.gotop.com.tw

- 售後服務僅限書籍本身內容，若是軟、硬體問題，請您直接與軟體廠商聯絡。

- 若於購買書籍後發現有破損、缺頁、裝訂錯誤之問題，請直接將書寄回更換，並註明您的姓名、連絡電話及地址，將有專人與您連絡補寄商品。